# 广西

谭伟福 著

## 自然保护区

GUANGXI ZIRAN BAOHUQU

中国环境出版社

**图书在版编目（CIP）数据**

广西自然保护区 / 谭伟福主编 . —北京：中国环境出
版社，2014.10
ISBN 978-7-5111-2076-2

I. ①广… II. ①谭… III. ①自然保护区—介绍—
广西 IV. ①S759.992.67

中国版本图书馆 CIP 数据核字（2014）第 218890 号

| | |
|---|---|
| 出 版 人 | 王新程 |
| 责任编辑 | 周艳萍 |
| 责任校对 | 尹 芳 |
| 封面设计 | 彭 杉 |

出版发行　中国环境出版社
　　　　　（100062　北京市东城区广渠门内大街 16 号）
　　　　　网　　址：http://www.cesp.com.cn
　　　　　电子邮箱：bjgl@cesp.com.cn
　　　　　联系电话：010-67112765（编辑管理部）
　　　　　　　　　　010-67112738（管理图书出版中心）
　　　　　发行热线：010-67125803，010-67113405（传真）
印　　刷　北京中科印刷有限公司
经　　销　各地新华书店
版　　次　2014 年 12 月第 1 版
印　　次　2014 年 12 月第 1 次印刷
开　　本　787×1092　1/16
印　　张　16　彩插 1
字　　数　338 千字
定　　价　40.00 元

# 广西自然保护区

## 编 委 会

# 前　言

自然保护区（Nature Reserve）是人类逐渐认识到自然界的承载能力和保护自然的重要性，吸取人类对自然界不断索取和破坏的经验教训而划定出的加以保护的自然区域。1994 年 12 月 1 日开始实施的《中华人民共和国自然保护区条例》对自然保护区所作的解释是："对有代表性的自然生态系统、珍稀濒危野生动植物物种的天然集中分布区、有特殊意义的自然遗迹等保护对象所在的陆地、陆地水体或海域，依法划出一定面积予以特殊保护和管理的区域。"

广西第一处自然保护区是 1961 年在龙胜县与临桂县交界处建立的花坪自然保护区。之后，自然保护区建设经历了 3 个发展时期，即 1979—1983 年的抢救性建设时期、1984—2000 年的缓慢发展时期，2001 年以来的规范化建设时期。目前，广西已建立各类自然保护区 78 处，自然保护小区一批，初步形成类型多样、功能齐全、覆盖面广的自然保护区网络，并发挥着巨大的作用。根据初步评估，面积仅占全区土地总面积 5.1%的自然保护区包含了广西境内绝大多数重要陆地自然生态系统类型、绝大多数陆生野生脊椎动物和陆生野生维管束植物种类，有效地保护了 76%的国家重点保护野生动物种类、79%的国家重点保护野生植物种类以及 60%的红树林湿地，在广西的自然保护和生态建设中具有重要的地位，起着关键的作用，对中国及世界生物多样性保护都有着重要的意义。

2007—2011 年，在中国—欧盟生物多样性项目（ECBP）——广西西南石灰岩地区生物多样性保护示范项目中，引入 PRA（Participatory Rural Appraisal）即参与式乡村评估方法，在桂西南地区成功建立了 14 处自然保护小区，为广西建设自然保护小区做了有益的探索。2010 年，广西壮族自治区林业厅出台《广西森林和野生动物类型自然保护小区建设管理办法》明确自然保护小区的设立和管理，至今，广西已陆续建立了140多个自然保护小区，成为自然保护区网络的重要补充。

在广西的自然保护区管理历史上，1993年广西壮族自治区林业厅主编的《广西自然保护区》曾经发挥了非常重要的作用，但由于1994年《中华人民共和国自然保护区条例》颁布实施、1999年国务院同意发布《国家重点保护野生植物名录（第一批）》、2001年开始实施《全国野生动植物保护及自然保护区建设工程总体规划（2001—2030年）》，自然保护区本底资源、建设管理的形势等发生了极大的变化，非常有必要对自然保护区进行重新认识。为此，我们吸收了广西林业勘测设计院、广西大学、广西师范大学、广西植物研究所、广西自然博物馆、国家林业局林业调查规划设计院、国家林业局中南林业调查规划设计院、广西水产研究所、广西红树林研究中心等单位20多年来的相关调查、保护规划、研究成果，在各相关部门、单位和专家学者的支持下重新编写《广西自然保护区》。其中：广西林业勘测设计院谭伟福负责自然保护区自然地理特征、综述内容的编写和各自然保护区概述内容的统编，广西林业厅保护处蒋迎红、广西环保厅生态处蒋波和广西陆生野生动物救护研究与疫源疫病监测中心黎德丘负责全书的审核；广西林业勘测设计院冯国文负责编写统筹工作。各自然保护区概述由广西林业勘测设计院部分工程技术人员分工负责编写，具体分工如下：谭伟福负责花坪、弄岗、大瑶山、木论、大明山、猫儿山、十万大山、岑王老山、大王岭、龙滩、黄连山—兴旺、崇左白头叶猴、防城万鹤山鸟类、5处地质遗迹类等18处自然保护区和14个自然保护小区，王双玲负责姑婆山、弄拉、大容山、合浦儒艮、邦亮长臂猿、涠洲岛、龙虎山、红水河来宾段珍稀鱼类、左江佛耳丽蚌、雅长兰科植物、元宝山等11处自然保护区，邹绿柳负责泗水河、七冲、滑水冲、五福宝顶、底定、山口红树林生态、北仑河口、茅尾海红树林、防城金花茶、银竹老山资源冷杉等10处自然保护区，孟涛负责千家洞、澄碧河、西大明山、百东河、达洪江、老虎跳、那林、金钟山黑颈长尾雉、王子山雉类等9处自然保护区，王海京负责银殿山、龙山、金秀老山、拉沟、泗涧山大鲵、古修、三锁、建新、那兰鹭鸟等9处自然保护区，张先来负责海洋山、架桥岭、寿城、青狮潭、三十六弄—陇均、大哄豹等 6 处自然保护区，孙润负责九万山、西岭山、青龙山、下雷、天堂山、恩城等 6 处自然保护区，吴林巧负责古龙山、大平山、王岗山、大桂山鳄蜥、凌云洞穴鱼类等 5 处自然保护区，罗开文负责地州、德孚、三匹虎、那佐苏铁等 4 处自然保护区。此外，地质遗迹类型自然保护区内容得到广西壮族自治区地质调查院邝国敦教授级高级工程师的悉心审核和修改，在此表示真挚的感谢！

在当今经济社会快速发展时期，自然保护区面临的形势多变，自然保护区面积范围和功能区调整频繁，本书的内容只反映截止到 2014 年 9 月的情况，是自然保护区建设和管理的阶段性成果。另外，作为资料性著作，由于各自然保护区本底调查的要求、时间和方法不同甚至资料缺乏，导致概述内容组成不一致，或者部分自然保护区概述简单，甚至只能采取抽象性描述。因此，本书旨在向广大读者提供相关知识和对自然保护区的认知，可为各级政府及相关部门决策提供科学依据，但不作为行政管理的法定依据。同时，由于编者的知识和水平有限，错误和不足难免，恳请批评指正。

编 者

2014 年 9 月

# 目　录

# 第1章
# 自然保护区背景特征

广西地处中国南部，位于东经 104°26′～112°04′、北纬 20°54′～26°24′之间，北回归线贯穿中部。东连广东省，南临北部湾并与海南省隔海相望，西与云南毗邻，东北接湖南省，西北靠贵州省，西南与越南社会主义共和国接壤。行政区域土地总面积 23.76 万 km²。

## 1.1 自然地理特色

### 1.1.1 生物地理

广西有"八山一水一分田"之称，山地丘陵面积占全区陆地总面积的 75%。多山地区的生态环境条件无疑是十分复杂的，在这样的环境下生物多样性也是丰富的。

不仅如此，广西边缘山地都是周围大地貌的组成部分，其中：西北部山地是云贵高原的组成部分；北部的天平山、八十里大南山、越城岭、海洋山、都庞岭、萌渚岭是南岭山地的组成部分，而南岭地区是我国 35 个生物多样性保护优先区之一，也是我国 16 个物种多样性热点地区之一；九万山、元宝山是苗岭山地的组成部分，而九万山地区是广西 3 个植物特有现象中心之一；西南部喀斯特山地是中越边境高地的组成部分，而桂西南石灰岩地区是我国 35 个生物多样性保护优先区之一、十万大山地区是我国 16 个物种多样性热点地区之一；南部濒临北部湾，大陆海岸线长 1 595 km，沿海岛屿 697 个，20 m 等深线以内浅海域面积约 64.88 万 hm²，滨海湿地面积 26 万 hm²，沿海红树林总面积 7 054 hm²（李春干，2013），是广西复杂的陆地生态系统与庞大的海洋生态系统之间联结的重要交错带，是我国 35 个生物多样性保护优先区之一南海保护区域的重要组成部分。这些地区与外界有着广泛的联系，使本来在复杂的环境中已经很丰富的广西生物多样性更具特色。

## 1.1.2　典型山系

广西的山系大致形成 3 个大弧，自北而南，一弧套一弧：桂北的大南山、天平山和九万山构成第一大弧（北弧）；桂中的驾桥岭、大瑶山、都阳山和大明山构成第二大弧（中弧）；桂南的云开大山、六万大山、十万大山、六韶山、大青山和公母山构成第三大弧（南弧）。桂中的弧形山脉是我国著名地质学家李四光命名的"广西弧"，它表现得最明显、最完整，成为广西山脉的骨干，其他山脉均环绕着它而展布。在 3 个大弧之间有 2 个低地：介于北弧和中弧之间的是桂中盆地，位于中弧和南弧之间的是右江—郁江—浔江平原。这样的山脉结构，对广西水系的发育以及水源、降雨、热量的分布有着直接的影响，同时也间接影响生物资源的分布格局。

## 1.1.3　岩溶地貌

广西岩溶土地主要分布于桂西、桂西南、桂中、桂北、桂东北等地区，范围涉及河池市、百色市、桂林市、崇左市、南宁市、来宾市、柳州市、贺州市、贵港市、梧州市等 10 市 77 县（市、区），地处东经 $106°20'\sim110°01'$、北纬 $22°11'\sim25°18'$ 之间，所处区域北面与贵州省、湖南省接壤，西部与云南省相连，西南与越南社会主义共和国毗邻。岩溶土地主要分布区行政区域面积 1 792 万 $hm^2$，占广西土地总面积的 75.4%。其中，岩溶土地面积 833 万 $hm^2$，约占我国西南地区岩溶土地面积的 17%，占广西土地总面积的 35.1%。

岩溶山地的地貌类型大致分为峰丛洼地、峰林洼地、孤峰、残丘等。峰丛洼地主要分布于桂西、桂西北，山体巨大，山势险重，重峦叠嶂，圆洼地深嵌于群峰之中，海拔可达 1 000 m 以上，相对高 600 m 左右；峰林洼地主要分布于桂北、桂东北、桂中、桂西以及桂西南部分地区，峰林之间多为长条状谷地或者为宽阔的溶蚀洼地；孤峰、残丘主要分布于桂中的宾阳县、横县、贵港市覃塘区一带，石山分散分布于溶蚀平原之上。岩溶山地发育有大量的地下河和岩溶洞穴，形成地表和地下双层空间结构，即地上生态系统和地下生态系统。其中，地上生态系统土层浅薄、地表水奇缺、太阳辐射差异悬殊、气温变幅大，这些恶劣的环境对许多生物物种产生巨大的生存压力，而物种的响应是要么灭绝，要么加速进化以适应环境，因此岩溶山地物种稀少，特有现象非常突出；地下生态系统包括地下河、地下洞穴系统，星罗密布的渗流带洞穴、饱水带洞穴、承压水带洞穴、具天窗的垂直洞穴、落水无底洞、消水洞、溶井、天坑、溶潭、漏斗、溶隙、上升泉、下降泉、季节泉等，形成互不相依、形状各异、千姿百态的地下生态小环境，为许多珍稀孑遗水生生物提供繁衍栖息地（《广西西南喀斯特生物多样性》编委会，2011），如栖居洞穴中的众多蝙蝠、地下水体中生存的多种鱼类等。

## 1.2  生物多样性特点及变化

### 1.2.1  物种资源丰富

广西是中国野生动植物分布最多的省区之一。根据《广西生物多样性保护战略与行动计划（2013—2030 年）》编写组 2013 年进行的统计，已知野生脊椎动物 1 906 种（其中陆生野生脊椎动物 1 151 种），昆虫 5 876 种，野生高等植物 9 494 种（其中野生维管束植物 8 562 种），大型真菌 891 种。

广西野生动植物在中国占有重要的地位，其中陆生野生动植物占全国比例均超过 1/3，鸟类比例高达 1/2，各主要物种数量占全国的比例见表 1-1。

表 1-1  已知广西主要物种数量与全国对比表

| 分类 | 全国总数 | 广西总数 | 百分比/% |
|---|---|---|---|
| 苔藓植物 | 2 653 | 914 | 34.5 |
| 蕨类植物 | 2 270 | 833 | 36.7 |
| 裸子植物 | 245 | 62 | 25.3 |
| 被子植物 | 29 816 | 7 667 | 25.7 |
| 哺乳类 | 564 | 180 | 31.9 |
| 鸟类 | 1 269 | 687 | 54.1 |
| 爬行类 | 403 | 177 | 43.9 |
| 两栖类 | 347 | 107 | 30.8 |
| 鱼类 | 3 862 | 755 | 19.5 |
| 昆虫纲 | 150 000 | 5 876 | 3.9 |

注：全国数据来源于《中国生物物种名录 2009》；广西高等植物数据来源于《广西植物名录》（覃海宁等，2010）；广西陆生脊椎动物数据来源于《广西陆生脊椎动物分布名录》（周放等，2010）以及近年的新发现。

### 1.2.2  生态系统多样

特殊的地理位置和复杂多样的环境构成多样性的生态系统。广西生态系统类型主要有森林、草丛、石灰岩、湿地、海洋等。其中，森林是最重要的生态系统类型，根据广西壮族自治区第十二届人民政府第 21 次常务会议审议通过的《广西壮族自治区生物多样性保护战略与行动计划（2013—2030 年）》，广西的植被类型达 1 000 多个；海洋生态系统包括了多种海岸和近海类型，其中红树林、海草床、珊瑚礁及岛屿独具特色；石灰岩生态系统地表包括溶洞、天坑、洼（谷）地、峰林、峰丛等多种形态，地下有溶洞和地下河，典型性和脆弱性都极为突出。

### 1.2.3  物种特有成分高

生态系统的多样性孕育了丰富的生物多样性，包含着许多特有的成分。其中，野生维管束植物广西特有种 880 种，典型的如元宝山冷杉（*Abies yuanbaoshanensis*）、金花茶组植物（Camellia seet.ehrysantha Chang）、瑶山苣苔（*Dayaoshania cotinifolia*）、膝柄木（*Bhesa sinensis*）、狭叶坡垒（*Hopea chinensis*）等。根据广西原有植物分布区资料分析，大致分为 3 个植物特有现象中心，即桂西南石灰岩地区（特有属 5 个，特有种 200 多种）、桂中的大瑶山地区（特有属 1 个，特有种 40 种）、九万山地区（虽无特有属，但特有种或准特有种多达 100 余种）。其中，桂西南石灰岩地区地处中国 3 个植物特有现象中心之一的桂西南—滇东南地区。

另外，仅分布于广西境内的陆生野生脊椎动物有白头叶猴（*Trachypithecus poliocephalus*）等 20 种，而石灰岩地貌的双层结构导致独特的地下石灰岩生态系统，包含了独特的生物类型，如栖居洞穴中的多种蝙蝠、地下水体中生存的多种鱼类等。根据世界银行 2005—2007 年组织的对广西部分石灰岩洞穴动物群落的调查，初步鉴定出洞穴物种或形态种 350 种（其中洞穴鱼类 61 种，含盲鱼 20 种），特有种 150 种（几乎所有洞穴无脊椎动物皆为特有种），新属 6 个，新种 117 种（其中洞穴鱼类 11 种）。调查结果显示：①广西洞穴鱼类区系的多样性在世界上名列前茅；②广西洞穴里的甲虫中有世界上进化程度最高的种类；③广西洞穴里生存着世界上最丰富的穴居倍足亚纲节肢动物群落（倍足亚纲节肢动物是最重要的专性地下生物群之一）。

## 1.2.4 自然生态系统受干扰明显

根据"广西生态系统格局十年（2000—2010 年）变化调查与评估"结果，广西各主要生态系统类型之间转化频繁，变化剧烈。同时，在广西土地覆被整体转好的态势下，隐含着两个突出的生态问题：一是一些生态级别较高的生态系统出现劣化，如湿地生态系统变为农田系统和城镇系统、森林生态系统转变为城镇或裸土等；二是一些相对重要的自然生态系统减少过快，人工生态系统面积不断增加。如灌丛生态系统、针阔混交林生态系统等迅速转化为人工纯林。

另外，由于人口增加、大面积人工用材林及经济林的种植、基础建设等因素，广西各自然生态系统类型斑块数量呈现下降趋势、平均斑块面积呈现增加趋势、斑块边界密度下降，表明生态系统的景观完整性增加，但生态系统的景观异质性、景观破碎度和景观复杂性不断降低。

## 1.2.5 生物重要栖息地面积萎缩严重

自然保护区是自然生态系统的浓缩与精华，是野生生物重要的栖息地。从 21 世纪以来对其中的 33 处自然保护区面积和界线确定、调整情况看，自然保护区面积大幅度"缩水"，33 处自然保护区总面积由 21 世纪初的描述范围 97.5 万 $hm^2$ 确定为 59.5 万 $hm^2$，减少了 39%，其中最高减幅达 78%。自然保护区面积减少的主要原因包括：一是最初划建水源林和鸟类保护区时过于简单和粗放，而自然保护区相关法规出台后又未及时进行适当的规划；二是由于地方经济发展和群众生产生活需要引发对自然保护区侵蚀的现象却是不争的事实，《中国环境发展报告（2010）》（民间环保组织"自然之友"年度环境绿皮书）也验证了这一事实，其中指出："一些过去在被遗忘的角落守着寂寞的自然保护区，正在从自然化、生态化向经济化、产业化、商业化和人工化迅速转变。"

### 1.2.6　生物物种面临的威胁较严重

2001 年完成的广西重点保护野生植物调查结果显示，在广西境内的 89 种广西重点保护野生植物[未包括苏铁植物（*Cycas* spp.）和兰科植物（*Orchidaceae* spp.）]中，有 42 种的分布范围及数量在萎缩，甚至有些可能已经灭绝，明显处于受威胁状态，其中，很可能在广西已经消亡或濒临灭绝的植物有猪血木（*Euryodendron excelsum*）、异形玉叶金花（*Mussaenda anomala*）、千果榄仁（*Terminalia myriocarpa*）、水松（*Glyptostrobus pensilis*）、合柱金莲木（*Sinia rhodoleuca*）等 24 种，而其中的猪血木、水松等植物在广西可能已经灭绝；分布范围显著缩小、种群数量下降的受威胁植物物种有狭叶坡垒、望天树（*Parashorea chinensis*）、四药门花（*Terathyrium subcordatum*）等 18 种。动物方面有 22 种受到不同程度的威胁，其中在广西灭绝或可能灭绝的动物有虎（*Panthera tigris*）、梅花鹿（*Cervus nippon*）等多种；种群数量下降比较严重的有黑颈长尾雉（*Syrmaticus humiae*）、黑叶猴（*Trachypithecus francoisi*）、熊猴（*Macaca assamensis*）等 13 种。从重点保护野生植物分布点的保护情况看，在 89 种广西重点保护野生植物的 1 650 个分布点中，到 2005 年只有 257 个分布点被自然保护区覆盖（谭伟福，2006），到 2010 年自然保护区覆盖的重点保护野生植物分布点增加到 397 处，但是仍有 76%的分布点（996 个）处于自然保护区之外，其生存面临着较大的威胁。

## 1.3　生物多样性保护的关键地区

### 1.3.1　植物特有现象中心

当植物分布范围有一定的限制时，称为特有现象。

根据对我国种子植物约 243 个特有属的分布区分析，大致分为 3 个特有现象中心，即桂西南—滇东南地区、川东—鄂西地区、川西—滇北地区。

广西三大植物特有现象中心为桂西南石灰岩地区、大瑶山地区、九万山地区。

### 1.3.2　生物多样性保护关键区域

种种情形表明，丰富和独特的生物多样性在空间上的分布是不均匀的，其面临的保护任务非常紧迫和艰巨，而我们有限的能力无法给予全面的生物多样性保护，必须在多种多样值得保护的对象中确定出重点，对这些重要的保护对象比较集中的地区加以优先保护。我们把这样的地区称为生物多样性关键区域（Critical Regions）。

关键区域与热点地区含义是相近的，生物多样性关键区域也可以近似称为生物多样性热点地区，但确定关键区域的标准：一是地区物种丰富度，二是特有种的数量。对于湿地还要考虑候鸟的过境、栖息和繁殖情况。这里没有考虑受威胁情况（即生境的改变或丧失）。

为积极响应《全球植物保护战略》中"有效保护世界植物多样性关键地区的50%"的目标，根据物种丰富度和特有种数量，综合专家长期综合研究的结果，原国家环境保护总局主持编写的《中国生物多样性国情研究报告》提出了中国17个具有全球意义的生物多样性保护关键区域。其中陆地11个，湿地3个，海洋3个（未包括中国的台湾地区）。涉及广西的生物多样性保护关键地区为桂西南石灰岩地区，包括广西西南部左、右江流域，以及滇东南一小角。

2010年，国务院审议通过了《中国生物多样性保护战略与行动计划（2011—2030年）》，其中划分了35个生物多样性保护优先区域，其中陆地32个，海洋3个（未包括中国的台湾地区）。涉及广西的生物多样性保护优先区域有桂西黔南石灰岩地区、南岭地区、桂西南山地区、南海保护区域。其中，南海保护区域涉及广西涠洲岛珊瑚礁分布区、茅尾海和大风江海域、钦州三娘湾中华白海豚栖息地、防城港东湾红树林分布区等。

2013年，广西壮族自治区人民政府审议通过了《广西生物多样性保护战略与行动计划（2013—2030年）》，确定了桂西山原区、九万山区、桂北南岭地区、大瑶山—大桂山区、大明山区、桂西岩溶山地区、十万大山区、广西北部湾沿海地区等8个生物多样性优先保护区。

### 1.3.3 物种多样性保护热点地区

物种多样性热点地区是指指示物种集中分布的地区。2003年，李迪强等在全球环境基金（GEF）中国自然保护区管理项目资助下，开展中国物种多样性保护热点地区分析，从鸟类、兽类和植物中选定指示物种，采用将指示物种的分布图与植被图、森林分布图、地形图、土地利用图和行政边界图叠加的方法，确定物种多样性热点地区。经分析，共筛选出16个中国物种多样性的热点地区（总热值）：川西高山峡谷地区（44.05）、滇西北地区（42.65）、南岭地区（37.65）、十万大山地区（26.35）、浙闽山地地区（25.10）、西双版纳地区（18.95）、浙皖低山丘陵地区（14.55）、武陵山地区（14.00）、藏东南部地区（13.65）、吉林长白山地区（13.45）、海南中部地区（12.70）、大巴山地区（12.55）、伏牛山地区（11.95）、秦岭地区（10.65）、大别山地区（8.30）、祁连山地区（8.30）（李迪强等，2003）。

# 第2章
# 自然保护区综述

## 2.1 自然保护区发展历程

世界上第一处自然保护区是建立于 1872 年的美国黄石公园，至今已有 142 年的历史。在中国，原林业部于 1956 年 10 月提交《林业部关于天然森林禁伐区（自然保护区）划定草案》，提出自然保护区的划定对象、划定办法和划定地区。当年，建立了中国第一处自然保护区——广东鼎湖山自然保护区。直到 1979 年，自然保护区的发展一直处于停滞阶段，一些已经划定和建立的自然保护区被破坏或撤销，野生动植物资源遭到严重破坏（解焱，2004）。从 1980 年开始，我国自然保护区事业才得到稳步、健康的发展。

广西是我国较早建立自然保护区的省区之一，1961 年，广西建立了第一处自然保护区——花坪自然保护区，但其后发展很慢，到 1981 年年底，20 年间仅建立 7 处自然保护区。从改革开放以来，广西自然保护区的发展历程可归纳 3 个不同时期（谭伟福等，2008）。

抢救性建设时期（1979—1983 年）。1979 年原林业部等 8 个部委联合下发了《关于自然保护区管理、区划和科学考察工作通知》，1980 年召开全国自然保护区区划工作会议，并在全国农业自然资源调查和农业区划委员会下成立了自然保护区区划专业组，广西也成立了相应的区划小组。同时，《中华人民共和国环境保护法》和《中华人民共和国森林法》的颁布，为建立一个巨大和完整的保护区体系铺平了道路。从那时起，广西依据国家有关加强自然保护区管理、区划和科学考察工作的精神，在全区范围开展自然保护区区划工作。1982 年 6 月，广西壮族自治区人民政府发布《自治区人民政府批转区林业局关于开展爱鸟护鸟活动的报告》（桂政发[1982]97 号），同意划定 37 处大片水源林和 15 处鸟类保护区，自然保护区事业进入一个蓬勃发展阶段。到 1983 年，广西自然保护区数量迅速发展到 53 处，猛增了 51 处。

缓慢发展时期（1984—2000 年）。1983 年以后，自然保护区的抢救性建设接近尾声，进入一个缓慢的发展时期。在这一时期，17 年的时间全区仅新建自然保护区 9 处。1998 年，为了加快自然保护区的建设步伐，由自治区环保局、原发展计划委员会牵头，原自治区林业局、地质矿产厅、水产局、海洋局等部门参与完成《广西壮族自治区自然保护区发展规划（1998—2010 年）》，这是广西第一个关于自然保护区建设的中长期发展规划，为 21 世纪广西自然保护区建设进入新的发展时期奠定了基础。

规范化建设时期（2001 年至今）。2001 年，全国开始实施野生动植物保护及自然保护区建设工程，《广西野生动植物保护及自然保护区建设工程总体规划（2001—2030年）》得到原广西发展计划委员会批准实施，广西自然保护区建设进入一个崭新的发展时期。2002 年广西壮族自治区人民政府《关于进一步明确我区林业系统地方级自然保护区级别等有关问题的批复》（桂政函[2002]33 号），明确在全区林业系统现有 51 处地方级自然保护区中，猫儿山自然保护区等 33 处自然保护区为自治区级自然保护区，澄碧河自然保护区等 2 处自然保护区为市（地）级自然保护区，那佐自然保护区等 16 处自然保护区为县级自然保护区。到 2013 年，13 年时间新建自然保护区 17 处。在这一时期，通过科学考察，调整、整合和升级，完成了 30 多处自然保护区的面积和边界优化，自然保护区管理的质量得到了全面的提升。

## 2.2　自然保护区建设布局

截至 2014 年 6 月，广西已建各类自然保护区 78 处，面积 121 万 $hm^2$（未扣除自然保护区在海洋中的面积），占全区土地总面积的 5.1%。初步形成布局较为合理、类型较为齐全、功能比较健全的自然保护区网络。

① 按管理部门分：林业部门 63 处，国土部门 5 处，水产部门 4 处，环保部门 2处，海洋部门 2 处，其他 2 处。其中林业部门自然保护区总面积 115 万 $hm^2$，占广西自然保护区总面积的 95%。

② 按保护等级分：国家级 22 处，分别为花坪、弄岗、大瑶山、木论、大明山、猫儿山、十万大山、千家洞、岑王老山、九万山、七冲等 11 处森林生态系统类型自然保护区，山口红树林、北仑河口红树林等 2 处海洋和海岸生态系统类型自然保护区，合浦儒艮、金钟山黑颈长尾雉、崇左白头叶猴、大桂山鳄蜥、邦亮长臂猿、恩城（黑叶猴）等 6 处野生动物类型自然保护区，防城金花茶、雅长兰科植物、元宝山（元宝山冷杉）等 3 处野生植物类型自然保护区；自治区级 47 处；市级 3 处，即澄碧河、百东河、那兰鹭鸟等自然保护区；县级 6 处，即古龙山、达洪江、地州、德孚、三锁、防城万鹤山鸟类等自然保护区。

③ 按类型分：根据《自然保护区类型与级别划分原则》（GB/T 14523—93），广西自然保护区可分为 3 大类别 5 个类型，即自然生态系统类别中的森林生态系统类型、海洋和海岸生态系统类型，野生生物类别中的野生动物类型、野生植物类型，自然遗

迹类别中的地质遗迹类型。其中，森林生态系统类型 46 处（其中，澄碧河自然保护区兼属内陆湿地和水域生态系统类型），面积 94.5 万 hm²，占自然保护区总面积的 78.0%。野生动物类型 19 处（其中，合浦儒艮、涠洲岛两处自然保护区兼属海洋和海岸生态系统类型），面积 20.0 万 hm²，占自然保护区总面积的 16.5%。野生植物类型 5 处，面积 5.2 万 hm²，占自然保护区总面积的 4.3%。海洋和海岸生态系统类型 3 处，面积 1.5 万 hm²，占自然保护区总面积的 1.2%。地质遗迹类型 5 处，面积 209.15 hm²。

④ 按规模分：根据国家林业局 2002 年批准的《自然保护区工程项目建设标准》（试行），自然保护区根据面积大小和自然性差异分为超大型、大型、中型和小型 4 种规模类型。

广西自然保护区平均面积仅为 1.5 万 hm²（其中森林生态系统类型为 2.3 万 hm²），远低于全国平均 8 万 hm²（除荒漠化类型外的其他自然保护区平均面积约 5 万 hm²）的水平，面积不足 1 000 hm² 的自然保护区达 10 处，包括红水河来宾段珍稀鱼类、左江佛耳丽蚌、凌云洞穴鱼类、防城万鹤山鸟类、那兰鹭类以及 5 处地质遗迹类型自然保护区。

广西没有超大型自然保护区，大型自然保护区也为数不多，仅有十万大山、大王岭、西大明山、海洋山等 4 处（均为森林生态系统类型，面积 5 万～15 万 hm²），其他均为中、小型自然保护区。

## 2.3 自然保护区的重要作用

### 2.3.1 重要自然生态系统的保护

现有自然保护区保存着广西绝大多数重要的自然生态系统类型，包括了南部地区的季雨林、中部地区的季风常绿阔叶林和北部地区的典型常绿阔叶林等 3 个地带性森林生态系统类型，以及砂页岩、花岗岩、碳酸盐岩（石灰岩）等不同地域森林生态系统类型，还包括了重要的海洋与海岸生态系统类型。

广西是多山地区，境内海拔 2 000 m 以上的大山分别是 2 141.5 m 的猫儿山、2 123.4 m 的真宝顶、2 086.0 m 的元宝山和 2 062.5 m 的岑王老山，这些大山均建立了自然保护区，分别为森林生态系统类型的猫儿山国家级自然保护区、森林生态系统类型的五福宝顶自治区级自然保护区、野生植物类型的元宝山国家级自然保护区、森林生态系统类型的岑王老山国家级自然保护区。

石灰岩生态系统是广西独特的自然生态系统，其双层结构的独特性和显著的脆弱性使之成为自然保护者极度关注的自然生态系统类型。在广西的石灰岩地区分别建立了弄岗、木论、西大明山、古龙山、老虎跳、黄连山—兴旺、青龙山、三十六弄—陇均、地州、龙山、下雷、大哄豹、弄拉等 13 处森林生态系统类型自然保护区，以及崇左白头叶猴、邦亮长臂猿、恩城（黑叶猴）、龙虎山（猕猴）、凌云洞穴鱼类等 5 处野生动物类型自然保护区。

红树林湿地生态系统是广西重要的自然生态系统类型，目前以红树林为主要保护对象的自然保护区有山口红树林、北仑河口、茅尾海红树林等 3 处，保护了 4 232.9 hm² 的红树林。自然保护区保护着广西 60.1%的红树林面积。

### 2.3.2  国家重点保护野生动植物的保护

1982 年，原自治区林业局报请自治区人民政府并经批准，设立 15 个保护珍贵动物为主的保护区，包括 1980 年建立的崇左（罗白）珍贵动物保护站、大新（恩城）珍贵动物保护站和 1981 年建立的扶绥（岜盆）珍贵动物保护站以及西岭岗、五排白竹江、三锁、大山玉里沟、猫街、金钟山、江底建新、长坪古修、拉沟、三匹虎、黄连顶、涠洲岛等。这一批保护区的建立，拉开了广西建立保护区、就地保护珍稀濒危动物的序幕，目前广西境内国家重点保护野生动植物在自然保护区内的情况如下。

广西有国家Ⅰ级重点保护野生动物 25 种（不包括在广西多年未发现的虎和梅花鹿）、国家Ⅱ级重点保护野生动物 151 种，在现有自然保护区中保存有国家Ⅰ级重点保护野生动物 23 种、国家Ⅱ级重点保护野生动物 111 种，包含了广西 76%的国家重点保护野生动物种类。尚有中华鲟（*Acipenser sinensis*）、红珊瑚（*Corallium rubrum*）等 2 种国家Ⅰ级重点保护野生动物，以及真海豚（*Delphinus delphis*）、热带真海豚（*Delphinus tropicalis*）、太平洋短吻海豚（*Lagenorhynchus obliquidens*）、虎鲸（*Orcinus orca*）、拟虎鲸（*Pseudorca crassidens*）、花斑原海豚（*Stenlla attenuata*）、长吻原海豚（*Stenella longirostris*）、宽吻海豚（*Tursiops truncatus*）、南宽吻海豚（*Tursiops aduncus*）、小鳁鲸（*Balaenoptera acutorostrata*）、鳀鲸（*Balaenoptera edeni*）、鳁鲸（*Balaenptera borealis*）、抹香鲸（*Physeter catodon*）、白额雁（*Anser albifrons*）、乌雕（*Aquila clanga*）、草原雕（*Aquila rapax*）、靴隼雕（*Hieraaetus pennatus*）、赤颈䴙䴘（*Podiceps grisegena*）、卷羽鹈鹕（*Pelecanus crispus*）、白斑军舰鸟（*Fregata ariel*）、灰鹤（*Grus grus*）、花田鸡（*Porzana exquisitus*）、小青脚鹬（*Tringa guttifer*）、小鸥（*Larus minutus*）、斑尾鹃鸠（*Macropygia unchall*）、大紫胸鹦鹉（*Psittacula derbiana*）、绯胸鹦鹉（*Psittacula alexandri*）、仓鸮（*Tyto alba*）、黄腿渔鸮（*Ketupa flavipes*）、橙胸咬鹃（*Harpactes oreskios*）、蓝枕八色鸫（*Pitta nipalensis*）、云南闭壳龟（*Cuora yunanensis*）、凹甲陆龟（*Manouria impressa*）、蠵龟（*Caretta caretta*）、玳瑁（*Eretmochelys imbricata*）、太平洋丽龟（*Lepidochelys olivacea*）、棱皮龟（*Dermochelys coriacea*）、克氏海马鱼（*Hippocampus kelloggi*）、胭脂鱼（*Myxocyprinus asiaticus*）、叉犀金龟（*Allomyrina davidis*）等 40 种国家Ⅱ级重点保护野生动物目前在现有自然保护区范围未发现。

广西有国家Ⅰ级重点保护野生植物 30 种（不包括在广西可能已经在野外灭绝的水松）、国家Ⅱ级重点保护野生植物 70 种，在现有自然保护区中保存有国家Ⅰ级重点保护野生植物 22 种、国家Ⅱ级重点保护野生植物 57 种，包含了广西 79% 的国家重点保护野生植物种类。尚有中华水韭（*Isoetes sinensis*）、长叶苏铁（*Cycas dolichophylla*）、仙湖苏铁（*Cycas fairylakea*）、锈毛苏铁（*Cycas feruginea*）、多歧苏铁（*Cycas multipinnata*）、峨眉拟单性木兰（*Parakmeria omeiensis*）、藤枣（*Eleutharrhena macrocarpa*）、膝柄木、报春苣苔（*Primulina tabacum*）等 9 种国家Ⅰ级重点保护野生植物，以及阴生桫椤（*Alsophila latebrosa*）、黄杉（*Pseudotsuga sinensi*）、馨香木兰（*Magnolia odoratissima*）、大果木莲（*Manglietia grandis*）、石碌含笑（*Michelia shiluensis*）、卵叶桂（*Cinnamomum rigidissimum*）、野菱（*Trapa incisa*）、千果榄仁、滇桐（*Craigia yunnanensis*）、梓叶槭（*Acer catalpifolium*）、高雄茨藻（*Najas browniana*）、药用野生稻（*Oryza officinalis*）等 12 种国家Ⅱ级重点保护野生植物至今在现有自然保护区范围未发现。

### 2.3.3　重要物种基因库的保护

广西丰富的野生动植物资源无疑是中国重要的生物物种基因库，而广西的陆生脊椎动物、维管束植物、昆虫、大型真菌等物种，在面积仅占国土面积约 5% 的自然保护区中几乎都能找到，当今一些被广泛利用的物种其天然种质资源也只保存于自然保护区。因此，自然保护区既是珍贵的物种基因库，更是不可多得的动植物避难所。

### 2.3.4　重要水源涵养林的保护

1982 年，原自治区林业局报请自治区人民政府并经批准，设立了包括大明山、海洋山、银竹老山、银殿山、千家洞、五福宝顶、寿城、驾桥岭、青狮潭、金秀（大瑶山）、元宝山、九万山、布柳河、穿洞河、田林老山、黄连山、那佐、花贡、澄碧河、大王岭、百东河、德孚、农信、地州、岳圩、古龙山、达洪江、西岭、西大明山、下雷、春秀、青龙山（龙州）、十万大山、紫荆山、那林、姑婆山、滑水冲等 37 个以涵养水源为主的水源林保护区。这一批保护区的建立，拉开了广西划定保护区、保护水源林的序幕，目前以水源涵养林为主要保护对象之一的自然保护区有花坪、大瑶山、大明山、猫儿山、十万大山、千家洞、海洋山、架桥岭、澄碧河、西大明山、大王岭、寿城、青狮潭、龙滩、百东河、古龙山、达洪江、银殿山、黄连山—兴旺、泗水河、西岭山、那林、七冲、地州、德孚、龙山、滑水冲、五福宝顶、姑婆山、三匹虎、大平山、金秀老山、弄拉、天堂山、大容山、金钟山、拉沟、泗涧山、古修、三锁、建新、防城金花茶等 40 多处，这些自然保护区绝大多数分布于山区河流源头或两旁，水源保护作用突出，保证了广西主要水源的涵养，调节了气候，改善了人类生活环境，防止水土流失扩大，保护了生态环境。

### 2.3.5 重要自然景观资源的保护

自然保护区保存着广西最丰富的生物多样性，同时也保存有最具精华的自然景观资源。绝大多数原生性自然景观位于自然保护区内，具有很大的生态旅游利用价值。目前已开发的以生态旅游为主的自然保护区主要有花坪、弄岗、大瑶山、木论、大明山、猫儿山、十万大山、岑王老山、海洋山、澄碧河、大王岭、古龙山、老虎跳、姑婆山、弄拉、大容山、山口红树林、崇左白头叶猴、涠洲岛、龙虎山、雅长兰科植物等20多处。其中，大瑶山、大明山、猫儿山、十万大山、澄碧河、大王岭、古龙山、姑婆山、弄拉、大容山、涠洲岛、龙虎山等自然保护区已成为广西乃至国内外知名的旅游目的地。

### 2.3.6 科研和科普教育的不可替代性

自然保护区是许多生态系统演替、野生动植物繁衍等全过程的天然样板，成为科学研究不可替代的基础。多个国外自然保护非政府组织、国内外相关科研院校在大瑶山、弄岗、猫儿山、木论、大明山、岑王老山、雅长兰科植物等重要的自然保护区长期开展各类科学研究活动，并取得了丰硕的成果。

1994年颁布的《中华人民共和国自然保护区条例》明确规定进行自然保护的宣传教育是自然保护区管理机构的主要职责之一。目前，广西已有崇左白头叶猴、大明山、猫儿山、山口红树林、姑婆山等多处自然保护区列为国家和地方各级科普教育基地以及一些科研院所科研实习基地，自然保护区将在科学知识传播、推动人类文明进步、提高全民族的科学文化素质、促进科学技术的发展和社会进步等方面发挥不可替代的作用，同时也是青少年科普教育的重要阵地。

## 2.4 自然保护区建设管理存在的主要问题

毋庸置疑，广西自然保护区在生物多样性保护中具有重要和关键的地位，建立自然保护区是生物多样性保护最有效的途径。然而，目前广西自然保护区建设管理仍存在许多问题，主要包括：

① 建设布局不合理。从面积和数量看，各类型保护区的数量与资源拥有量不相称，仍有较大的发展空间；从分布格局看，桂东南地区作为广西经济较发达地区，人为活动频繁，自然保护区的数量和面积所占比重小，对经济快速发展的后劲缺乏可持续的生态支持；从网络构成来看，自然保护区网络内部联结廊道未形成，联系不够通畅，许多野生动植物种群常常相互隔离，生态系统或野生动植物栖息地孤岛化明显，导致物种基因交流困难。

② 保护空缺明显。在生态系统方面，滨海河口滩涂湿地、石灰岩山地是广西两个

重要的自然生态系统类型，但目前尚有 40% 的红树林处于自然保护区之外。而都阳山地区是广西最大的石灰岩地区和最大的公益林区，却没有建立自然保护区。此外，广西超过 2/3 的重点保护野生植物分布点、24% 的国家重点保护野生动物种类和 21% 的国家重点保护野生植物种类未受到自然保护区的保护，面临着严重的威胁。

③ 机构能力低下。从林业系统自然保护区来看，根据 2012 年统计，在 63 处自然保护区中，具有独立管理机构的尽管已有 44 处，其他均为保护区与林业局、林场实行"两块牌子、一套人马"管理，没有独立法人资格和法律地位，缺乏独立行政和业务处理的能力。在 63 处自然保护区的 76 个管理机构（一些跨行政区的自然保护区按行政区分设机构）中，全额拨款事业单位 34 个，差额拨款事业单位 19 个，自收自支事业单位 14 个，未给予明确的 9 个。可见，自然保护区管理机构不完善、经费渠道不落实，机构能力非常低下。

④ 管理体制存在欠缺。我国现行的自然保护区管理体制是纵向分级管理，横向综合管理与分部门管理并存。由此产生了多头管理、职责不明、权限不清、协调不力、业务指导与实际管理权分离等突出问题。其中，最典型的问题是部分自然保护区、森林公园、海洋公园、风景名胜区等互相重叠，形成了建设、林业、旅游、水利、国土、文化等多部门之间权力边界不清晰，在建设和管理上相互扯皮，自然资源的利用和保护面临着部门间"抢利推责"的被动局面。

⑤ 保护模式不科学。对于不同类型的自然保护区实行单一的、严格意义上的自然保护区管理模式，在经济快速发展时期使得自然保护区建设管理在处理一些问题上处于尴尬局面。IUCN 定义下的几种保护区类型值得探索和尝试，即以保护区主要管理目标为基本依据，综合考虑主要保护对象的特点及人类干扰程度来确定保护地类型，从而促进自然保护区的规范管理和进一步发展，实现自然保护与经济社会可持续发展的双重目标。同时，在对自然保护区实行功能分区管理的基础上，按现实土地种类、土地和林木权属不同，在全面调查和评估的基础上实行更细致、更体现实际的分类管理，提高管理的有效性。

⑥ 土地权与管理权分离。广西是典型的集体林区，大多数自然保护区是建立在集体土地上，一些保护区的管理机构与土地所有者未达成共同管理协定，更没有获得管理权限，无法开展正常的管护工作，保护区形同虚设。由于保护区土地权与管理权的分离，导致许多问题得不到妥善解决，如用材林采伐、群众生产生活等，自然保护与资源利用的矛盾突出。

## 2.5 自然保护区建设管理的主要任务

① 加快推进自然保护区管理体系建设。根据《中华人民共和国自然保护区条例》、《国务院办公厅关于加强做好自然保护区管理有关工作的通知》等法律法规的规定以及

自然保护区组织管理工作中存在的问题，积极争取各级政府和有关部门大力支持自然保护事业，理顺保护地管理体制，解决自然保护区的机构、级别、编制、经费和管理权限等问题，改变一些自然保护区"划而不建、建而不管、管而不严"和"有牌子、没机构、没经费、没人员"的局面，建立自治区级、市级和县级自然保护区行政管理网络，建立和完善自然保护区管理有效机制。同时，进一步优化人才队伍结构，加大对自然保护区技术人员的培训工作力度，强化自然保护区管理队伍岗位和业务技能培训，增强对自然保护管理的认识，增强履行岗位职责和依法行政的能力，提高现有技术人员的业务能力和素质；本着公开招聘、择优录用、竞争上岗的原则，建立激励机制，完善工资待遇、社会保障，完善业绩考核、奖惩等制度，加大从高等院校引进具有相关学历背景的高学历、高素质人才和专业技术人员，逐步改善并稳定人才队伍的年龄结构、专业结构和学历结构。

②进一步加强自然保护区划建。按照国家自然保护区建设有关规定，综合考虑广西已建自然保护区的情况，根据自然保护区建设的必要性和紧迫性，需要抢救性保护的物种和自然生态系统应优先建设。同时，对不适宜建立自然保护区的重要区域建立自然保护小区，弥补自然保护区的空缺，竭力保护破碎化、片段化的野生动植物生境，促进极小种群野生动植物资源和森林生态系统的保护与恢复。继续推进国家级自然保护区基础设施建设，争取国家基础设施建设资金和自治区财政配套建设资金，进一步加大建设力度，同时争取启动地方级自然保护区基础设施建设工程。

③大力提升自然保护区科研和监测能力。努力实现自然保护区管理工作的系统化、规范化、标准化，提高自然保护区管理工作的效率和水平。积极构建自然保护区监测网络和科研平台，加强信息化建设，提升自然保护区管理能力和科研水平。争取国家相关部门和单位支持广西现有自然保护区管理机构的能力建设，给予建设资金补助，开展保护管理、巡护监测、管理信息平台、自然保护区培训、完善自然保护区网络等建设工作。

④积极推进自然保护区生态文化建设。全面推进自然保护区实验区的生态旅游项目，开展自然保护区生态旅游，使自然保护区自然资源得到保护、地方得到好处、群众得到实惠、参与游客得到满足，形成参与各方多赢的局面，对推动广西生态文化建设、弘扬生态文明、推动林区产业结构调整、带动林区经济社会发展、实现经济社会可持续发展具有重要意义。

⑤着力推进生物廊道建设。通过生物走廊的建设将自然保护区之间或与其他隔离的生境连接起来，促进不同生物种群的交流和繁殖，完善自然保护区网络。

⑥全面深化自然保护区对外合作与交流。自然保护区建设从封闭式转变为开放式，除了开展不同利益相关群体的联合管理外，有必要深化对外合作与交流，走出去，负责寻找各种资源和机会，引进项目，扩大自然保护区的影响，加强和完善自然保护区的管理，提高野生动植物保护和自然保护区建设管理的能力和水平。

⑦ 加大自然保护区建设管理资金投入。野生动植物保护与自然保护区建设管理是关系到公共卫生安全、经济社会发展和生态建设的社会公益事业，应纳入各级政府的国民经济和社会发展规划中通盘考虑，各级主管部门应把野生动植物保护和自然保护区建设事业列入地方国民经济和社会发展计划的公益性支出，纳入各级财政预算，并逐年提高在财政预算中的比例，确保野生动植物保护和自然保护区建设的正常运行和工作的高效开展。

# 第**3**章
# 自然保护区概述

## 3.1 森林生态系统类型自然保护区

### 3.1.1 花坪自然保护区

花坪自然保护区是广西最早建立的自然保护区，建于 1961 年，由林业部门管理，1978 年经国务院同意（国发[1978]30 号）列为国家重点自然保护区（即目前的国家级自然保护区），1991 年被批准纳入中国"人与生物圈"保护区网络。保护区地跨龙胜、临桂两县，地处东经 109°47′07″～109°58′10″、北纬 25°28′55″～25°39′15″之间，总面积15 133.3 hm²。

（1）自然环境

保护区地质古老，属江南古陆南部边缘地区，成陆早，褶皱明显，构造复杂，以砂页岩为主，间有石灰岩，属中山地貌。保护区属南岭山地越城岭支脉的一部分，海拔多介于 1 200～1 600 m，最高峰广福顶海拔为 1 803 m。保护区属中亚热带季风气候，年平均气温 12～14℃，年降水 2 000～2 200 mm，雨季为 3—8 月，相对湿度 85%～90%，日照短，多雾，有 6 个月霜期和 5 个月雪期，风向多变，夏多为东南风、南风，秋多北风、东北风。

保护区属于柳江水系且为该水系源头，主要有小江口河、粗江河、平野河等，主要河流总的流向是向北流，汇入龙胜河，河道比降大，含沙量少，水量丰富。

保护区土壤垂直带明显，由下而上分别为山地红壤、山地黄壤和山地黄棕壤。

（2）社区概况

保护区内涉及临桂县黄沙瑶族乡宇海村和龙胜县三门镇花坪村 8 个自然屯，共 645人（2012 年统计），主要居住在实验区，少数在缓冲区，核心区无居民。

保护区周边涉及临桂县黄沙瑶族乡、宛田瑶族乡和龙胜县的三门镇，共 11 个行政村、56 个村小组、139 个自然村、10 457 人（2012 年统计），分属瑶、壮、侗、汉、苗等 5 个民族，以瑶族占多数，约占总人口的 47%。

（3）野生维管束植物

根据 2008 年综合科学考察，以及《广西花坪自然保护区植物物种多样性研究》（高海山，2007），保护区已知维管束植物 208 科 689 属 1 505 种，其中野生维管束植物 205 科 667 属 1 475 种。植物区系地理成分复杂，以亚热带性质的科、属为主要成分。根据中国植物区系分区的划分，保护区属东亚植物区中国—日本亚区，与华中地区最接近。保护区分布有东亚特有科 4 个，即三尖杉科（Cephalotaxaceae）、猕猴桃科（Actinidiaceae）、旌节花科（Stachyuraceae）和鞘柄木科（Torricelliaceae）；中国特有科 1 个，即大血藤科（Sargentodoxaceae）。中国特有属有 24 属，即黔蕨属（Phanerophlebiopsis）、银杉属（Cathaya）、长苞铁杉属（Tsuga）、拟单性木兰属（Parakmeria）、星果草属（Asteropyrum）、大血藤属（Sargentodoxa）、血水草属（Eomecon）、泡果荠属（Hilliella）、棱果花属（Barthea）、半枫荷属（Semiliquidambar）、伞花木属（Eurycorymbus）、伯乐树属（Bretschneidera）、银鹊树属（Tapiscia）、青钱柳属（Cyclocarya）、喜树属（Camptotheca）、通脱木属（Tetrapanax）、任豆属（Zenia）、石笔木属（Tutcheria）、丫蕊花属（Ypsilandra）、香果树属（Emmenopterys）、紫菊属（Notoseris）、匙叶草属（Latouchea）、盾果草属（Thyrocarpus）、异叶苣苔属（Whytockia）。尽管未发现有广西特有属的分布，但广西特有种或准特有种多达 35 种，如花坪复叶耳蕨（Arachniodes huapingensis）、龙胜毛蕨（Cyclosorus parvilobus）、龙胜钓樟（Lindera lungshengensis）、龙胜金盏苣苔（Isometrum lungshengensis）、龙胜柿（Diospyros longshengensis）、龙胜吊石苣苔（Lysionotus heterophyllus var. lasianthus）、龙胜苔草（Carex longshengensis）、丝梗楼梯草（Elatostema filipes）、龙胜香茶菜（Rabdosia lungshengensis）、龙胜梅花草（Parnassia longshengensis）、济新杜鹃（Rhododendron chihsinianum）等。

已知国家Ⅰ级重点保护野生植物有银杉（Cathaya argyrophylla）、南方红豆杉（Taxus chinensis var. mairei）、伯乐树（Bretschneidera sinensis）等，国家Ⅱ级保护植物有金毛狗脊（Cibotium barometz）、华南五针松（Pinus kwangtungensis）、福建柏（Fokienia hodginsii）、篦子三尖杉（Cephalotaxus oliveri）、鹅掌楸（Liriodendron chinense）、闽楠（Phoebe bournei）、任豆（Zenia insignis）、花榈木（Ormosia henryi）、半枫荷（Semiliquidambar cathayensis）、红椿（Toona ciliata）、伞花木（Eurycorymbus cavaleriei）、马尾树（Rhoiptelea chiliantha）、喜树（Camptotheca acuminata）、香果树（Emmenopterys henryi）等。

（4）野生脊椎动物

已知野生脊椎动物 5 纲 27 目 91 科 206 属 315 种，其中国家Ⅰ级重点保护野生动物有豹（Panthera pardus）、黄腹角雉（Tragopan caboti）、白颈长尾雉（Syrmaticus ellioti）、林麝（Moschus berezovskii）等，国家Ⅱ级保护动物有猕猴（Macaca mulatta）、藏酋猴

（*Macaca thibetana*）、中国穿山甲（*Manis pentadactyla*）、金猫（*Catopuma temminckii*）、大灵猫（*Viverra zibetha*）、小灵猫（*Viverricula indica*）、斑林狸（*Prionodon pardicolor*）、水獭（*Lutra lutra*）、黑熊（*Ursus thibetanus*）、水鹿（*Rusa unicolor*）、中华鬣羚（*Capricornis milneedwardsii*）、红腹角雉（*Tragopan temminckii*）、勺鸡（*Pucrasia macrolopha*）、原鸡（*Gallus gallus*）、白鹇（*Lophura nycthemera*）、红腹锦鸡（*Chrysolophus pictus*）、黑鸢（鸢）（*Milvus migrans*）、草原鹞（*Circus macrourus*）、鹊鹞（*Circus melanoleucos*）、松雀鹰（*Accipiter virgatus*）、猛隼（*Falco severus*）、草鸮（*Tyto longimembris*）、领角鸮（*Otus bakkamoena*）、斑头鸺鹠（*Glaucidium cuculoides*）、纵纹腹小鸮（*Athene noctua*）、大鲵（*Andrias davidianus*）、虎纹蛙（*Hoplobatrachus rugulosus*）等。2011 年，由 Kanto Nishikawa 等命名发表了莫氏肥螈（*Pachytriton moi*），仅分布于龙胜和资源，为广西特有物种。

（5）主要保护对象与保护价值

保护区主要保护对象是典型的常绿阔叶林及其生态系统，银杉等珍稀濒危动植物及其栖息地。

保护区地处珠江流域，森林覆盖率高达 98.2%，是珠江水源保护的重要地区。

保护区是南岭山地越城岭支脉的一部分，南岭山地是中国生物多样性保护优先区域之一，生物多样性具有全球保护意义。

（6）保护管理机构能力

到 2012 年年底，保护区共有正式职工 35 人，聘用专职管护员 25 人。内设行政科、保护管理科、公安派出所、科研宣教科、经营管理科、财务科等 6 个部门，下设安江坪、红滩、粗江和宇海等 4 个管理站及检查站 1 处。

自 2001 年以来，先后实施 3 期基础设施建设项目，建立健全管护队伍，制定一系列保护管理制度和措施，加强管护员能力培训，保护管理机构能力得到极大地提升。保护区长期注重公众宣传和社区共建，多年来坚持对银杉野生种群进行监测和研究，取得较好的成效。

（7）保护区功能分区

根据国家林业局以林计发[2000]659 号文批准的《广西花坪国家级自然保护区总体规划（2001—2010 年）》（广西林业勘测设计院，2000），保护区分为核心区、缓冲区和实验区 3 个功能区，面积分别为 4 891.3 hm²、3 668.1 hm²、6 573.9 hm²。保护区位置与功能分区见图 3-1。

### 3.1.2　弄岗自然保护区

弄岗自然保护区建于 1979 年，由林业部门管理，为保护石灰岩季雨林而设立的自然保护区，1980 年国务院以国发[1980]232 号文批准列为国家重点自然保护区（即目前的国家级自然保护区），1992 年自治区人民政府批准（桂政办函[1992]433 号）将宁明县境内的陇瑞自然保护区并入弄岗自然保护区，1999 年加入中国"人与生物圈"保护区网络。保护区地跨龙州、宁明两县，地处东经 106°42′28″～107°04′54″、北纬 22°13′56″～22°39′09″之间，总面积 10 077.5 hm²，由陇呼片（1 008.0 hm²）、弄岗片（5 424.7 hm²）、陇山片（3 644.8 hm²）3 个片区组成。

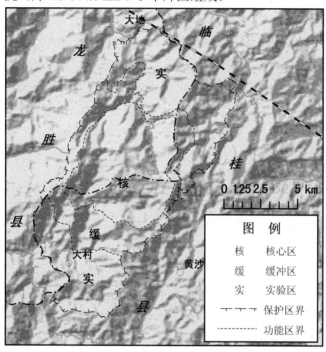

图 3-1　花坪自然保护区图

（1）自然环境

保护区地质构造主要是纬向构造与北西向构造的交接复合位，地层主要分布有下石炭纪至下二叠纪，岩性为灰岩、白云质灰岩、白云岩等，属北热带湿热气候、裸露型岩溶地貌，地貌类型为峰丛深切圆洼地槽谷地形，有峰丛洼地和峰丛谷地，海拔多为 300～600 m。

保护区喀斯特地貌发育完全，区内溶洞遍布，但以地下河发育的溶洞居多，发育于山体内的洞穴较少，分布较为零散，据初步考察，保护区内 10 m 以上的洞穴有 26 个，且多为干洞，洞穴湿度小。

保护区属热带季风气候，太阳辐射强，气温高。年均气温 22℃，最冷月份平均气温在 13℃以上，月平均气温在 22℃以上的每年达 7 个月，绝对最高温 39℃，绝对最低温-3℃，≥10℃的年积温为 7 834℃，年平均降雨量 1 150～1 550 mm，年蒸发量为 1 344～1 748 mm。

区内地表水系极不发达，只有一些季节性小溪，以及雨季谷地中一些短暂的壅水或池塘，但地下水资源丰富，已查明有陇呼地下河（长 2.5 km）、石达地下河（长 6.5 km）、弄水地下河（长 5 km）等，均有天窗分布。区内水资源分布季节性变化大，丰水季节为谷地、洼地的地表水及地下水，枯水季节则主要是地下水。

保护区土壤均属于石灰土，分为原始石灰土、黑色石灰土、棕色石灰土、水化石灰土和淋溶红色石灰土等 5 个类型。

（2）社区概况

保护区内无居民。根据 2012 年开展参与式农村评估（PRA）调查及其他资料，保护区周边涉及龙州县的响水、上龙、武德、逐卜、上金，以及宁明县的城中、亭亮等 7 个乡镇、19 个行政村、63 个自然屯共 3 287 户 14 488 人，居民全部为壮族。

社区地处"老、少、边、穷"的大石山区，经济作物以甘蔗为主，间种少量水稻、玉米、花生、木薯，农作物产量不高。根据 2012 年统计，周边社区居民人均收入不到 2 000 元，分别占龙州县人均水平的 53.7% 和宁明县人均水平的 50.9%。

（3）野生维管束植物

保护区的植被类型为北热带季雨林，受热带季风气候、复杂地形的影响，加之有充足的阳光和水分，形成了植物物种丰富、植被类型多样的特点。由于受水热条件的影响，从洼地到山顶，因水热条件的变化而产生一系列的生态环境：在洼地及林缘，分布着一些喜湿或耐阴的种类，如大叶风吹楠（*Horsfieldia kingii*）、毛黄椿木姜子（*Litsea variabilis* var. *oblonga*）、五桠果叶木姜子（*Litsea dilleniifolia*）、中国无忧花（*Saraca dives*）、木棉（*Bombax ceiba*）、长柱山丹（*Duperrea pavettaefolia*）、东京桐（*Deutzianthus tonkinensis*）、人面子（*Dracontomelon duperreanum*）、董棕（*Caryota obtusa*）及桄榔（*Arenga westerhoutii*）等；在坡地中部，主要以广西澄广花（*Orophea anceps*）、石密（*Alphonsea mollis*）、野独活（*Miliusa chunii*）、蚬木（*Excentrodendron tonkinense*）、截裂翅子树（*Pterospermum truncatolobatum*）、苹婆（*Sterculia monosperma*）、肥牛树（*Cephalomappa sinensis*）、闭花木（*Cleistanthus sumatranus*）、假肥牛树（*Cleistanthus petelotii*）、网脉核果木（*Drypetes perreticulata*）、棒柄花（*Cleidion brevipetiolatum*）、米扬噎（*Streblus tonkinensis*）、割舌树（*Walsura robusta*）、四瓣米仔兰（*Aglaia lawii*）、山榄叶柿（*Diospyros siderophylla*）、广西牡荆（*Vitex kwangsiensis*）等为主要建群种；在山顶及其周围，形成了以清香木（*Pistacia weinmannifolia*）、芸香竹（*Bonia saxatilis*）、剑叶龙血树（*Dracaena cochinchinensis*）、米念芭（*Tirpitzia ovoidea*）、粉苹婆（*Sterculia euosma*）、毛叶铁榄（*Sinosideroxylon pedunculatum* var. *pubifolium*）、琼山鹅掌柴（*Schefflera lociana*）、异裂菊（*Heteroplexis vernonioides*）、圆果化香（*Platycarya longipes*）和一些兰科、壳斗科植物为主的山顶矮林。

已知维管束植物 183 科 799 属 1 725 种（含变种）。其中国家 I 级重点保护野生植物有石山苏铁（*Cycas miquelii*）、叉叶苏铁（*Cycas bifida*）、望天树等，国家 II 级重点保护野生植物有七指蕨（*Helminthostachys zeylanica*）、大叶黑桫椤（*Alsophila gigantea*）、黑桫椤（*Alsophila podophylla*）、桫椤（*Alsophila spinulosa*）、水蕨（*Ceratopteris thalicrroides*)、短叶黄杉（*Pseudotsuga brevifolia*）、地枫皮（*Illicium difengpi*）、海南风吹楠（*Horsfieldia hainanensis*）、蚬木、海南椴（*Diplodiscus trichosperma*）、斜翼（*Plagiopteron suaveolens*）、东京桐、任豆、花榈木、紫荆木（*Madhuca pasquieri*）、董棕（*Caryota urens*）等。

（4）陆生野生脊椎动物

根据 1979 年的综合科学考察报告和历次调查数据统计，保护区已知陆生野生脊椎动物 27 目 93 科 403 种，其中国家Ⅰ级保护动物有蜂猴（*Nycticebus bengalensis*）、熊猴、黑叶猴、白头叶猴、林麝、蟒蛇（*Python molurus*）、云豹（*Neofelis nebulosa*）等，国家Ⅱ级保护动物有短尾猴（*Macaca arctoide*）、猕猴、中国穿山甲、大灵猫、小灵猫、斑林狸、黑熊、中华鬣羚、巨松鼠（*Ratufa bicolor*）、原鸡、白鹇、褐冠鹃隼（*Aviceda jerdoni*）、黑冠鹃隼（凤头鹃隼，*Aviceda leuphotes*）、凤头蜂鹰（*Pernis ptilorhynchus*）、黑鸢、栗鸢（*Haliastur indus*）、蛇雕（*Spilornis cheela*）、凤头鹰（*Accipiter trivirgatus*）、褐耳鹰（*Accipiter badius*）、赤腹鹰（*Accipiter soloensis*）、日本松雀鹰（*Accipiter gularis*）、松雀鹰、雀鹰（*Accipiter nisus*）、普通鵟（*Buteo buteo*）、鹰雕（*Spizaetus nipalensis*）、红隼（*Falco tinnunculus*）、灰背隼（*Falco columbarius*）、燕隼（*Falco subbuteo*）、猛隼、褐翅鸦鹃（*Centropus sinensis*）、小鸦鹃（*Centropus bengalensis*）、黄嘴角鸮（*Otus spilocephalus*）、领角鸮、雕鸮（*Bubo bubo*）、灰林鸮（*Strix aluco*）、领鸺鹠（*Glaucidium brodiei*）、斑头鸺鹠、鹰鸮（*Ninox scutulata*）、冠斑犀鸟（*Anthracoceros albirostris*）、长尾阔嘴鸟（*Psarisomus dalhousiae*）、蓝背八色鸫（*Pitta soror*）、仙八色鸫（*Pitta nympha*）、大壁虎（*Gekko gecko*）、地龟（*Geoemyda spengleri*）、虎纹蛙等。广西林蛇（*Boiga guangxiensis*）、黑网小头蛇（*Oligodn joynsni*）等属分布范围狭窄的物种，在我国目前仅发现于弄岗保护区。2008 年被中国鸟类学家周放和蒋爱伍发现并命名的弄岗穗鹛（*Stachyris nonggangensis*）是中国鸟类学家发现、描述并命名的第二个新种；动物学家莫运明等在弄岗自然保护区发现并于 2013 年发表了弄岗纤树蛙（*Gracixalus nonggangensis*）、弄岗狭口蛙（*Kaloula nonggangensis*）两个蛙类新种。

（5）主要保护对象与保护价值

保护区主要保护对象是北热带石灰岩季雨林生态系统，白头叶猴、黑叶猴、苏铁植物等珍稀濒危的动植物及其栖息地。

1992 年，原林业部与世界自然基金会（WWF）在北京召开"中国自然保护优先领域研讨会"，对国内已建和拟建的 820 个自然保护区进行了讨论，弄岗自然保护区被确定为中国 40 处 A 级（全球重要）优先保护的自然保护区。保护区地处中国生物多样性保护优先区域之一的桂西南山地区、中国 3 个植物特有现象中心之一的桂西南—滇东南地区、广西 3 个植物特有现象中心之一的桂西南石灰岩地区，生物多样性具有全球保护意义。

（6）保护管理机构能力

保护区管理局内设办公室、保护科、科研科、宣教科，下设三联、弄岗、民强、响水、上金、陇瑞等6个保护站。到2012年年底，共有职工24人，其中本科11人，大专7人，中专及以下学历6人。

2007—2012年全球环境基金（GEF）项目实施后，保护区管理人员接受了包括管理计划的编制、生态本底图制作、以社区为基础的自然保护、项目管理、培训者的培训、行政技能与保护意识、旅游管理、英语培训、社区合作管理培训、PRA调查培训、野生动物危害管理培训、项目财务与采购等多种业务培训，具备了较强的野外巡护、社区管理、科研监测、信息管理的能力。

（7）保护区功能分区

根据国家林业局2000年批准的《广西弄岗国家级自然保护区总体规划（2001—2010年）》（广西林业勘测设计院，1999），保护区分为核心区、缓冲区和实验区等3个功能区，面积分别为3 104.8 hm$^2$、2 910.8 hm$^2$、4 061.9 hm$^2$。保护区位置与功能分区见图3-2。

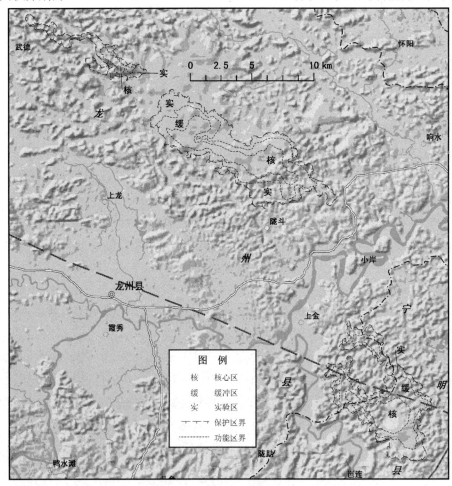

图3-2　弄岗自然保护区图

### 3.1.3 大瑶山自然保护区

大瑶山自然保护区地处金秀县境内,建于1982年,由林业部门管理,2000年晋升为国家级保护区,总面积为24 907.3 hm²。根据《广西大瑶山自然保护区生物多样性研究及保护》(谭伟福等,2010),保护区实际地跨金秀、荔浦、蒙山三县,地处东经110°01′～110°22′、北纬23°52′～24°22′之间,测算总面积为25 594.7 hm²,其中在金秀县24 714.1 hm²,荔浦县831.0 hm²,蒙山县49.6 hm²。保护区共分为7个片区,相邻片区间最长距离11.6 km,最短的也有0.6 km。最大的一片为长滩河—猴子山片,面积为13 590.8 hm²,最小片平竹老山片仅为388.3 hm²。

（1）自然环境

保护区及其周围出露岩层主要是古生界岩层和加里东期及燕山期侵入岩,部分低平地区有第四系松散堆积层。地质构造复杂,断裂大多近南北走向,切穿寒武系与泥盆系地层;而褶皱轴线大多近东西走向。保护区属中山地貌,最高峰圣堂山海拔1 979 m,也是桂中最高峰。次高峰五指山,海拔1 969 m。

保护区具有显著的亚热带山地气候特征,即冬暖夏凉,阴雨天多,日照少,湿度大,气候垂直变化和水平变化都比较明显。年均气温17℃,最冷月份平均气温在8.3℃,年极端最高温32.6℃,极端最低温-5.6℃,≥10℃的年积温为5 551℃,年平均降雨量1 824 mm,年蒸发量为1 203 mm。

发源于金秀县境内的河流共25条(集雨面积10 km²以上,同时干流长5 km以上),其中流经或起源于保护区的有17条,河流流域面积约2 000 km²,河流总长1 680多km,河流密度为0.84 km/km²。

保护区跨越中亚热带和南亚热带两个生物气候带,南麓属南亚热带,地带性土壤为赤红壤,随着山体的升高,依次出现山地红壤—山地黄红壤—山地黄壤—山地漂灰黄壤;北坡为中亚热带,地带性土壤为红壤,随着山体的升高,依次出现黄红壤—山地黄壤—山地漂灰黄壤。

（2）社区概况

根据2008年统计,保护区核心区和实验区没有居住人口,仅在缓冲区内居住有1个自然村、16个农户,共54人,全部为瑶族人口,村民以林副业生产为主,2007年人均纯收入1 183元。

保护区周边涉及金秀县的9个乡镇、20个村民委员会,共9 892人,大部分为瑶族,群众多以林业生产为主,林副业收入是当地群众的主要经济来源,产品来源较为单一,主要有杉木、竹子、八角、生姜、绞股蓝、灵香草等,个别村屯人工种植本土树种——亮叶杨桐(石崖茶),开发特色茶叶生产。

（3）野生维管束植物

根据2009年综合科学考察,保护区已知野生维管束植物206科814属2 135种。

其中国家Ⅰ级重点保护野生植物有银杉、南方红豆杉、伯乐树、合柱金莲木、异形玉叶金花、瑶山苣苔等，其中这里是目前发现全球分布纬度最低、植株最高大的银杉分布点。国家Ⅱ级重点保护野生植物有金毛狗脊、桫椤、黑桫椤、苏铁蕨（*Brainea insignis*）、柔毛油杉（*Keteleeria pubescens*）、华南五针松、福建柏、白豆杉（*Pseudotaxus chienii*）、香樟（*Cinnamomum camphora*）、闽楠、任豆、花榈木、半枫荷、伞花木、喜树、紫荆木等。保护区有特有属 1 种，即瑶山苣苔属（*Dayaoshania*），特有种 100 种以上，以"瑶山"这个地理名称命名的有 40 种以上。

（4）陆生野生脊椎动物

已知陆生野生脊椎动物 4 纲 27 目 97 科 285 属 482 种，其中国家Ⅰ级重点保护野生动物有云豹、熊狸（*Arctictis binturong*）、鳄蜥（*Shinisaurus crocodilurus*）、蟒蛇、鼋（*Pelochelys cantorii*）、林麝等 6 种，国家Ⅱ级重点保护野生动物有猕猴、藏酋猴、中国穿山甲、大灵猫、小灵猫、斑林狸、中华鬣羚、红腹角雉、白鹇、红腹锦鸡、黑冠鹃隼（凤头鹃隼）、凤头蜂鹰、黑翅鸢（*Elanus caeruleus*）、海南鳽（*Gorsachius magnificus*）、凤头鹰、褐耳鹰、赤腹鹰、蛇雕、松雀鹰、雀鹰、苍鹰（*Accipiter gentilis*）、普通鵟、白腹隼雕（*Hieraaetus fasciata*）、白腿小隼（*Microhierax melanoleucus*）、红隼、红脚隼（*Falco amurensis*）、燕隼、游隼（*Falco peregrinus*）、褐翅鸦鹃、小鸦鹃、草鸮、黄嘴角鸮、领角鸮、红角鸮（*Otus sunia*）、褐林鸮（*Strix leptogrammica*）、灰林鸮、领鸺鹠、斑头鸺鹠、鹰鸮、蓝背八色鸫、仙八色鸫、地龟、大鲵、细痣瑶螈（*Yaotriton asperrimus*）/与细痣疣螈同种异名、虎纹蛙等。就鸟类和兽类来说，目前已确定的就有 340 种，许多物种如海南鳽、白额山鹧鸪（*Arborophila gingica*）、仙八色鸫、鹊色鹂（*Oriolus mellianus*）、小灰山椒鸟（*Pericrocotus cantonensis*）和金额雀鹛（*Alcippe variegaticeps*）等分布狭窄，被列为全球性濒危物种，还有一些鸟类如灰翅鸫瑶山亚种（*Turdus boulboul* sub sp. *yaoschanensis*）、栗额鸦鹛瑶山亚种（*Pteruthius aenobarbus* sub sp. *yaoshanensis*）、赤尾噪鹛瑶山亚种（*Garrulax milnei* sub sp. *sinianus*）均只见于大瑶山或广西。就两栖和爬行动物资源来说，其物种数比地处相同纬度、被中外生物学家称为"研究两栖、爬行动物的钥匙"、"蛇的王国"的武夷山国家级自然保护区还要多 33 种，同时保护区还是鳄蜥的模式标本产地。无斑瘰螈（*Paramesotriton labiatus*）是广西特有物种，大瑶山自然保护区是该物种的主要分布区。

（5）其他重要自然资源

保护区的植被资源丰富多彩，共有 4 个植被型组、6 个植被型、9 个植被亚型和 33 个群系。大瑶山南部地区地带性植被属于南亚热带常绿阔叶林，北部则为典型的常绿阔叶林。在自然植被中，南部要比北部更富有热带成分，许多较典型的热带分布属主要分布在南部地区，充分反映出南部地区南亚热带植被的性质和特点。

迄今大瑶山自然保护区已鉴定学名的昆虫纲动物共 232 科 1 215 种。其中，鞘翅目 28 科 256 种，是已知各目中种类最丰富的类群；其次是鳞翅目（242 种）、膜翅目（203

种）、直翅目（161 种）和半翅目（138 种）。

已知大型真菌共有 215 种（包括变种），隶属 101 属、41 科。其中担子菌 193 种，包括 92 属、35 科；子囊菌 22 种，包括 9 属、6 科。木腐菌 69 种，可供食用的大型真菌 68 种，药用菌 58 种，毒菌 13 种。

保护区生态旅游资源丰富，类型多样，涵括了地文景观、水域风光、生物景观、天象与气候景观、遗址遗迹、建筑与设施、旅游商品等 8 个主类，共有 20 个亚类，37 个基本类型。

（6）主要保护对象与保护价值

主要保护对象是银杉、瑶山苣苔、鳄蜥等珍稀濒危野生动植物及其生境，典型常绿阔叶林生态系统，广西重要的水源涵养林，以及独特的自然景观。

保护区地处广西 3 个植物特有现象中心之一的大瑶山地区，野生动植物资源非常丰富。同时，保护区也是广西最大的水源涵养林区，具有极高的生态、科研、文化和经济价值。

（7）保护管理机构能力

保护区实行管理局—保护站—护林点三级管理体系。管理局内设行政科、财务科、保护管理科、科研宣教科、派出所、生产经营科、旅游管理科等职能科室。下辖银杉、五指山、长滩河、平竹、天堂山、河口、圣堂山等 7 个保护站，以及晓江、巴勒、令祖、龙道山、罗丹等 16 个护林点。到 2008 年年底，共有职工 97 人，其中正式职工 44 人，临时聘用人员 53 人。

保护区通过国家林业局支持的基础设施建设和保护区能力建设项目，以及 2008 年美国大自然保护协会（TNC）资助保护区周边社区扶贫项目的实施，基础设施得到完善，保护管理能力不断提高。同时保护区还制定了一系列的管理制度，社区共管共建工作得到加强，并初见成效。

（8）保护区功能分区

根据国家林业局 2001 年批准的《广西大瑶山国家级自然保护区总体规划（2001—2010 年）》（广西林业勘测设计院，2000），保护区总面积为 24 907.3 hm²，分为核心区、缓冲区和实验区等 3 个功能区，面积分别为 7 707.9 hm²、4 817.4 hm² 和 12 382.0 hm²。保护区位置与功能分区见图 3-3。

### 3.1.4 木论自然保护区

木论自然保护区建于 1991 年，属林业部门管理，1998 年晋升为国家级，同年加入中国"人与生物圈"保护区网络。保护区地处环江县境内，总面积 8 969 hm²。2001 年，经过编制《总体规划》，在其延伸部分东部的下寨（1 138.0 hm²）和西部的下荣（704.0 hm²），以及在板南村后山连片焕镛木林（18.7 hm²）等 3 个片区设立保护小区，小区总面积 1 860.7 hm²，纳入木论自然保护区一并管理，因此保护区实际管理面积为

10 829.7 hm$^2$，地理坐标为东经 107°53′29″～ 108°05′42″、北纬 25°06′09′～25°12′25″。

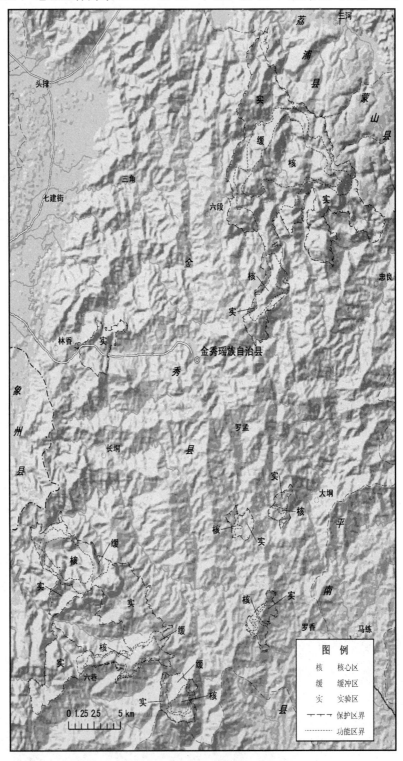

图 3-3　大瑶山自然保护区图

（1）自然环境

保护区地处苗岭的东南缘，保护区及其四周均为喀斯特山地。在大地构造上隶属华南准地台、桂中—桂东台陷、罗城褶皱带西北侧，主要是出露碳酸盐岩地层。

保护区的喀斯特地貌极为发育，地势西北高、东南低。保护区最高峰海拔 1 028 m，最低社村旧屯海拔 250 m。以锥形山、塔形山及其相间的洼地构成的峰丛洼地和峰丛漏斗（中西部）为主，其次是沿断裂发育的谷地和不太发育的盆地以及洞穴。

保护区属中亚热带季风气候区，年平均气温 15.0～18.7℃，极端最高温 36℃，极端最低温-5℃。≥10℃积温 4 700～6 300℃，年无霜期 310 d；年均降雨量 1 530～1 820 mm。林内湿度一般在 80%～90%，夏季甚至接近饱和。就保护区而言，西北向南的冷空气受秦岭、大巴山、大娄山等山脉的层层阻挡，东南向北的台风经云开大山和六万大山、十万大山和大瑶山、大明山等弧形山脉的三重阻隔，因此气候温凉多雾，无严寒酷暑，雨量充沛。

本区尽管雨量充沛，但地表水系不发育，绝大部分降水沿漏斗、裂隙流入地下，因此地下水较发达，地表严重缺水。而保护区植被密布，地表可截滞蓄水，空气湿度达 80%左右，植物根系可伸入很深的缝隙吸取水分，形成了喀斯特林区独特的水文状况。保护区东面边缘有古宾河，平均河宽 20 m，多年平均流量 30.1 m³/s，河水清澈，在保护区范围内长 9 km，已开发漂流活动。

保护区石山裸露面积 80%～90%，土壤覆盖面积不足 20%，且土壤多分布于岩石缝隙间，只有洼地或谷地才有成片土壤。土壤发育不全，类型简单，主要为石灰土，局部出现硅质土，均属非地带性土壤，分棕色石灰土、淋溶黑色石灰土和硅质土 3 个土种。

（2）社区概况

保护区及周边涉及川山镇的木论、下荣、乐依、白丹、社村、何顿 6 个村民委员会 28 个村民小组 874 户，人口 3 362 人，其中毛南族 892 人，壮族 2 131 人，其他民族 141 人。其中，居住在保护区实验区内有 2 个自然屯，共 82 户，299 人，占总人口的 8.9%。

2011 年保护区社区调查结果统计，保护区周边的 28 个自然屯耕地 727.01 hm²，其中水田 349.46 hm²，旱地 377.55 hm²，人均耕地 0.21 hm²；粮食作物以水稻和玉米为主。年人均有粮 295 kg，年人均纯收入 1 300 元。

（3）野生维管束植物

木论保护植被区划属于泛北极植物区系区，中国—日本亚区，滇黔桂省范畴，与贵州茂兰保护区连在一起构成全球亚热带地区特有的保存完好的喀斯特森林生态系统。由于处于南、北、东、西交错的地理位置和贵州植物区系向广西植物区系的过渡地带，既受气候带的制约，又受石灰岩山地生境的影响，形成隐域性的喀斯特森林植被顶极群落，同时其建群种往往也是石山特有种。

保护区已知维管束植物 169 科 587 属 1 064 种。其中国家Ⅰ级保护植物有云南穗花杉（*Amentotaxus yunnanensis*）、南方红豆杉、焕镛木（单性木兰，*Kmerria septentrionalis*）、掌叶木（*Handeliodendron bodinier*）、单座苣苔（*Metabriggsia ovalifolia*）等，国家Ⅱ级重点保护野生植物有黑桫椤、华南五针松、短叶黄杉、篦子三尖杉、香木莲（*Manglietia aromatica*）、地枫皮、香樟、任豆、伞花木、喜树等。其中，60 多年不见踪迹的焕镛木于 1986 年被重新发现，目前在保护区已知有较多分布，最大群落面积达 18.7 hm$^2$，是世界上目前已知连片面积最大、保存最完好、群落最稳定的焕镛木群落。2002 年刘演等发表了本保护区及一些石灰岩地区记录的岩生翠柏（*Calocedrus rupestris*），这是中国新记录种。

（4）陆生野生脊椎动物

保护区已知陆生野生脊椎动物 284 种，分别隶属于 4 纲 27 目 75 科。其中两栖类 18 种，爬行类 49 种，鸟类 169 种，兽类 48 种，属国家Ⅰ级重点保护的有豹、林麝、蟒蛇等，属国家Ⅱ级保护的有猕猴、藏酋猴、中国穿山甲、金猫、大灵猫、小灵猫、斑林狸、黑熊、中华鬣羚、中华斑羚（*Naemorhedus griseus*）、白鹇、黑冠鹃隼、黑鸢（鸢）、蛇雕、白尾鹞（*Circus cyaneus*）、凤头鹰、赤腹鹰、松雀鹰、普通鵟、燕隼、游隼、褐翅鸦鹃、小鸦鹃、草鸮、领角鸮、领鸺鹠、斑头鸺鹠、仙八色鸫、细痣瑶螈、虎纹蛙等。

（5）岩溶洞穴

保护区喀斯特地貌极为发育，地形多种多样，景观奇特，山体中发育的溶洞较多，分布比较密集。据初步调查，长度 20 m 以上洞穴有 88 个，其中，保护区内有 73 个，保护区边缘有 15 个，有 41 个与地下河连通，主要分布于保护区的东南部。据法国洞穴专家路易斯两次考察后确认木论保护区岩溶洞穴生物多样性为中国最丰富的区域。具有较高的科学研究价值和保护价值。

（6）主要保护对象与保护价值

主要保护对象是中亚热带石灰岩常绿落叶阔叶混交林及其生态系统，兰科植物、焕镛木等珍稀濒危野生动植物及其栖息地，以及喀斯特丰富的洞穴生物和独特的地貌景观。

保护区与已加入世界"人与生物圈"网络、列入《世界自然遗产名录》的茂兰自然保护区相连，共同构成全球亚热带地区特有的保存完好的喀斯特森林生态系统，具有明显的全球代表性。同时，其完整的岩溶森林生态系统是石漠化治理和石灰岩地区生态重建的天然参照系。

（7）保护管理机构能力

保护区实行管理局—保护站—护林点三级管理体系。管理局内设办公室、科研与资源管理科、社区发展科、防火办、派出所等职能部门，下辖木论、下寨、白丹 3 个保护站。到 2012 年年底，共有职工 63 人，其中正式职工 15 人，临时聘用人员 48 人。

在 63 名职工中，大专以上文化 19 人，中专及高中文化 9 人，初中以下文化 35 人。

保护区通过国家林业局支持的基础设施建设和保护区能力建设项目，以及 2007—2012 年全球环境基金（GEF）项目的实施，基础设施得到完善，保护管理能力得到不断提高。同时保护区还制定了一系列的管理制度，社区共管共建工作得到加强。

（8）保护区功能分区

根据国家林业局 2001 年批准的《广西木论国家级自然保护区总体规划（2001—2010年）》（广西林业勘测设计院，2001），保护区总面积为 8 969 hm²，分为核心区、缓冲区和实验区等 3 个功能区，面积分别为 5 482 hm²、1 647 hm² 和 1 840 hm²。其余 3 个保护小区作为木论自然保护区的实验区管理。保护区位置与功能分区见图 3-4a、图 3-4b。

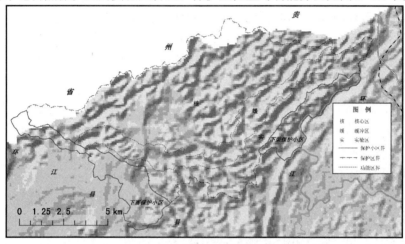

图 3-4a　木论自然保护区图

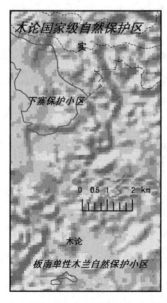

图 3-4b　木论自然保护区板南单性木兰自然保护小区图

### 3.1.5 大明山自然保护区

大明山自然保护区建于 1982 年，由林业部门管理，1999 年被批准纳入中国"人与生物圈"保护区网络，2002 年被明确为自治区级自然保护区，同年晋升为国家级保护区。保护区地跨武鸣、马山、上林三县，位于东经 108°20′～108°37′、北纬 23°13′～23°34′之间，总面积 16 694 hm²。

（1）自然环境

大明山的山体中心主要由寒武系的轻变质页岩、石英砂岩、板状页岩、千枚岩组成，外周为泥盆纪的坚硬砂页岩所包围，在广大的平原盆地则为第四纪近代河漫滩冲积层所覆盖，并在两江、那汉、杨圩和西燕等有石炭纪灰岩出露。

保护区地形属广西山字形构造前弧西翼的一部分，山体呈北西走向，为一穹窿复式背斜构造。大明山山体周围由断陷盆地所环抱，最高峰龙头山（海拔 1 760.4 m），最低海拔为山下平原台地（海拔 200 m）。大明山区千米以上的山峰达 62 座，属中山地貌，山体自高向低大体分为 3 个层面，分别由龙头山、岜六山、望兵山等海拔 1 500 m 左右的山峰组成的一级峰顶面；天坪一带山体平均海拔在 1 200～1 300 m，地势较平坦，为二级峰顶面；在一、二级峰顶面四周海拔 1 000 m 以下的山峰则构成堆积侵蚀地貌，成为向山前丘陵盆地过渡的地带，为三级峰顶面。

保护区属南亚热带湿润山地季风气候，兼具有海洋性气候和山地气候特征。保护区主要灾害天气有：洪涝出现在 5—8 月；干旱出现在 9—10 月；大风、冰雹出现在 2 月中旬至 5 月上旬；低温阴雨出现在 2—3 月。

保护区的地带性土壤为赤红壤，非地带性土壤有山地红壤、山地黄壤、山地灰化黄壤、山地表潜黄壤、山地灰化草甸土等，在山体两侧的石灰岩山地还分布有棕色石灰土。

发源于大明山的主要河流有 33 条，年产水量约 12 亿 m³，是珠江流域的重要水源地之一。其中流向武鸣县的有达响河、汉江河等 15 条；流向上林县的有甘栏河、东春河等 16 条；流向马山县的有达栏沟和水绵沟 2 条。

（2）社区概况

保护区内无居民居住。保护区周边涉及 4 个县 8 个乡镇 54 个行政村，31 万人口。其中涉及上林县的 1 个乡镇 30 个村、马山县的 1 个镇 5 个村、武鸣县的 2 个乡镇 16 个村和宾阳县的 1 个镇 3 个村。社区壮族 26 万人，汉族 4 万人，瑶族 1 万人。

保护区社区主要经济活动分为种植业、养殖业、务工、采集四个类型。种植业经营有水稻、玉米、木薯、花生等农作物和八角等经济林。养殖业有猪、牛、羊、鸡、鸭等。采集主要对象为野生菌类、草药、野菜等，这类活动季节性很强。2007 年，保护区周边社区人均年收入最高为 3 691 元，最低为 618 元，平均人均年收入 1 527 元，比广西全区农民人均收入 3 224 元低出 52%。

（3）野生维管束植物

已知野生维管束植物 209 科 764 属 2 023 种，其中国家 I 级保护有伯乐树，国家 II 级重点保护有大叶黑桫椤、黑桫椤、桫椤、金毛狗脊、福建柏、白豆杉、香樟、格木（*Erythrophleum fordii*）、任豆、红椿等，广西重点保护野生植物有长苞铁杉（*Tsuga longibracteata*）、穗花杉（*Amentotaxus argotaenia*）、马蹄参（*Diplopanax stachyanthus*）、锯叶竹节树（*Carallia diploetala*）、兰科植物 30 多种等。广西特有和大明山特有植物有圆唇苣苔（*Gyrocheilos chorisepogoides*）、武鸣杜鹃（*Rhododendron wumingense*）、大明山方竹（*Chimonobambus damingshanensis*）等共 10 多种。

（4）陆生野生脊椎动物

陆生野生脊椎动物 31 目 90 科 208 属 294 种，其中国家 I 级重点保护有熊猴、豹、林麝、蟒蛇等，国家 II 级重点保护有短尾猴、猕猴、中国穿山甲、大灵猫、小灵猫、斑林狸、黑熊、獐（河麂，*Hydropotes inermis*）、水鹿、中华鬣羚、巨松鼠、原鸡、白鹇、鸳鸯（*Aix galericulata*）、黑冠鹃隼（凤头鹃隼）、凤头蜂鹰、黑鸢（鸢）、蛇雕、草原雕、鹊鹞、凤头鹰、赤腹鹰、日本松雀鹰、松雀鹰、雀鹰、苍鹰、灰脸鵟鹰（*Butastur indicus*）、鹰雕、红隼、燕隼、猛隼、游隼、褐翅鸦鹃、小鸦鹃、草鸮、黄嘴角鸮、领角鸮、红角鸮、雕鸮、褐渔鸮（*Ketupa zeylonensis*）、领鸺鹠、斑头鸺鹠、长耳鸮（*Asio otus*）、仙八色鸫、大壁虎、山瑞鳖（*Palea steindachneri*）、三线闭壳龟（*Cuora trifasciata*）、虎纹蛙等。另外，海南鳽是世界上 30 种最濒危鸟类之一，已被国际鸟类保护委员会（ICBP）列入世界鸟类红皮书，曾经多次在大明山被发现。

（5）其他重要的自然资源

保护区旅游资源特别丰富，有地文景观、水域风光、生物景观、天象与气象景观、遗址遗迹、建筑与设施、旅游商品等 7 个主类，共 17 个亚类，40 个基本类型，已开发利用的景观资源集中在大明山上公路两侧的生态旅游区内。

已知昆虫 531 种，隶属于 14 目 138 科 381 属。多年来共发现新种 24 种。

已知大型真菌有 202 种，隶属于 18 目 31 科 78 属。其中，具有食用和药用价值的有 63 种，如香菇（*Lentinula edodes*）、灵芝类（*Ganodermataceae* spp.）等。

保护区在武鸣县和上林县境内的 33 条河流的水能资源可供发电，计有 36 处可建水力发电站，装机容量能达 36 050 kW，目前社区已经引资开发利用了 22%的水能。

钨矿和铜矿是大明山保护区蕴藏量较大的两种矿物，分别分布在实验区汉江河中上游和缓冲区的铜矿大沟里。

（6）主要保护对象与保护价值

主要保护对象为北回归线上多样的山地森林生态系统和重要的水源涵养林，是全球同纬度地区重要的天然参照系。

1992 年，原林业部与世界自然基金会（WWF）在北京召开中国自然保护优先领域研讨会，对国内已建和拟建的 820 个自然保护区进行了讨论，确定了中国 40 处 A 级（全球重要）和 100 处 B 级（全国重要）优先保护的自然保护区。其中，大明山自然保护区优先等级为 B 级，但如果向北扩大至汛江，将喀斯特地貌和地处西南的南宁北边的森林丘陵包括进来，则可保证该地区的 A 级优先保护地位。

（7）保护管理机构能力

大明山保护区管理局内设 10 个职能机构及天坪、汉江、铜矿、西燕等 4 个保护站，以及旅游发展有限公司、旅游开发公司、天坪旅游服务管理处等机构。

大明山保护区管理局行政编制为 218 人，到 2012 年年底在编在职人员 199 人，聘用人员 144 人。在 199 名职工中，大专以上文化 127 人，中专文化 58 人，高中以下文化 61 人。

保护区建立了多项内部管理规章制度，如部门职能、岗位职责、工作目标责任、财务、请销假等管理制度与办法。每年年底保护区都进行联合检查和评比，考核目标管理责任、年度工作计划执行情况和员工工作表现等，并给予"先进集体"、"先进工作者"等精神和物质奖励。

（8）保护区功能分区

根据国家林业局 2003 年批准的《广西大明山国家级自然保护区总体规划（2003—2012 年）》（国家林业局中南林业调查规划设计院，2002），保护区分为核心区、缓冲区和实验区等 3 个功能区，面积分别为 8 377 hm²、4 358 hm² 和 4 259 hm²。其中，实验区又分为生产区 2 922 hm²、旅游区 1 337 hm²。保护区位置与功能分区见图 3-5。

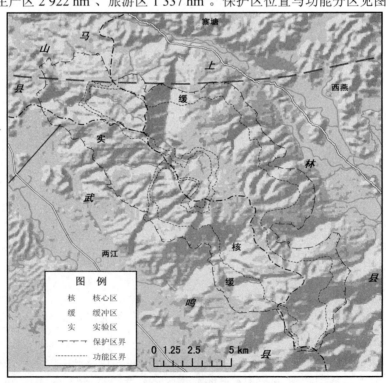

图 3-5 大明山自然保护区图

### 3.1.6 猫儿山自然保护区

猫儿山自然保护区建于 1976 年，由林业部门管理，1999 年被纳入中国"人与生物圈"保护区网络成员，2002 年被明确为自治区级自然保护区，2003 年晋升为国家级，2011 年 6 月被纳入世界"人与生物圈"保护区网络。保护区地跨兴安、资源、龙胜三县，位于东经 110°19′～110°31′、北纬 25°44′～25°58′之间，总面积 17 008.5 hm²，其中在兴安县的面积 9 848.9 hm²，在资源县的面积 6 638.6 hm²，在龙胜县的面积 521.0 hm²。

（1）自然环境

保护区地处南岭山地的越城岭，主峰猫儿山海拔为 2 141.5 m，是中国华南地区第一高峰。地质构造属桂北台隆，地貌特征属中山区侵蚀剥蚀类型，两大岩体的中间夹低—中山区构造侵蚀类型、峰丛洼地谷地区及峰林谷地、洼地区，自然分水岭自西南—东北经最高峰横穿猫儿山。

气候属中亚热带湿润山地季风气候，处于海洋性气候向大陆性气候的过渡地带，年平均气温在 7.9～16.9℃，最冷月平均温度 2.0℃，最热月平均温度为 21.8℃；相对湿度 92%。

保护区是广西北部主要的水源林区之一，是漓江、寻江和资江的发源地。保护区森林覆盖率高，涵养水源能力强，地表水系发达。主要河流有 39 条，分属长江、珠江两大水系。发源于猫儿山的河流在保护区范围内的集水区域每年径流量达 3.14 亿 m³，在桂林市境内直接受益的有资源、龙胜、兴安、灵川、阳朔、平乐等 6 县的 31 个乡 100 多个村，影响上百万人口和 32 万 hm² 耕地的生产、生活用水。其中流向漓江的 19 条河流为漓江流域的工农业生产、人民生活、旅游观光以及维持生态环境平衡提供了丰富的水资源。

地带性土壤是红壤，随海拔由低向高分别为山地黄红壤、山地黄壤、山地黄棕壤以及山地草甸土。在海拔 1 800 m 左右的八角田一带成泥炭土。

（2）社区概况

保护区内无居民。保护区周边社区涉及兴安县华江瑶族乡、金石乡，资源县两水、车田、中峰等乡和龙胜各族自治县江底乡，共 16 个行政村 64 个自然村 6 765 户，总人口 23 903 人，其中少数民族主要有苗族 5 078 人，瑶族 4 194 人，其他民族 173 人。

保护区周边村庄多为瑶族、苗族山寨，干栏式建筑、绣花唐装、彩裙都别具一格，农历三月三、七月十五是苗族的河灯节，三月十九、六月十九、九月十九是信佛教徒集聚朝拜的日子。

社区居民主要收入来自农业、林业和外出务工，外出务工人数占总人口的 18%，但农业、林业收入仍是村民收入的主要来源。农作物主要为水稻，林业经营主要是种植毛竹、杉木、松木、三木药材等，天然林全部列为国家公益林，禁止砍伐；畜牧业以养牛为主，马、羊次之。牛主要用于耕田，马用于运输，羊主要出售。此外，村民还养殖猪、鸭、鸡等家畜，主要供自食。

（3）野生维管束植物

已知维管束植物 210 科 877 属 2 484 种。其中蕨类植物 199 种、裸子植物 30 种、双子叶植物 1 891 种、单子叶植物 374 种。国家Ⅰ级重点保护野生植物有伯乐树、南方红豆杉等，国家Ⅱ级重点保护野生植物有金毛狗脊、柔毛油杉、华南五针松、凹叶厚朴（*Houpoea officinalis* sub sp. *biloba*）、鹅掌楸、香樟、闽楠、花榈木、半枫荷、伞花木、马尾树、香果树等。植物区系属于亚热带常绿阔叶林区域、东部湿润阔叶林亚区、中亚热带常绿阔叶林南部亚地带的三江流域山地栲类荷林区，石灰岩植被区与南岭山地栲类、覃树林区的过渡地带。

（4）陆生野生脊椎动物

已知陆生野生脊椎动物 5 纲 30 目 94 科 345 种，其中国家Ⅰ级重点保护野生动物有白颈长尾雉、黄腹角雉、豹、云豹、林麝等 5 种；国家Ⅱ级重点保护野生动物有猕猴、藏酋猴、中国穿山甲、金猫、豺（*Cuon alpinus*）、大灵猫、小灵猫、斑林狸、水獭、黑熊、獐（河麂）、水鹿、中华鬣羚、红腹角雉、勺鸡、白鹇、红腹锦鸡、黑冠鹃隼、黑鸢、草原鹞、鹊鹞、赤腹鹰、松雀鹰、鹰雕、猛隼、草鸮、褐翅鸦鹃、小鸦鹃、褐渔鸮、大鲵、虎纹蛙等。

2003 年发现、2005 年经检验确定为新物种的猫儿山小鲵（*Hynobius maoershanensis*），是大鲵（娃娃鱼）的近缘亲种。目前仅在猫儿山海拔约 2 000 m 高山丛林几个水坑内发现有少量存活，性情温顺，离开原生地后非常容易死亡。

（5）其他重要自然资源

保护区景观类型齐全，景观资源丰富。具有地质地貌景观、生物景观、水景、气象景观、历史遗址、民族风情等旅游资源，以及大面积的原始森林景观。其中，以"华南第一峰"著称的猫儿山、奇峰、断崖陡壁、峡谷、巨石等数十处山地景观气势雄伟，具有极高的观赏价值。

（6）主要保护对象与保护价值

主要保护对象是原生性亚热带常绿阔叶林生态系统、珍稀濒危野生动植物种以及漓江、资江、寻江等三江源头水源涵养林。

保护区地处中国生物多样性保护优先地区之一的南岭地区，同时也是桂林峰林地貌的重要生态屏障。

猫儿山小鲵的发现为中国两栖纲动物又增添了一新种，对于研究中国特别是南方地区两栖纲动物的演变有着极其重要的意义和科学研究价值。

南方铁杉（*Tsuga chinensis* var. *tchekiangensis*）是冰川时期孑遗下来的珍贵树种，在保护区针阔混交林中残存并成为优势种。保护区除保存有多片南方铁杉林外，还保存有树龄超过千年的南方铁杉古树。说明保护区是古老生物的衍生地和物种再分化的中心策源地之一，其古老渊源的植物区系，具有重大的科研价值。

（7）保护管理机构能力

猫儿山保护区管理局内设办公室、宣教科、科研科、保护管理科、计财科、防火办和派出所等6个职能部门，下设同仁、漕江、高寨等12个管理站、九牛塘检查站1处和防火队1个。

管理局编制27名，截至2012年，保护区实有工作人员141人，包括在编人员24人；森林警察单列7个编制，实有人员6人；聘用专职管护员47名，协管员32人，协调员32人。在24名在编人员中，大专以上文化17人、中专文化2人、高中文化5人。

保护区先后制定了《广西猫儿山国家级自然保护区管理办法》和各项内部管理制度以及发展规划，制订了巡护计划、规划了巡护路线，并每月填写《巡护报告》、管护员每天填写《管护员工作纪实手册》，实行定期汇报、检查、督察三结合的管理监督机制。同时，对护林员每季度执行一次能力测试，测试成绩与工资挂钩，每月一次例会并与培训结合。

（8）保护区功能分区

根据国家林业局2003年批准的《广西猫儿山国家级自然保护区总体规划（2004—2013年）》（国家林业局中南林业调查规划设计院，2003），保护区分为核心区、缓冲区和实验区等3个功能区，面积分别为7 759.0 hm²、3 635.4 hm²和5 614.1 hm²。其中，实验区又分为科研生产区4 099.9 hm²、森林生态旅游区1 338.7 hm²、植物园175.5 hm²。保护区位置与功能分区见图3-6。

## 3.1.7 十万大山自然保护区

十万大山自然保护区建于1982年，由林业部门管理，2002年被明确为自治区级自然保护区，地跨防城港市防城区、上思县以及钦州市钦北区。2003年晋升为国家级自然保护区，范围只包括防城区和上思县，位于东经107°29′59″～108°13′11″、北纬21°40′03″～22°04′18″，东西最长74.4 km，南北最宽45 km，总面积58 277.1 hm²。

（1）自然环境

十万大山是我国南部近海的著名大山，是广西南部最高的山地，山系呈南西—北东向展布。在保护区范围内，海拔1 000 m以上的山峰共82座，最高莳良岭（鸡笼山）海拔1 462.2 m。

十万大山地区年均气温在20～21.8℃，最冷月1月平均气温12.5～13.1℃，最热月7月平均气温28.0～28.2℃，≥0℃的年活动积温为7 700～7 900℃，无霜期多年平均330～360 d。多年平均降水量为2 000～2 700 mm。气候基本特点是：冬短夏长，季风气候明显，气候温暖湿润；太阳辐射强，光照充足，热量丰富，霜少无雪，无霜期长；雨量充沛，雨热同季，干湿季节明显；植物生长期长。

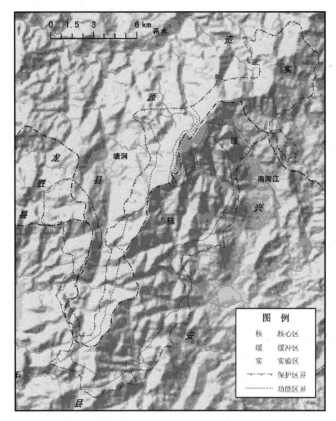

图 3-6　猫儿山自然保护区图

保护区共有中小河流 65 条，河流多以降雨为根本补给来源，主要特征是河流长度短，集雨面积小，坡降大，汇流时间短，夏秋季多雨且常常山洪暴发，暴涨暴落多水灾，春冬季干旱少雨。因十万大山的分隔而形成南北水系，其中南部水系直流入北部湾，主要河流有茅岭江、防城河、北仑河、江平江、罗浮江等；北部水系多汇入邕江上游明江，成为珠江的重要支流，主要有明江及其支流驮淋河、公安河等。

土壤主要有丘陵赤红壤、山地红壤、山地黄壤、山地草甸土、紫色土、水稻土等类型。

（2）社区概况

根据 2012 年统计，保护区周边涉及上思县的南屏、叫安、公正和防城区的峒中、板八、那峒、那良、扶隆、那勤、大录等 10 个乡镇，共 88 个自然村，有 2 462 户 10 008 人，主要由汉、壮、瑶等 3 个民族组成。保护区内 2 123 人，其中瑶族人口 1 403 人。

社区群众主要经济来源为农业生产收入，主要为木材、甘蔗、畜牧业、药材、八角、肉桂等的经营收入，人均耕地 0.02 hm$^2$，农民人均纯收入 3 310 元。属典型的山区农业经济，对自然资源的依赖性很强。

（3）野生维管束植物

已知野生维管束植物 219 科 912 属 2 233 种。其中国家Ⅰ级重点保护野生植物有宽叶苏铁（*Cycas balansae*，也称十万大山苏铁，*Cycas shiwandashanica*）、狭叶坡垒等，国家Ⅱ级重点保护有粗齿桫椤（*Alsophila denticulata*）、黑桫椤、金毛狗脊、苏铁蕨、福建柏、香樟、海南风吹楠、花榈木、半枫荷、华南锥（*Castanopsis concinna*）、紫荆木、海南石梓（*Gmelina hainanensis*）等 12 种，十万大山地区特有种有宽叶苏铁、狭叶坡垒等约 130 余种。

（4）陆生野生脊椎动物

已知陆生野生脊椎动物 4 纲 32 目 86 科 246 属 406 种，其中国家Ⅰ级重点保护野生动物有云豹、豹、林麝、巨蜥（圆鼻巨蜥，*Varanus salvator*）、蟒蛇等，国家Ⅱ级重点保护野生动物有短尾猴、猕猴、中国穿山甲、金猫、大灵猫、小灵猫、斑林狸、小爪水獭（*Aonyx cinerea*）、水獭、黑熊、水鹿、中华鬣羚、中华斑羚、巨松鼠、原鸡、白鹇、海南鳽、黑冠鹃隼、凤头蜂鹰、黑翅鸢、黑鸢、白尾鹞、凤头鹰、赤腹鹰、松雀鹰、雀鹰、白腹隼雕、白腿小隼、红隼、燕隼、花头鹦鹉（*Psittacula roseate*）、褐翅鸦鹃、小鸦鹃、草鸮、栗鸮（*Phodilus badius*）、黄嘴角鸮、领角鸮、红角鸮、雕鸮、斑头鸺鹠、大壁虎、三线闭壳龟、地龟、虎纹蛙等。列入 IUCN 濒危物种名录的有三线闭壳龟、巨蜥、蟒蛇、海南鳽、金猫、豹等 20 多种，列入 CITES 附录Ⅰ的动物有蟒蛇、黑熊、水獭、斑林狸、金猫、豹、云豹、中华斑羚、中华鬣羚等 9 种。动物学家莫运明等近年来先后发表了三岛掌突蟾（*Paramegophrys sungi*）、茅索水蛙（*Sylvirana maosonensis*）、黑眼睑纤树蛙（*Gracixalus gracilipes*）、罗默刘树蛙（*Liuixalus romeri*）等新记录种；2008 年，费梁、莫运明等发表了广西拟髭蟾（*Leptobrachium guangxiense*）新种；另外，近年还发现有费氏短腿蟾（*Brachytarsophrys feae*）、福建掌突蟾（*Paramegophrys liui*）、小口拟角蟾（*Ophryophryne microstoma*）、长趾纤蛙（*Hylarana macrodactyla*）、景东臭蛙[*Odorrana*（*Odorrana*）*jingdongensis*]。

（5）其他重要自然资源

已鉴定学名的昆虫有 23 个目 169 科 789 种。其中，膜翅目 29 科 108 属 177 种，是已知各目中种类最丰富的类群；其次是鳞翅目（160 种）、鞘翅目（130 种）和直翅目（106 种）。

已知大型真菌共 135 种，隶属 2 亚门、4 纲、4 亚纲、12 目 31 科 72 属。其中，担子菌 126 种、子囊菌 9 种。

十万大山自然保护区尚保存有大面积的常绿阔叶林，特别是具有全球意义的热带季雨林，如沟谷雨林的狭叶坡垒林、海南风吹楠林等，这些季雨林（或标志种）在海拔 900 m 以下山地沟谷几乎随处可见，类型较多，保存较完好。

（6）主要保护对象与保护价值

主要保护对象是北热带季雨林及其生物多样性，狭叶坡垒、豹等全球极度濒危的动植物及其栖息地，以及重要的水源涵养林。

（7）保护管理机构能力

保护区实行管理局—管理站—管理点三级管理体系，管理局为副处级事业单位建制，编制共 37 人，聘请人员 95 人。管理局内设计财科、办公室、资源管理科、防火办和旅游科等 5 个职能部门共 17 人，下设大龙山、松柏、汪乐、平隆山、垌中等 5 个管理站共 23 人。保护区执法机构为森林公安派出所，由防城港市林业局授权，业务上归当地公安部门管理。管理体系尚未健全，科研监测、宣传教育和社区共管等工作未能很好开展。

（8）保护区功能分区

根据国家林业局 2005 年批准的《广西十万大山国家级自然保护区总体规划（2004—2010 年）》（广西林业勘测设计院，2003），保护区分为核心区、缓冲区和实验区等 3 个功能区，面积分别为 23 585.2 hm²、22 646.1 hm² 和 12 045.8 hm²。保护区位置与功能分区见图 3-7。

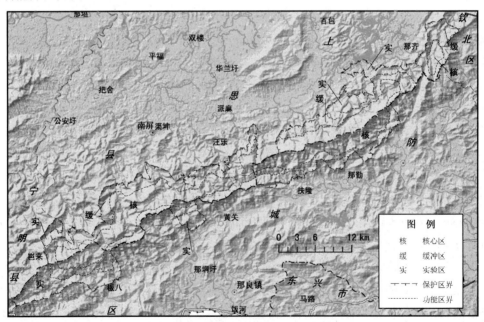

图 3-7　十万大山自然保护区图

### 3.1.8　千家洞自然保护区

千家洞自然保护区建于 1982 年，由林业部门管理，2002 年被明确为自治区级自然保护区，2006 年晋升为国家级保护区。保护区位于灌阳县境内，与湖南都庞岭国家级自然保护区相连，地处东经 111°11′～111°20′、北纬 25°22′～25°31′之间，保护区总面积 12 231 hm²。

（1）自然环境

保护区地处南岭山地都庞岭山系，为一褶皱中山，大地构造属东南低洼区的中部，区内主要为古生代加里东早期的花岗岩地层，山脚周围显露的地层更早。保护区整体呈东北—西南走向，山峰平均海拔为 1 500 m 左右，以主峰韭菜岭为最高，海拔 2 009.3 m，属典型的中山地貌。

保护区地处中亚热带季风气候区，受季风影响十分明显，年平均气温 17.1℃，8 月平均气温最高 27.0℃，年均降雨量 2 030 mm，相对湿度为 82%，年日照为 985 h，具有四季分明的气候特征。

保护区内发源的大小河流有 37 条，无外来水流，自成水系，主要河流有澥江、秀江、靛棚江、腰岐江、拾道江、雷家江等，属长江流域洞庭湖水系湘江上游支流。

保护区水平基带土壤为红壤，海拔从低向高依次是红壤、黄红壤、山地黄壤、山地黄棕壤、山地灌丛草甸土、山地泥炭沼泽土。

（2）社区概况

保护区内散居农户 55 户、153 人，行政上隶属秀凤、福星两个行政村管辖，其中缓冲区内有 4 户 12 人，实验区内有 51 户 141 人，绝大部分为瑶族。

保护区周边涉及 3 个乡镇 8 个行政村，有居民 16 468 人。林业是周边乡村居民的主要收入来源之一，人均林地面积有 1.05 hm²，而人均耕地面积只有 0.06 hm²。

（3）野生维管束植物

保护区已知维管束植物 208 科 787 属 1 792 种。其中国家 I 级重点保护野生植物有南方红豆杉、伯乐树等，国家 II 级保护植物有金毛狗脊、华南五针松、福建柏、白豆杉、凹叶厚朴、鹅掌楸、香樟、闽楠、花榈木、红椿、伞花木、喜树等。

植物区系地理成分复杂，广西种子植物属的 15 个分布区类型中保护区内有 13 个。保护区位于中国—日本森林植物区华南植物区系的西北缘，与华东植物区系、华中植物区系以及滇黔桂植物区系过渡，是植物东西南北交汇的十字路口，区系的过渡特征明显。此外，保护区植物区系具有典型的南岭植物区系特征，如长苞铁杉、福建柏、大果马蹄荷（*Exbucklandia tonkinensis*）、华南五针松、假地枫皮（*Illicium jiadifengpi*）等是典型的南岭植物区系成分，它们是保护区森林植被的主要建群种类。

（4）陆生野生脊椎动物

保护区已知陆生野生脊椎动物 212 种，隶属于 4 纲 24 目 71 科，其中两栖动物 31 种，爬行动物 38 种，鸟类 101 种，兽类 42 种。国家 I 级重点保护野生动物有林麝、黄腹角雉、白颈长尾雉等，国家 II 级重点保护野生动物有猕猴、藏酋猴、中国穿山甲、大灵猫、小灵猫、水獭、獐（河麂）、水鹿、中华鬣羚、红腹角雉、勺鸡、白鹇、红腹锦鸡、黑冠鹃隼、黑鸢、松雀鹰、雀鹰、普通鵟、草鸮、雕鸮、斑头鸺鹠、短耳鸮（*Asio flammeus*）、大鲵、虎纹蛙等。

（5）主要保护对象与保护价值

保护区主要保护对象是原生性亚热带常绿阔叶林生态系统、瑶族发祥地——千家洞，以及重要的水源涵养林。

保护区原生性常绿阔叶林保存完好，拥有丰富的野生动植物资源，是南岭山地重要的生物资源和遗传基因资源的天然宝库，同时，保护区还是瑶族历史上重要的祖居地和纪念地，被国内外瑶族视为圣地，具有重要的民族文化遗产保护价值，是科研教学、宣传教育、瑶族民族文化保护与研究的重要场所。

（6）保护管理机构能力

2012 年，在原千家洞林场的基础上，组建广西千家洞国家级自然保护区管理局，现有在编正式职工 32 人，林场职工（聘用管护员）24 人。内设办公室、保护管理科、科研宣教科、经营管理科、财务科等 6 个部门，现设有八道水和沙岗 2 个管理站和 2 个检查站及雷家江保护站 1 处。

目前保护区正在实施一期基础设施建设项目，建设管理局与管理站点等基础设施，建立健全管护队伍，制定一系列保护管理制度和措施，加强管护员能力培训，保护管理机构能力得到极大地提升。

（7）保护区功能分区

根据原国家环境保护总局《关于发布山西五鹿山等 22 处新建国家级自然保护区面积、范围及功能分区等有关事项的通知》（环函[2006]134 号），保护区分为核心区、缓冲区和实验区等 3 个功能区，面积分别为 6 470.2 hm²、1 999.0 hm² 和 3 761.8 hm²。保护区位置与功能分区见图 3-8。

## 3.1.9 岑王老山自然保护区

岑王老山自然保护区建于 1982 年，由林业部门管理，2002 年被明确为自治区级自然保护区，2007 年晋升为国家级保护区。保护区地跨田林、凌云两县，位于东经 106°15′13″～106°27′26″，北纬 24°21′45″～24°32′07″，总面积 18 994 hm²。

（1）自然环境

保护区地处云贵高原与广西盆地接壤的斜坡地带，是我国阶梯地势第二级与第三级的过渡带，属云贵高原外围的桂西北山原中山山地，最高峰岑王老山海拔 2 062.5 m，是广西第四高峰。除北部有少量岩溶山地外，基本上属于土山区。

保护区属南亚热带东部山地湿润类型气候区，年平均气温 13.7℃，极端低温-7.5℃，极端高温 29.7℃，≥10℃积温为 4 527.4℃。多年平均降水量为 1 657 mm，是广西雨量最多的地区之一。

岑王老山是红水河流域与右江流域的分水岭，保护区范围共有河溪 44 条，长 134 km，年总径流量 2.8 亿 m³。

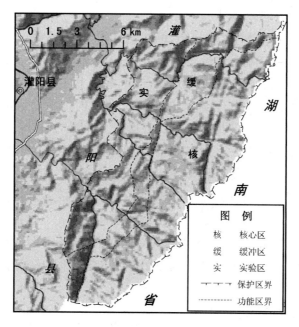

图 3-8　千家洞自然保护区图

保护区的地带性土壤为红壤，土壤类型主要的草甸土、山地黄壤、山地黄红壤、山地红壤、红壤、石灰土和水稻土等。草甸土分布在海拔 1 850 m 以上的山顶部分，山地黄壤在海拔 1 000～1 850 m，山地黄红壤在海拔 800～1 000 m，石灰土主要分布在北部的岩溶区。

（2）社区概况

保护区周边涉及田林县的浪平、利周和凌云县的玉洪、国洪等 4 个乡镇。其中，保护区内共涉及 10 个行政村，有 45 个村民小组、508 户共 1 943 人；保护区周边涉及 12 个行政村，有 68 个村民小组、1 652 户共 6 341 人。社区人口以汉族最多，其次为壮族和瑶族。

社区群众主要收入来源为玉米、水稻、八角等的种植，收入与田林、凌云县的整体水平相当，其中林业经营收入约占农民总收入的一半。

（3）野生维管束植物

已知维管束植物 206 科 904 属 2 319 种。其中国家Ⅰ级重点保护野生植物有叉孢苏铁（Cycas segmentifida）、掌叶木、伯乐树等，国家Ⅱ级重点保护野生植物有粗齿桫椤、桫椤、金毛狗脊、福建柏、白豆杉、地枫皮、香樟、闽楠、任豆、十齿花（Dipentodon sinicus）、蒜头果（Malania oleifera）、红椿、马尾树、香果树等。列入 IUCN 濒危物种名录的有叉孢苏铁、短穗杜英（Elaeocarpus brachystachyus）、阔叶金合欢（Acacia delavayi）等 10 多种，列入 CITES 附录的植物有金毛狗脊、桫椤、粗齿桫椤、叉孢苏铁等 50 多种。

（4）陆生野生脊椎动物

已知陆生野生脊椎动物 4 纲 24 目 70 科 365 种，其中国家 I 级重点保护野生动物有云豹、林麝、黑颈长尾雉、蟒蛇等，国家 II 级重点保护野生动物有短尾猴、猕猴、中国穿山甲、金猫、豺、大灵猫、小灵猫、斑林狸、小爪水獭、水獭、黑熊、中华鬣羚、中华斑羚、巨松鼠、原鸡、白鹇、红腹锦鸡、白腹锦鸡（*Chrysolophus amherstiae*）、褐冠鹃隼、凤头蜂鹰、黑鸢（鸢）、蛇雕、白尾鹞、鹊鹞、凤头鹰、松雀鹰、雀鹰、苍鹰、灰脸鸶鹰、普通鸶、红隼、灰背隼、猛隼、褐翅鸦鹃、小鸦鹃、草鸮、领角鸮、褐林鸮、灰林鸮、领鸺鹠、斑头鸺鹠、仙八色鸫、大壁虎、山瑞鳖、大鲵、虎纹蛙等。列入 IUCN 濒危物种名录的有大鲵、平胸龟（*Platysternon megacephalum*）、山瑞鳖（*Palea steindachneri*）等 10 多种，列入 CITES 附录的动物蟒蛇、眼镜王蛇（*Ophiophagus hannah*）、大壁虎（*Gekko gecko*）等 40 多种。2008 年由莫运明等命名发表的老山树蛙（*Rhacophorus laoshan*）仅发现于岑王老山保护区，是该保护区特有种，野外种群数量极其稀少。

（5）其他重要自然资源

已鉴定学名的昆虫有 20 个目 219 科 968 种。其中阳彩臂金龟（*Cheirotonus jansoni*）属国家 II 级重点保护野生动物，其他较为重要的有宽尾凤蝶（*Agehana elwesi*）、燕尾凤蝶（*Lamprotera curius*）、斑鱼蛉（*Neochauliodes sinensis*）等。

已知大型真菌共 219 种，隶属 42 科 105 属。其中，担子菌 190 种、子囊菌 29 种。

（6）主要保护对象与保护价值

主要保护对象是南亚热带中山常绿落叶阔叶混交林和垂直带谱的森林生态系统、黑颈长尾雉等野生雉类（Phasianidae spp.）及其栖息地、中药材种质资源库等。保护区特殊的地理位置和复杂的地形地貌，孕育了丰富的生物多样性，它是华南、西南地区乃至全国不可多得的生物资源宝库，具有重要的保护价值。

（7）保护管理机构能力

保护区管理局与百色市国有老山林场按照"一套班子，两块牌子"的方式管理。管理局编制 57 名，现有在编人员 57 人；聘用专职管护员 9 名，临时聘用人员 11 人。

保护区管理局内设 5 个职能部门，下设 2 个管理站、5 个管理点。

（8）保护区功能分区

根据原环境保护总局《关于发布河北塞罕坝等 19 处新建国家级自然保护区面积、范围及功能分区等有关事项的通知》（环函[2007]276 号），保护区分为核心区、缓冲区和实验区等 3 个功能区，面积分别为 7 062 hm$^2$、5 957 hm$^2$ 和 5 975 hm$^2$。保护区位置与功能分区见图 3-9。

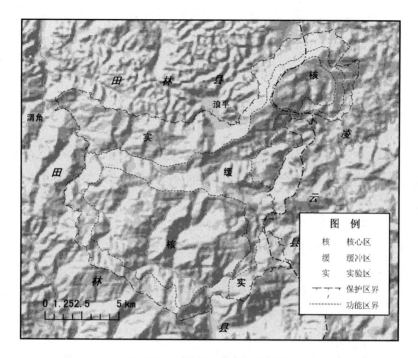

图 3-9　岑王老山自然保护区图

## 3.1.10　九万山自然保护区

九万山自然保护区建于 1982 年，由林业部门管理，原为九万山水源林区，2002年被明确为自治区级自然保护区，2007 年晋升为国家级保护区，保护区地跨融水、罗城和环江三县，地理坐标为东经 108°35′32″～108°48′49″、北纬 25°01′55″～25°19′54″，总面积 25 212.8 hm²。

（1）自然环境

保护区位于广西北部黔桂交界处、苗岭山脉南缘，地处华南准地台桂北迭隆起的西端的九万大山褶断带，四堡运动开始上升为陆地，是广西成陆最早的区域之一，岩石以花岗岩和侵入岩为主；地貌以中山为主，地势由北向南逐渐降低，山脉为南北走向，地貌形态结构的多层次性十分突出，山峰海拔一般在 1 000 m 以上，最高峰无名高地海拔 1 693 m。

保护区地处中亚热带季风气候区，多年平均气温 12.0～17.1℃，极端最高气温 37℃，极端最低气温-8℃。最冷月（1 月）平均气温 4～6℃，最热月（7 月）平均气温 22～25℃；年均降雨量 1 600～2 100 mm，相对湿度为 82%～90%，全年无霜期 300 d。

发源于保护区的大小河流共 74 条。其中集雨面积超过 50 km² 的河流有贝江河、中州河、阳江河和东小江河等 4 条，河流总长 838.8 km，在保护区内长 476.3 km，河网密度 0.40 km/km²。主要河流年均径流总量为 1.92 亿～26.06 亿 m³。

红壤是保护区地带性土壤，在海拔 600 m 以下为山地红壤、海拔 600～800 m 为山地红黄壤、海拔 800～1 500 m 为山地黄壤、海拔 1 500～1 600 m 为山地黄棕壤，山地矮林土在 1 500 m 以上的中山顶部出现。

（2）社区概况

保护区所涉及的 3 个县均为少数民族自治县，也是国家级贫困县。社区主要民族有苗、瑶、侗、壮、汉等。

保护区范围涉及融水县的三防镇、汪洞乡、同练乡，罗城县的宝坛乡和环江县的东兴镇等 5 个乡镇的 19 个村委会，151 个自然屯，2011 年末统计保护区内共 323 户 1 127人，其中缓冲区内 8 户 64 人，实验区内 109 户 625 人。社区群众经济收入主要依靠农业、林业、牧业和外出务工等，居民人均纯收入 528 元，人均有粮 125 kg。

保护区周边的 19 个村共有 16 520 人，人均耕地面积 0.07 hm²，人均纯收入 709 元，人均有粮 146 kg。

在保护区涉及的 19 个村中，16 个村通公路，有学校 32 所，所属乡镇均设有卫生院，各行政村均设有农村合作医疗点，移动通信网络全面覆盖。

（3）野生维管束植物

保护区已知野生维管束植物 229 科 968 属 2 735 种。国家 I 级重点保护野生植物有合柱金莲木、南方红豆杉、伯乐树等，国家 II 级重点保护野生植物有金毛狗脊、粗齿桫椤、小黑桫椤（*Alsophila metteniana*）、桫椤、华南五针松、福建柏、鹅掌楸、云南拟单性木兰（*Parakmeria yunnanensis*）、香樟、闽楠、任豆、野大豆（*Glycine soja*）、花榈木、半枫荷、十齿花（*Dipentodon sinicus*）、红椿、马尾树、喜树、香果树、普通野生稻（*Oryza rufipogon*）等，其他珍稀植物有兰科植物、海南粗榧（*Cephalotaxus mannii*）、短萼黄连（*Coptis chinensis* var. *brevisepala*）、八角莲（*Coptis chinensis* var. *brevisepala*）等近百种。

保护区植被类型十分丰富，在国内同纬度地区甚为少见，划分为 5 个植被型组，7个植被型，12 个植被亚型，62 个群系。域内地带性植被为中亚热带典型常绿阔叶林，其分布上限为海拔 1 300 m，向上海拔 1 300～1 500 m 的垂直地带变化为中山常绿落叶阔叶混交林和中山针阔混交林，大于 1 500 m 的山顶和山脊地段出现矮林。

（4）野生脊椎动物

保护区已知陆生野生脊椎动物 5 纲 34 目 95 科 261 属 402 种，国家 I 级重点保护野生动物有熊猴、豹、林麝、鼋、蟒蛇等，国家 II 级重点保护野生动物有猕猴、藏酋猴、中国穿山甲、大灵猫、小灵猫、斑林狸、水獭、黑熊、水鹿、中华鬣羚、红腹角雉、白鹇、红腹锦鸡、小天鹅（*Cygnus columbianus*）、鸳鸯、黑冠鹃隼、凤头蜂鹰、蛇雕、草原鵟、鹊鹞、凤头鹰、褐耳鹰、赤腹鹰、松雀鹰、雀鹰、苍鹰、普通鵟、鹰雕、红隼、灰背隼、燕隼、褐翅鸦鹃、小鸦鹃、草鸮、领角鸮、褐林鸮、领鸺鹠、斑头鸺鹠、鹰鸮、仙八色鸫、山瑞鳖、地龟、大鲵、虎纹蛙等 44 种，广西重点保护野生动物有白眉山鹧鸪（*Arborophila gingica*）、赤腹松鼠（*Callosciurus erythraeus*）等 96种。陆生脊椎动物中，属极危种类的有大鲵、蟒蛇等 4 种；濒危种类有平胸龟、豹、林麝等 14 种；易危种类有棘胸蛙（*Quasipaa spinosa*）、棘腹蛙（*Quasipaa boulengeri*）等 31 种。

白眉山鹧鸪，又名白额山鹧鸪，属全球濒危鸟类，被 IUCN 列为易危等级，备受国际关注，国内仅分布于浙江、福建、江西、广东和广西等地，分布区域十分狭窄，数量稀少，为我国东南部特有种。保护区内该鸟主要活动于海拔 800 m 以上偏僻地段森林内，每年 4 月中旬带仔，小群 7 只或 8 只。保护区作为该鸟的分布西限，保存有较好的栖息地和一定数量的种群，具有较高研究价值。

（5）其他重要自然资源

保护区已知昆虫 22 目 182 科 818 属 1 280 种，为木论国家级自然保护区已知昆虫种类数量的 3.1 倍，为十万大山国家级自然保护区已知昆虫种类数量的 1.6 倍，不仅分布有阿里山猛蚁（*Ponera alisana*）、疏棘丽叶蝉（*Calodia sparsispinulata*）等 5 种中国新记录种，以及玳眼蝶（*Ragadia crisilda*）、融斑矍眼蝶（*Ypthima nikaea*）等 7 种广西新记录种，而且分布有红头凤蛾（*Epicopeia caroli*）、大燕蛾（*Nyctalemon menoetius*）、宽尾凤蝶、双叉犀金龟（*Allomyrina dichotoma*）等近 20 种珍稀昆虫。

保护区已知大型真菌 4 纲 14 目 41 科 93 属 219 种，种类数量居广西各自然保护区前列，其中担子菌 198 种，子囊菌 21 种。大型真菌资源中，腐生菌 48 种，食用菌 58种，药用菌 46 种，毒菌 9 种；考察发现中国新记录 1 属——疣盖鬼笔属（*Jansia*）和我国已知最大的肉质、半肉质可食伯氏圆孢地花孔菌（*Bondarzewia berkeleyi*）1 种，此菌株高 45 cm，直径 64 cm，鲜重 12 kg，而疣盖鬼笔（*Jansia elegans* Penzig）是继1899 年首次报道后，在保护区第二次发现。

（6）主要保护对象与保护价值

保护区的主要保护对象是中亚热带常绿阔叶林生态系统，伯乐树、南方红豆杉、福建柏、合柱金莲木等珍稀植物及其生境，以及鼋、蟒蛇、熊猴、豹、林麝、白眉山鹧鸪等珍稀动物及生境。

保护区地处广西 3 个植物特有现象中心之一，由于遭受第四季冰川影响较小，保护区生物进化链未曾中断，不仅保存了众多的珍稀动植物，同时孕育了特有的植物属种，记录到野生维管束植物 2 735 种，中国特有属 35 个，保护区特有种或准特有种 100余种，以九万山或大苗山命名的植物有 30 多种。

同时，保护区位于东亚大陆中部候鸟迁徙的重要路线上，每年包括夏候鸟、冬候鸟和旅鸟等，约 108 种 50 万只的鸟群在保护区众多山坳口南来北往，其中小天鹅、仙八色鸫等 13 种为国家重点保护野生动物。

（7）保护管理机构能力

保护区管理局内设行政办公室、财务科、保护管理科、科研经营科以及森林公安派出所等机构；在融水县、罗城县和环江县分别设管理分局；下设杨梅坳、三岔、清水塘、峒马、如龙、池洞、卫林江、久仁、九小、平英和鱼西等11个管理站。

管理局编制90人，其中管理、技术编制40人，巡护编制50人。现在编人员88人，在职在编管理人员中，有硕士研究生1人，大学本科13人，大学专科18人，中专以下6人，管理人员学历层次不均匀。在年龄结构上，40岁以下16人，占管理人员数的42%，41岁以上23人，占60.5%。

在职在编专业技术人员中财会类人员7名，占18.4%；农林业专业技术人员14人（林业高级工程师1人，林业工程师3人，林业助理工程师5人，农业经济师2人，农业助理经济师3人），占36.8%。

保护区管理局先后制定并发布了《关于完善考勤制度的通知》、《关于加强分局考勤管理的通知》、《关于明确分局机关人员到保护站工作要求的通知》、《关于严肃管理局工作人员下基层工作作风的通知》、《关于严明局机关上班纪律的通知》、《关于严明干部职工上班纪律的通知》、《关于加强临聘巡护员管理的通知》和《关于加强保护站环境管理的通知》等一系列规章制度与要求。

（8）保护区功能分区

根据原环境保护总局《关于发布河北塞罕坝等19处新建国家级自然保护区面积、范围及功能分区等有关事项的通知》（环函[2007]276号），保护区核心区面积10 488.6 hm²，缓冲区面积6 782.2 hm²，实验区面积7 942.0 hm²。保护区位置与功能分区见图3-10。

## 3.1.11　七冲自然保护区

七冲自然保护区建立于2003年，始建面积13 023.7 hm²，属林业部门管理的自治区级自然保护区。2013年调整范围和功能区划并申报晋升国家级自然保护区，保护区总面积14 336.3 hm²，位于昭平县，地理坐标为东经110°45′52″～110°51′50″、北纬24°12′24″～24°24′9″。

（1）自然环境

七冲保护区地处南岭南延余脉。在地质构造上，山体多为早古生代和中生代广西运动时期形成的砂页岩，出露地层主要为寒武纪水口群的上亚群和中亚群、泥盆纪莲花山组的上段和下段。诸山脉多为近北南走向的褶皱山，地势自西北向东南倾斜，从东南部海拔90 m的谷底和山脊，向西北、北部逐渐上升到海拔1 000～1 200 m的山脊，最高峰海拔为1 251 m；山谷和河谷大部分呈西北—东南走向，多数山地沟壑纵横，河谷深切。

保护区属于南亚热带季风湿润气候,气候温和,冬暖夏凉。年平均气温 19.8℃,1月平均气温 10.1℃,7 月平均气温 27.9℃;≥10℃的年活动积温为 6 340~6 362℃;无霜期 310 d。雨量充沛,年降雨量 1 800 mm 以上,雨季为 4—9 月;年均蒸发量 1 419.9 mm;平均相对湿度 81%。

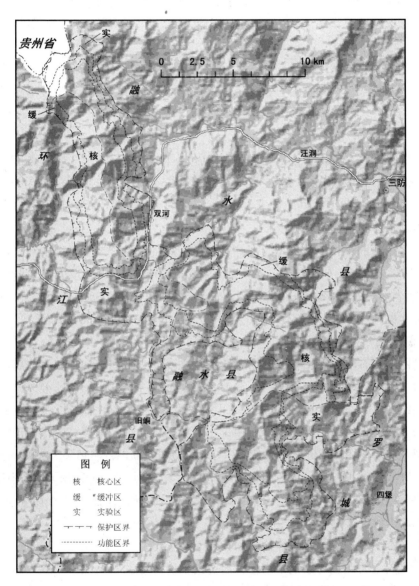

图 3-10　九万山自然保护区图

保护区内河流星罗棋布,共有 43 条,主要河流为临江,其支流有古哲冲、临江冲和红石冲。临江是桂江的一级支流,长 27 km,天然落差 700 m。地下水资源也较丰富,岩洞内多有暗河潜流地下。

保护区的土壤类型有山地红壤、山地黄红壤、山地黄壤和少量紫色土。山地红壤分布海拔 500 m 以下的地带；山地黄红壤分布在 500～700 m 的地带；而 700 m 以上地带发育成山地黄壤；在南部和东部的局部区域分布有酸性紫色土。

（2）社区概况

根据 2012 年统计，保护区范围涉及文竹镇和昭平镇 2 个乡镇的 5 个自然村，保护区内共有居民 489 户 2 167 人，以瑶族和汉族为主。社区居民的经济收入以农业为主，兼营林业、渔业等。

保护区周边交通状况较差，东、西、北三侧无道路进入，南侧为桂江隔离，进入保护区仅能从南部由渡口摆渡过桂江后，才能沿临江入桂江的河道沿线道路进入保护区。

（3）野生维管束植物

保护区已知有野生维管束植物 185 科 719 属 1 570 种，其中蕨类植物 33 科 71 属 129 种，裸子植物 5 科 6 属 8 种，被子植物 146 科 642 属 1 433 种。保护区分布有国家重点保护野生植物 10 种，其中国家Ⅰ级重点保护 1 种，即伯乐树，国家Ⅱ级重点保护有黑桫椤、桫椤、金毛狗脊、水蕨、苏铁蕨、樟树、半枫荷、红椿、花榈木等。

保护区主要的森林植被类型为亚热带季风常绿阔叶林和典型常绿阔叶林，主要群系有红锥林、黎蒴锥（*Castanopsis fissa*）林、假苹婆林、黄果厚壳桂（*Cryptocarya concinna*）林、栲树（*Castanopsis fargesii*）林、甜锥（*Castanopsis eyrei*）林、荷木林、华东润楠（*Machilus leptophylla*）林、建润楠（*Machilus oreophila*）林等。

（4）陆生野生脊椎动物

保护区已知有陆生野生脊椎动物 330 种，隶属于 4 纲 28 目 94 科 223 属，其中两栖纲 2 目 7 科 18 属 31 种，爬行纲 2 目 19 科 48 属 64 种，鸟纲 15 目 48 科 118 属 188 种，哺乳纲 9 目 20 科 39 属 47 种。国家Ⅰ级重点保护有熊猴、林麝、鳄蜥、蟒蛇等，国家Ⅱ级重点保护有猕猴、中国穿山甲、小灵猫、斑林狸、水鹿、中华鬣羚、原鸡、白鹇、黑冠鹃隼、黑鸢、蛇雕、白腹鹞（*Circus spilonotus*）、鹊鹞、凤头鹰、赤腹鹰、松雀鹰、苍鹰、红隼、红脚隼、燕隼、厚嘴绿鸠（*Tregon curvirostra*）、褐翅鸦鹃、小鸦鹃、草鸮、黄嘴角鸮、领角鸮、领鸺鹠、斑头鸺鹠、仙八色鸫、三线闭壳龟、地龟、细痣瑶螈、虎纹蛙等。

（5）主要保护对象与保护价值

保护区的主要保护对象是华南地区少有的保存完好的大面积原生性天然林生态系统、珍稀野生动植物资源及其生境和广西东部地区重要的水源涵养林。

保护区在生物地理上北连南岭山地、西接大瑶山区、南与云开大山相望，是周边各个重要生物多样性重要区域交流的"踏脚石"和通道，在该区域保护区网络中处于重要的地位。同时，由于封闭的地理位置和独特的地形特征，这里保存了较完整的以亚热带常绿阔叶林为主要成分的森林生态系统及丰富的野生动植物物种，成为桂东地区乃至华南地区原生自然植被残存完好的区域之一。

保护区位于桂江左岸，其水源涵养和水土保持功能直接关系到桂江的生态安全，是桂江沿岸的生态屏障。

（6）保护管理机构能力

七冲保护区的管理机构是七冲自然保护区管理站，隶属昭平县林业局。管理站内设办公室、财务股和执法监督管理股3个职能部门，现有人员编制25人，其中管理人员7名，科研人员10名，后勤人员3名，执法人员5名，并聘用巡护人员4人。

保护区成立时间较短，但各项保护管理的基础工作取得了较好的成效。保护区制定了较为完善的管理制度，巡护监测工作有序开展，宣传教育广泛深入，社区共管成效显著，科研监测初步展开。

（7）保护区功能分区

根据2014年3月环保部、自治区环保厅对广西七冲自然保护区晋升国家级自然保护区的公示，保护区划分核心区、缓冲区和实验区，面积分别为4 977.2 hm$^2$、4 058.5 hm$^2$和5 300.6 hm$^2$。保护区位置与功能分区见图3-11。

### 3.1.12　海洋山自然保护区

海洋山自然保护区建于1982年，由林业部门管理，按《广西自然保护区》（广西壮族自治区林业厅，1993）的描述以及《广西壮族自治区自然保护区发展规划（1998—2010）》（广西壮族自治区环保局等，1998），保护区涉及灵川、恭城、阳朔、灌阳、全州、兴安等6个县的蕉江、西山、黄关、观音、栗木、嘉会、西岭、升平、大镜、海洋、漠川等11个乡（镇）和国营大源林场的部分山地，范围面积为90 400 hm$^2$。

2002年被明确为自治区级自然保护区。到2014年6月，除兴安县以外，灵川、恭城、阳朔、灌阳、全州等5个县开展了辖区内海洋山自然保护区的面积和界线确定，确定后保护区总面积为70 382.3 hm$^2$，在各县的范围和面积分别为：灵川县位于东经110°30′59″～110°44′36″、北纬25°01′47″～25°19′27″之间，面积14 867.7 hm$^2$，分3个片区；恭城县位于东经110°36′52″～110°51′51″、北纬24°53′59″～25°11′43″之间，面积20 770 hm$^2$；阳朔县位于东经110°35′53″～110°40′32″、北纬24°53′33″～24°59′13″之间，面积3 585.5 hm$^2$；灌阳县位于东经110°44′23″～111°00′11″、北纬25°11′05″～25°36′30″之间，面积7 377.4 hm$^2$，分3个片区；全州县位于东经110°54′26″～111°02′06″、北纬25°31′52″～25°41′04″之间，面积3 342.7 hm$^2$，分2个片区。兴安县，按《广西自然保护区》（广西壮族自治区林业厅，1993）的描述，保护区面积为20 539.0 hm$^2$，位于东经110°43′13″～110°55′49″、北纬25°17′58″～25°31′40″之间；按兴安县人民政府办公厅2000年公布的范围（兴政办[2000]7号），高尚镇11万亩，包括东河、西河、仁河、灵龙和凤凰等村委所辖地；漠川10万亩，包括协兴、保林、艳林、显里等村委所辖地，但未进行界线确定。

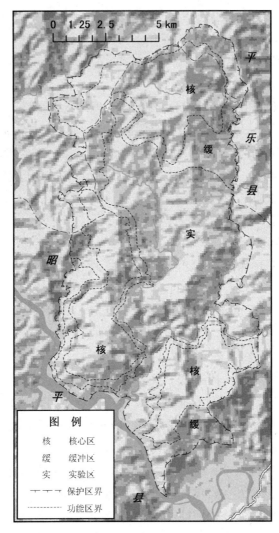

图 3-11　七冲自然保护区图

（1）自然环境

海洋山自然保护区山地主要由寒武系、奥陶系、泥盆系的沉积岩和加里东期侵入岩构成。侵入岩（花岗岩）主要有海洋山和新寨两个比较大的岩体，沉积岩（主要为砂页岩）沿两大岩体外围层理状分布。地貌以中山地貌为主，山前有 500 m 以下丘陵地带，在保护区的西南部有极少部分是岩溶地貌。最高峰宝盖山 1 936 m，整个地势东北高、西南低，逐渐倾斜，山脊呈南北走向。由于地层褶皱强烈，沟谷侵蚀发育，境内溪谷幽深，山峰挺拔，相对高差在 600～1 700 m，山峦重叠，沟壑纵横，地形复杂，地势陡峭，坡度一般在 30°～70°。

保护区属中亚热带湿润山地季风气候，处于海洋性气候向大陆性气候的过渡地带。气候温暖、湿润、多雾、日照短，降水量受季风和地形影响较大，在海洋山主脉的东南迎风面，年降水量达 2 000 mm 以上，是桂林市多雨区之一；而西北背风面，年降水量为 1 500 mm，年均气温 15.7℃，最冷月平均 2.0℃，最热月平均气温为 24.6℃，极端最高气温 34.9℃，极端最低气温−15.0℃。

保护区境内溪涧河流纵横交错，发源于海洋山自然保护区的主要河流有潮田河、漠川河、建江、灌江、西岭河、大源江等。年平均径流量为 7.89 亿 t，水质良好。

保护区土壤以山地黄壤和山地黄棕黄壤为主，一般海拔 700～1 400 m 为山地黄壤，海拔 1 400～1 600 m 为山地黄棕壤，海拔 1 600 m 以上为山地灌丛草甸土。

（2）社区概况

据 2012—2013 年保护区面积和界线确定结果，保护区（兴安县辖区为原描述范围）范围内涉及 6 个县的 17 个乡镇（场）共 52 村（场）：灵川县的海洋乡的小平乐村、思安头村、安太村，潮田乡的深井村、南圩村和大境乡的金竹村、大境村、乐育村、永同村、新寨村、黄泥江村；恭城县西岭乡的椅子村、东面村、云盘村、岛坪村、德良村、新合村、龙岗村、八岩村、挖沟村，嘉会乡西南村和栗木镇的上枧村、马路桥村、大营村、大枧村；阳朔县福利镇龙尾村、兴坪镇白山底村和大源林场冲水塘分场；灌阳县洞井乡的保良村、大竹源村、小河江村、椅山村、洞井村，观音阁乡的盘江村、立强村，新圩乡的合力村、解放村；全州县焦江乡的大源村、蕉江村，安和乡的青龙山村，石塘镇的马安岭林场、猪头源林场、川溪村；兴安县高尚镇的东河村、西河村、仁河村、灵龙村、凤凰村，漠川乡的协兴村、保林村、艳林村、显里村。涉及人口（不计兴安县，下同）433 户共 1 738 人，其中灵川县 212 户共 873 人、恭城县 221 户共 865人；人均耕地灵川县为 0.77 亩，恭城县为 1.4 亩；人均纯收入，灵川县为 2 500 元，恭城县为 3 100 元。

保护区周边涉及 4 个县的 13 个乡镇（场）共 45 村（场）：灵川县的海洋乡的安太村、小平乐村、思安头村、滨洞村、尧乐村，潮田乡的毛村、富足村、吒头村、深井村、南圩村和大境乡的大境村、永同村、金竹村、松江村、乐育村、黄泥江村、群英村、新寨村；恭城县西岭乡的八岩村、罗卜村、杨溪村、龙岗村、新合村、德良村、岛坪村、东面村、椅子村、营盘村，嘉会乡西南村，栗木镇的大枧村、五福村、建安村、泉会村、苔塘村、上枧村、大营村和观音乡的观音村；阳朔县福利镇龙尾村，兴坪镇的白山底村、思的村和大源林场冲水塘分场；全州县焦江乡的大源村、蕉江村，安和乡青龙山村和石塘镇马安岭林场。涉及人口（不计兴安县，下同）16 166 户共 64 916人，其中灵川县 7 774 户共 3 221 人、恭城县 7 446 户共 28 418 人、阳朔县 515 户共 2 350人、全州县 431 户共 1 927 人；涉及人口的人均耕地灵川县为 0.56 亩，恭城县为 1.2亩，阳朔县为 0.9 亩，全州县为 2.4 亩；涉及人口的人均纯收入灵川县为 4 300 元，恭城县为 3 000 元，阳朔县为 3 204 元，全州县为 2 100 元。

（3）植物植被

保护区已知野生植物种类估计有 1 700 种以上。列为国家 I 级重点保护野生植物有南方红豆杉、伯乐树等，国家Ⅱ级重点保护野生植物有华南五针松、金毛狗脊、闽楠、香樟、半枫荷、香果树、红椿、花榈木、榉树（大叶榉，*Zelkova schneideriana*）等多种，广西重点保护野生植物有兰科植物、观光木（*Tsoongiodendron odorum*）、马蹄参、青檀（*Pteroceltis tatarinowii*）、八角莲、银钟树（*Halesia macgregorii*）等多种。地带性植被是中亚热带常绿阔叶林，多分布在海拔 1 200 m 以下，主要树种是栲（锥）类（*Castanopsis* spp.）、红润楠（*Machilus thunbergii*）、银荷木（*Schima argentea*）、荷木（*Schima crenata*）、枫香（*Liquidamba formosana*）等；在海拔 1 200～1 450 m 分布有曼青冈（*Cyclobalanopsis oxyodon*）、水青冈（*Fagus longipetiolata*）、木莲（*Manglietia fordiana*）、腺毛泡花树（*Meliosma glandulosa*）、稠木（*Lithocarpus glabra*）、铁锥栲（*Castanopsis lamontii*）、大穗鹅耳枥（*Carpinus fargesii*）等常绿落叶阔叶混交林；在海拔 1 450 m 以上的山顶、山脊、孤立山峰的突兀部或悬崖峭壁，林木出现矮化，形成山顶矮林，以柯属（*Lithocarpus* spp.）、杜鹃（*Rhododendron* spp.）、多脉青冈（*Cyclobalanopsis multinervis*）等为主，局部有草甸分布。

（4）陆生野生脊椎动物

保护区已知的两栖类主要有黑眶蟾蜍（*Duttaphrynus melanostictus*）、虎纹蛙、沼水蛙（*Boulengerana guentheri*）、棘腹蛙、棘胸蛙、大树蛙（*Rhacophorus dennysi*）等；爬行类有平胸龟、地龟、变色树蜥（*Calotes versicolor*）、蟒蛇、眼镜王蛇、金环蛇（*Bungarus fasciatus*）、银环蛇（*Bungarus multicinctus*）等；鸟类资源非常丰富，主要种类有池鹭（*Ardeola bacchus*）、白鹭（*Egretta garzetta* spp.）、蛇雕、雀鹰、燕隼、黄腹角雉、白颈长尾雉、红腹角雉、红腹锦鸡、白鹇、山斑鸠（*Streptopelia orientalis*）、大杜鹃（*Cuculus canorus*）、八哥（*Acridotheres cristatellus*）、红嘴蓝鹊（*Urocissa erythrorhyncha*）、灰树鹊（*Dendrocitta formosae*）、画眉（*Garrulax canorus*）、大山雀（*Parus major*）等；哺乳类动物主要有中国穿山甲、赤腹松鼠、中华竹鼠（*Rhizomys sinensis*）、大灵猫、小灵猫、果子狸（*Paguma larvata*）、云豹、野猪（*Sus scrofa*）、林麝、河麂、华南兔（*Lepus sinensis*）、毛冠鹿（*Elaphodus cephalophus*）等，大致不低于230种。其中，列为国家Ⅰ级重点保护野生动物的有云豹、林麝、黄腹角雉、白颈长尾雉、蟒蛇等，国家Ⅱ级重点保护野生动物有中国穿山甲、大灵猫、小灵猫、河麂、白鹇、红腹角雉、红腹锦鸡、蛇雕、雀鹰、燕隼、地龟、虎纹蛙等多种。列为广西重点保护野生动物有黑眶蟾蜍、沼水蛙、棘腹蛙、棘胸蛙、平胸龟、变色树蜥、眼镜王蛇、金环蛇、银环蛇、池鹭、八哥、红嘴蓝鹊、灰树鹊、画眉、赤腹松鼠、中华竹鼠、华南兔、毛冠鹿等多种。

（5）主要保护对象与保护价值

主要保护对象是原生性中亚热带常绿阔叶林生态系统，黄腹角雉等珍稀濒危动植物及其栖息地，以及重要的水源涵养林。

保护区属越城岭余脉，是南岭山地的重要组成部分，位于我国生物多样性保护优先区域，生物多样性保护意义重大。

海洋山是广西重要的水源林区，是周边 6 个县工农业生产和人民生活用水的主要水源区。海洋山自然保护区是漓江主要支流的发源地和湘江源头，也是漓江补水工程的主要实施区，对确保和维持漓江山水风光和区域生态环境有着极其重要的意义。

（6）保护管理机构能力

保护区由桂林市林业局协调管理，各县林业局进行日常管理。

（7）保护区功能分区

根据广西壮族自治区林业厅 2012—2014 年组织专家评审通过的灵川、恭城、阳朔、灌阳、全州 5 个县辖区内海洋山自然保护区的面积和界线确定结果，以及《广西自然保护区》（广西壮族自治区林业厅，1993）对海洋山自然保护区兴安县辖区的描述，海洋山自然保护区位置示意见图 3-12。

### 3.1.13 架桥岭自然保护区

架桥岭自然保护区建于 1982 年，由林业部门管理，地跨永福、荔浦、阳朔等 3 个县，根据《广西自然保护区》（广西壮族自治区林业厅，1993）的描述：保护区包括永福县堡里乡的 7 个村，罗锦乡的 2 个村，广福乡的 2 个村；荔浦县浦芦乡的 3 个村，花贡乡的 2 个村；阳朔县金宝乡的 4 个村。范围面积为 76 000 hm²。根据《广西壮族自治区自然保护区发展规划（1998—2010）》（广西壮族自治区环保局等，1998），架桥岭自然保护区面积为 67 000 hm²。2002 年被明确为自治区级自然保护区，2013 年开展面积和界线确定，总面积为 28 773.3 hm²，在各县的范围和面积分别为：永福县辖区描述界线位于东经 110°03′06″～110°14′13″、北纬 24°37′51″～24°53′27″之间，面积 10 435.0 hm²；荔浦县辖区初步确定的界线位于东经 110°07′42″～110°17′47″、北纬 24°33′22″～24°46′07″之间，面积 15 354.0 hm²；阳朔县辖区初步确定的界线位于东经 110°13′20″～110°16′49″、北纬 24°45′02″～24°50′49″之间，面积 2 993.3 hm²。

（1）自然环境

保护区属南岭山地架桥岭山系，是广西陆地起源较古老的地区之一，古生代志留纪末期的加里东地壳运动成为凹陷地带，经中生代侏罗纪末至白垩纪期间的燕山运动，地貌轮廓基本确定。保护区属中山地貌，山系呈北北东—南南西走向。境内海拔最高点为车滩尾 1 215 m，最低处为甲冲口海拔 280 m。

保护区属亚热带季风气候区，温暖湿润，雨量充沛。年平均气温 20.3℃，最冷月 1 月平均气温 10.5℃，最热月 7 月平均气温 28.5℃，极端最低气温-4℃，极端最高气温 39.9℃，≥10℃的年活动积温 6 614.7℃。年均降雨量 1 511 mm，年均蒸发量 1 650 mm，年均相对湿度 75%。发源于保护区水源的主要河流有荔浦河、马岭河（支流）、蒲芦河等河流，荔浦河在平乐汇入桂江，属珠江水系二级支流的源头。县内的大江水库、古信水库等中型水库的水源均出自架桥岭自然保护区。

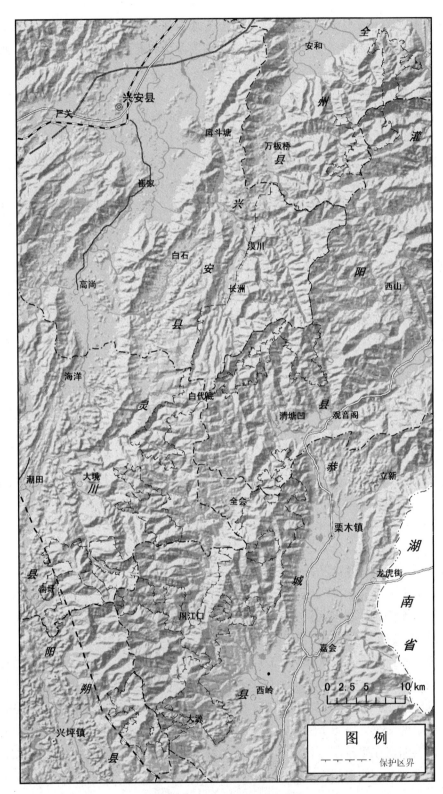

图 3-12 海洋山自然保护区图

保护区一般海拔 700 m 以下为红壤，700～800 m 为黄红壤，800 m 以上多为黄壤，山顶有山顶草甸土，局部地区分布有石灰土。

（2）社区概况

根据 2012 年保护区面积和界线确定结果，保护区（不计永福县辖区，下同）范围内涉及 3 个县的 5 个乡镇（场）共 14 个村（场）：荔浦县浦芦乡的古立村、万福村、万全村、黎村，双江镇永福村和荔浦林场的全福分场、黎村分场；阳朔县金宝乡的久大村、红莲村、金宝村；永福县堡里镇的河东村、清坪村、合顺村、九槽村。涉及人口 57 户共 225 人，人均耕地为 0.16 亩，人均纯收入 2 110 元。

保护区周边涉及 1 个县的 3 个乡镇共 11 个村：荔浦县浦芦乡的古立村、万福村、万全村、黎村、甲板村、下龙村，双江镇永福村和花篢镇的大江村、福灵村、大安村、南源村。涉及人口 6 636 户共 27 443 人，其中荔浦县 2 865 户共 11 555 人、阳朔县 3 771 户共 15 888 人；涉及人口的人均耕地荔浦县为 1.2 亩，阳朔县为 0.6 亩；荔浦县涉及人口的人均纯收入为 3 370 元，阳朔县为 5 147 元。

（3）野生维管束植物

据估计，保护区分布的野生维管束植物超过 1 200 种，其中有国家Ⅰ级重点保护野生植物伯乐树、南方红豆杉，国家Ⅱ级重点保护野生植物闽楠、金毛狗脊、凹叶厚朴、香樟、柔毛油杉、任豆、榉树、红椿、伞花木、喜树等，广西重点保护野生植物有鸡毛松（*Dacrycarpus imbricatus* var. *patulus*）、观光木、小叶红豆（*Ormosia microphylla*）以及 20 余种兰科植物。

（4）陆生野生脊椎动物

保护区已知陆生野生脊椎动物 250 多种，列为国家Ⅰ级重点保护野生动物的有林麝、白颈长尾雉、蟒蛇等，国家Ⅱ级重点保护野生动物猕猴、中国穿山甲、大灵猫、小灵猫、斑林狸、黑翅鸢、黑鸢、蛇雕、凤头鹰、日本松雀鹰、雀鹰、白腹隼雕、红隼、白鹇、褐翅鸦鹃、小鸦鹃、草鸮、领角鸮、领鸺鹠、斑头鸺鹠、山瑞鳖、地龟、虎纹蛙等多种。

（5）主要保护对象与保护价值

主要保护对象是中亚热带常绿阔叶林生态系统，以及重要的水源涵养林。

（6）保护管理机构能力

保护区由桂林市林业局协调管理，各县林业局进行日常管理。其中荔浦辖区由荔浦林场负责日常巡护和管理工作。

（7）保护区功能分区

根据荔浦、阳朔两县辖区初步确定的范围以及《广西自然保护区》（广西壮族自治区林业厅，1993 年）对架桥岭自然保护区永福县辖区的描述，保护区位置与阳朔辖区初步功能分区示意见图 3-13。

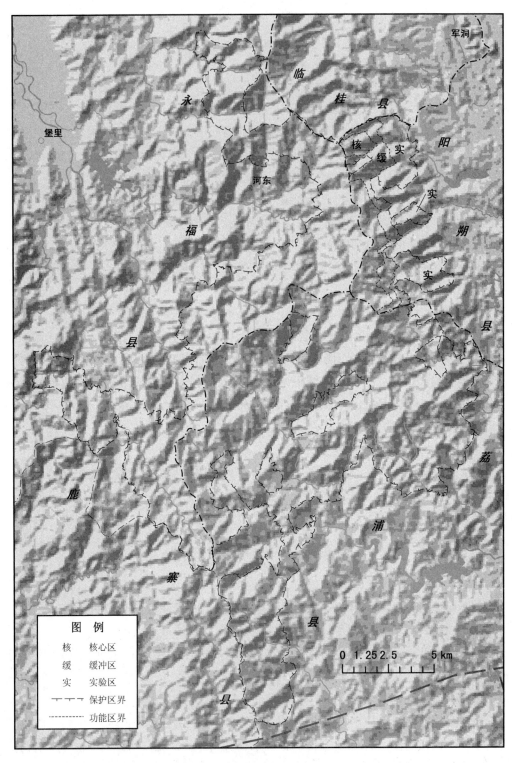

军洞

临

桂

县

阳

永

堡里

核 实

缓

实

河东

朔

福

实

县

县

荔

鹿

浦

寨

县

县

图 例

核　核心区

缓　缓冲区

实　实验区

–·–·–　保护区界

--------　功能区界

0 1.25 2.5　　5 km

图 3-13　架桥岭自然保护区图

### 3.1.14　西大明山自然保护区

保护区建于 1982 年，由林业部门管理，按《广西自然保护区》（广西壮族自治区林业厅，1993）的描述以及《广西壮族自治区自然保护区发展规划（1998—2010)》（广西壮族自治区环保局等，1998），保护区地跨南宁市隆安县、西乡塘区和崇左市江州区、扶绥县和大新县，位于东经 107°19′44″～107°48′4″、北纬 22°47′45″～22°57′10″之间，包括国营凤凰山林场、西大明山、小明山三大片，范围面积为 60 100 hm²。2002 年被明确为自治区级自然保护区。

（1）自然环境

保护区位于桂西南喀斯特地区，低山地貌，山体坡度较大。山体受暴流切割，沿山有大片扇状地。在扇状地和峰林石山接界处，因溶蚀作用明显，形成宽谷，是山区最宜水稻耕作的地方。

保护区属亚热带季风季候，四季温和湿润，夏季气温高，降水量大，雾日长，气候垂直变化显著。

（2）社区概况

根据 2009 年的调查，保护区内共有 42 个村的 172 个自然屯，1 546 户、5 411 人，全部为壮族，居民人均收入 1 320 元。

（3）野生维管束植物

保护区内重点保护的野生维管束植物主要有桫椤、格木、观光木、金花茶的一种（*Camellia* spp.）、土沉香（*Aquilaria sinensis*）、香樟等。

（4）陆生野生脊椎动物

保护区内陆生野生脊椎动物丰富，重点保护野生物种主要有梅花鹿（历史纪录）、蟒蛇、金猫、冠斑犀鸟、白鹇等。

冠斑犀鸟是我国的 Ⅱ 级重点保护野生动物，是原始森林的指示物种之一，已被中国鸟类红皮书所收录，并被列为我国十大最濒危动物之一。它是全世界现有的 54 种犀鸟中和我国现报道的仅有的 5 种犀鸟中的一种，是广西唯一拥有的一种犀鸟。目前，冠斑犀鸟在广西已知仅分布于西大明山区域以及崇左白头叶猴自然保护区和弄岗自然保护区，种群数量十分稀少。

（5）主要保护对象与保护价值

保护区主要保护对象为冠斑犀鸟及其栖息地、水源涵养林。

（6）保护管理机构能力

目前保护区尚未成立独立的管理机构，由崇左市国营凤凰山林场代管。事实上，凤凰山林场只负责其辖区范围内自然保护区的保护管理工作，保护区其他部分由各相应所在县（区）林业行政主管部门负责各自辖区内的自然保护区保护管理工作。

（7）保护区功能分区

保护区至今边界尚未确定，亦未开展总体规划及功能分区。按照《广西自然保护区》（广西壮族自治区林业厅，1993）描述，保护区位置示意见图3-14。

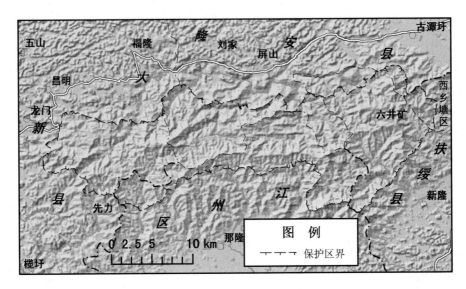

图3-14　西大明山自然保护区图

### 3.1.15　大王岭自然保护区

大王岭自然保护区建于1982年，由林业部门管理，2002年被明确为自治区级自然保护区，2003年经自治区人民政府批复调减为80 318.8 hm²，2007年再次调整后面积为55 010 hm²。保护区位于百色市右江区境内，地处东经106°08′04″～106°30′48″、北纬23°36′37″～23°54′12″。

（1）自然环境

保护区范围内出露的地层70%的面积为三叠纪中统河口组和百逢组，其余为二叠纪上统、下统茅口阶、栖霞阶等。地质构造属扭动构造体系的广西山字形构造的前弧西翼，地貌类型有中山、低山和高丘，南部有石灰岩分布。总的地势走向是西南高、东北低。境内最高山峰雷塌山，海拔1 469 m；最低处是泮水乡册外村泮水河口，海拔210 m。海拔1 000 m以上的山峰有76座。

保护区属北热带山原气候，据大楞、泮水两地气象哨观测记录，年均气温18.5～20.6℃，极端低温-6.8℃，极端高温37.7℃，≥10℃积温为5 249.6～7 467℃；无霜期270～320 d，多数山顶冬有霜雪；年日照时数1 397 h，年总降水量1 300～1 400 mm，年蒸发量1 685.5 mm。

保护区内河流属珠江流域西江水系，全部汇入右江，是右江百色水利枢纽的重要集雨区。主要河流有泮水河、福禄河、阳圩河、高安河、蒋厅河、塘香河、东怀河等 7 条。保护区及周边共有小型水库 6 座。

保护区的自然土壤分 5 个亚类：海拔 500 m 以下为基带土壤赤红壤，海拔 450～800 m 为山地红壤，海拔 800～950 m 为山地黄红壤，在南部和中部局部地区分布有棕色石灰土。

（2）社区概况

按 2004 年统计，保护区地跨阳圩镇、大楞乡（含原龙和乡）、泮水乡和那毕街道办事处。其中，保护区内涉及 17 个行政村 92 个自然屯，共 15 117 人，包括壮族 14 463 人，瑶族 654 人。耕地面积 1 590.6 hm²，人均产量 382 kg，农民人均收入 1 581 元，低于当年右江区农民人均纯收入水平（1 814 元），经济收入主要来源于八角种植。保护内村屯大部分通公路、通电。

保护区周边（不含云南省和广西德保县）涉及 12 个行政村 63 个自然屯，共 12 171 人，包括壮族 11 169 人，瑶族 922 人。

（3）野生维管束植物

已知野生维管束植物 211 科 771 属 1 443 种，其中国家Ⅰ级重点保护野生植物有德保苏铁（Cycas debaoensis）等，国家Ⅱ级保护植物有大叶黑桫椤、桫椤、金毛狗脊、苏铁蕨、香樟、海南风吹楠、任豆、花榈木、半枫荷、红椿、董棕等。其他珍稀植物包括兰科植物 14 属 21 种、福建马蹄蕨（Angiopteris fokiensis）、罗汉松（Podocarpus macrophyllus）、竹柏（Nageia nagi）、檫木（Evodia glabrifolia）、六角莲（Dysosma pleiantha）、锯叶竹节树、苏木（Caesalpinia sappan）、云实（Caesalpinia decapetala）、肥荚红豆（Ormosia fordiana）、马蹄荷（Exbucklandia populnea）、西桦（Betula alnoides）、华南朴（Celtis austro-sinensis）、七叶一枝花（Paris polyphylla）等。在植物区系中，热带性质明显，局部出现以海南风吹楠、无忧花为标志的沟谷雨林，而以乌榄、扁桃等为标志的季雨林，板根、茎花、"绞杀"等现象则较为常见，表现出浓厚的雨林景观。

（4）陆生野生脊椎动物

已知陆生野生脊椎动物 4 纲 25 目 76 科 245 种，其中国家Ⅰ级重点保护野生动物有云豹、蟒蛇等，国家Ⅱ级保护动物有猕猴、小灵猫、斑林狸、原鸡、白鹇、黑冠鹃隼、凤头鹰、赤腹鹰、松雀鹰、雀鹰、红隼、褐翅鸦鹃、小鸦鹃、草鸮、领角鸮、雕鸮、领鸺鹠、斑头鸺鹠、大壁虎、虎纹蛙等，广西重点保护野生动物有黑眶蟾蜍、沼水蛙、泽蛙（Rana limnocharis）、金环蛇、银环蛇、眼镜蛇（Naja naja）、眼镜王蛇等 76 种。动物区系属东洋界中印亚界华南区闽广沿海亚区。

（5）主要保护对象与保护价值

主要保护对象是北热带山地森林生态系统，德保苏铁等珍稀濒危动植物及其栖息地，以及重要的水源涵养林。

保护区境内河流众多，全部是右江的一级或二级支流，年均产水量高达 4 亿 m³，是右江百色水利枢纽及其下游地区生态安全的重要保障。

保护区与百色市市区、右江百色水利枢纽相邻，森林面积大，完好的森林生态系统成为百色市的"绿肺"，是生态旅游和自然保护科普教育的理想场所。

（6）保护管理机构能力

大王岭自然保护区没有独立的专门管理机构，在右江区林业局设有保护区管理站，实际保护管理工作由百色市公安局大王岭水源林区派出所代管，派出所共有编制7人，业务上由百色市右江区林业局管理。

（7）保护区功能分区

根据自治区林业局2007年批准的《广西大王岭自然保护区总体规划（2006—2015年）》（广西林业勘测设计院，2006），保护区核心区、缓冲区、实验区面积分别为19 818 hm²、21 592 hm²和13 600 hm²。保护区位置与功能分区见图3-15。

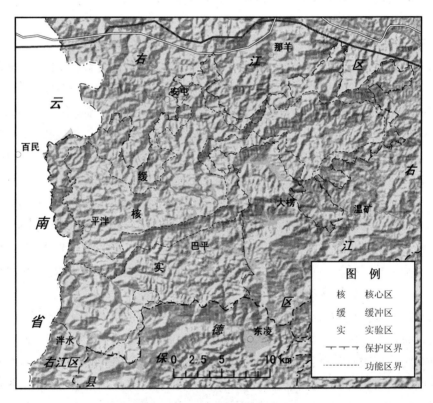

图3-15 大王岭自然保护区图

### 3.1.16 寿城自然保护区

寿城自然保护区建于1982年，由林业部门管理，按《广西自然保护区》（广西壮族自治区林业厅，1993）的描述以及《广西壮族自治区自然保护区发展规划（1998—

2010）》（广西壮族自治区环保局等，1998），保护区地跨永福、临桂两县，包括永福县龙江乡的 7 个村、寿城乡的 9 个村和临桂县黄沙乡的 2 个村以及国营永福县大板山林场、临桂滩头林场，范围面积为 75 900 hm²。2002 年被明确为自治区级自然保护区。2013 年开展面积和界线确定，总面积 21 417.6 hm²，在各县的范围和面积分别为：永福县位于东经 109°38′27″～109°53′13″、北纬 25°04′44″～25°18′54″之间，面积 19 767.6 hm²；临桂县位于东经 109°45′50″～109°51′08″、北纬 25°04′27″～25°29′49″之间，面积 1650 hm²，分 3 个片区。

（1）自然环境

保护区属越城岭山系的天平山支脉，出露地层以泥盆系之前和加里东期侵入岩为主，广西最古老的四堡群、板溪群和元古界震旦系地层主要出在这一地区，岩石组成主要是砂岩、页岩及变质岩系，以及加里东期花岗岩，局部分布石灰岩。地貌以中山和低山为主。地势北高南低，天平山自东北向西南伸展，海拔 1 000～1 200 m，最高峰广福顶 1 524 m。境内断层、断裂较多，沿此发育的河流把山体切割得较破碎，峰高坡陡，崎岖峻峭，相对高差在 1 200 m 以上。

保护区属中亚热带湿润山地气候，由于山体高大，相对高低悬殊，气候要素的垂直变化显著，具有典型的山地气候特征，四季分明，冬短夏长，光照充足，具有春夏多雨、冬秋干冷且雨热同季的气候特点。年平均气温 14～17℃，最热月 7 月平均气温 23～27℃，最冷月 1 月平均气温 6～8℃，极端最高气温 38.8℃，极端最低气温−3.8℃，年均降雨量 2 516 mm，年平均相对湿度 84%。

保护区主要水系由龙江、寿城河及其 12 条支流组成。其中龙江河长达 86 km，流域面积 1 152.6 km²，平均流量 56 m³/s。龙江口与寿城河汇合入洛清江，经永福、鹿寨入柳江，为下游 17 个水库、37 个水电站、7 个排灌站的水力发电提供水源。

保护区海拔 500 m 以下的低山为红壤土，500～700 m 为山地红壤；700～900 m 为山地黄红壤，也有部分红壤，900～1 200 m 为山地黄壤。此外，在有紫色页岩分布的地方发育有紫色土，在长期耕种水稻的地方有水稻土分布，南部地区的分布有黑色淋溶石灰土。

（2）社区概况

保护区涉及永福县龙江乡、百寿镇和临桂县黄沙乡，共 2 县 3 乡 23 个行政村 426 个自然屯和 2 个国有林场（国有永福县大板山林场和临桂县采育场）。

据 2008 年统计，保护区内共有居民 10 340 户，48 912 人，其中汉族 37 906 人。人均纯收入最高的是龙江乡龙山村，为 5 958 元；最低的是龙山乡龙隐村，为 3 820 元。

保护区周边共有居民 3 557 户，人口 16 722 人，其中汉族 13 043 人。有耕地 1 309 hm²，2006 年粮食产量 4 238 t，人均有粮 326 kg，人均纯收入 4 009 元。

（3）野生维管束植物

保护区已知野生维管束植物 187 科 604 属 1 158 种，国家Ⅰ级重点保护野生植物有南方红豆杉等，国家Ⅱ级重点保护野生植物有金毛狗脊、香樟、半枫荷、喜树、任豆和马尾树等，兰科植物共有 15 属 26 种。

（4）陆生野生脊椎动物

保护区已知陆生野生脊椎动物 201 种，隶属于 4 纲 25 目 97 科，国家Ⅰ级重点保护野生动物有黄腹角雉、林麝等，国家Ⅱ级重点保护野生动物有猕猴、藏酋猴、中国穿山甲、大灵猫、小灵猫、獐（河麂）、白鹇、黑翅鸢、黑鸢（鸢）、蛇雕、日本松雀鹰、雀鹰、红隼、褐翅鸦鹃、草鸮、黄嘴角鸮、领角鸮、领鸺鹠、斑头鸺鹠、虎纹蛙等。

（5）主要保护对象与保护价值

保护区主要保护对象为中亚热带常绿阔叶林生态系统、水源涵养林、珍稀动植物及其生境。

（6）保护管理机构能力

保护区临桂县辖区设有滩头水源林管理站，现有专职人员 14 名，其中在编 10 人，合同制人员 4 人。永福县辖区分别由百寿镇水源林派出所和国有永福县大板山林场兼管。

（7）保护区功能分区

根据自治区林业厅 2014 年 4 月组织专家评审通过的寿城自然保护区的面积和界线确定结果，保护区位置示意见图 3-16。

### 3.1.17 青狮潭自然保护区

青狮潭自然保护区建立于 1982 年，由林业部门管理，位于灵川县境内，1999 年灵川县人民政府核定自然保护区面积为 47 362.4 hm²，2002 年被明确为自治区级自然保护区，2012 年开展面积和界线确定，初步确定总面积为 35 076 hm²，位于东经 110°05′21″～110°17′40″、北纬 25°27′38″～25°47′49″ 之间。

（1）自然环境

保护区地处越城岭余脉，属中山地貌，海拔最高点为锅底塘顶（1 722.4 m），最低处为青狮潭坝口，海拔 220 m。

保护区属中亚热带季风气候，多年平均气温 15.7℃，极端最高气温 34.9℃，极端最低气温−6.8℃。年均降雨量 1 833 mm，是广西降雨中心之一。其中海拔 700～1 200 m 段是降雨最丰富地段，年均降雨量达 2 200 mm。

保护区是广西主要的水源林区之一，地表水系发达，发源于保护区的主要河流有东江、西江、七都河，流入青狮潭水库后经甘棠江注入漓江，综合多年平均流量 17.8 m³/s。青狮潭水库最大库容 6 亿 m³，有效库容 4.05 亿 m³。

保护区地带性土壤为红壤。在海拔 500 m 以下主要为红壤，700～1 400 m 是山地黄壤，1 400 m 以上则是山地黄棕壤。南部石灰岩山地分布着棕色石灰土。

图 3-16　寿城自然保护区图

（2）社区概况

2011 年年底，保护区范围涉及青狮潭镇、兰田乡 2 个乡镇 14 个行政村 84 个村民小组，2 381 户 9 473 人，劳动力 5 517 人。居民以林业为主要收入，主要林产品是竹子和杉木，农作物主要有水稻和玉米。

保护区周边涉及青狮潭镇、兰田乡 2 个乡镇 18 个行政村 106 个村民小组，5 884 户，24 369 人，劳动力 13 964 人（2011 年统计）。社区产业以林业尤其是竹林为主。近年来，在青狮潭旅游景区的带动下，以及东江沿岸一带小规模旅游资源的逐步开发影响，保护区社区的旅游业也逐渐给群众带来收益。

（3）野生维管束植物

通过查阅文献初步统计，保护区已知野生维管束植物有 1 400 多种，其中国家Ⅰ级重点保护野生植物有南方红豆杉，国家Ⅱ级重点保护野生植物有桫椤、金毛狗脊、华南五针松、香樟、闽楠、伞花木、马尾树等，广西重点保护野生植物有八角莲、白辛树（*Pterostyrax psilophyllus*）、青钱柳（*Cyclocarya paliurus*）、羽叶参（羽叶田七，*Panax japonica* var. *bipinnatifidus*）、山豆根（*Sophorae tonkinensis*）以及 20 余种兰科植物。

（4）陆生野生脊椎动物

已知陆生野生脊椎动物 170 多种。列为国家Ⅰ级重点保护野生动物的有蟒蛇、黄腹角雉等，国家Ⅱ级重点保护野生动物有大灵猫、小灵猫、白鹇、红腹角雉、红腹锦鸡、雀鹰、虎纹蛙等多种，广西重点保护野生动物有黑眶蟾蜍、沼水蛙、棘腹蛙、棘胸蛙、平胸龟、变色树蜥、眼镜王蛇、金环蛇、银环蛇、池鹭、八哥、红嘴蓝鹊、灰树鹊、画眉、赤腹松鼠、中华竹鼠、华南兔、毛冠鹿等多种。

（5）主要保护对象与保护价值

主要保护对象是原生性中亚热带常绿阔叶林生态系统，黄腹角雉等珍稀濒危动植物及其栖息地，以及重要的水源涵养林。

保护区是漓江的主要发源地之一，对保护青狮潭水库水源，调节漓江流量，促进农业、水电、航运、旅游事业的发展，都具有重要的意义。

（6）保护管理机构能力

保护区尚未成立专门的管理机构，管护工作分别由灵川县公平、兰田、九屋等林业管理站对各自乡镇所属辖区进行日常一般性管理。

（7）保护区功能分区

根据《广西青狮潭自治区级自然保护区面积和界线确定方案》（广西林业勘测设计院，2013），保护区分为核心区、缓冲区和实验区等 3 个功能区，面积分别为 6 609.5 hm²、2 254.6 hm²、26 211.9 hm²。保护区位置与功能分区示意见图 3-17。

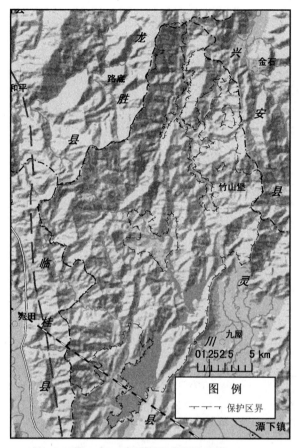

图 3-17　青狮潭自然保护区图

### 3.1.18　龙滩自然保护区

龙滩自然保护区于 1982 年建立，由 2002 年被明确为自治区级自然保护区的布柳河和穿洞河两处自然保护区于 2003 年整合而成，由林业部门管理。2009 年进行保护区功能区调整，保护区位于天峨县境内，地处东经 106°51′05″～107°11′16″、北纬 24°51′32″～25°13′55″，总面积 42 848.4 hm²。

（1）自然环境

保护区范围内出露地层有石炭系、二叠系、三叠系等，位于南华准地台右江再生地槽中的丹池断裂带南西侧，是云贵高原向广西丘陵的过渡地带，属桂西北山原山地，地貌类型有中山、低山和喀斯特峰丛。海拔多在 500～1 200 m，最高峰是大山，海拔 1 382.0 m；最低海拔接近龙滩水库水面，海拔 400 m。

保护区多年平均气温 17.0～20.3℃，≥10℃的年积温：河谷为 6 500～6 800℃，丘陵区为 6 000～6 500℃，低山区为 5 000～6 000℃，海拔 800 m 以上的中山区小于 5 000℃。多年平均降水 1 405.7 mm，相对湿度 79%。气候温暖，无霜期长；热量较丰富，但光照、生理辐射相对较少；雨热同季，干湿季节明显，旱涝较频繁。

保护区地处珠江干流红水河上游，保护区内河流属珠江流域的西江水系，红水河及其两大支流布柳河和穿洞河是本区的主要河流。红水河在本区段集雨面积 11 万 km²，年径流量 506 亿 m³。布柳河和穿洞河多年平均径流总量分别为 73 亿 m³ 和 2 亿 m³。

保护区土壤有山地红壤、山地黄红壤、山地黄壤、棕色石灰土、水稻土等类型。

（2）社区概况

2004 年统计，保护区内涉及六排、八腊、老鹏、纳直、向阳、坡结等 6 个乡镇，共 14 个村民委员会 58 个村民小组，人口有 752 户共 3 383 人。其中以壮族和汉族人口最多，其次为瑶族和苗族。保护区周边涉及上述 6 个乡镇的 18 个村民委员会 102 个村民小组，人口有 3 458 户共 15 561 人。

保护区内及周边群众以农业经济为主，农业生产水平和产业化程度低，粮食生产主要有玉米和水稻，林业生产主要有茶叶、油桐和板栗等，牧业生产主要是养殖牛、马、羊、鸡等。少数个体经营者以小买卖、运输、承包果林等为经济来源。

（3）野生维管束植物

已知野生维管束植物 212 科 1 023 属 2 819 种。其中国家 I 级重点保护野生植物有南方红豆杉、掌叶木等，国家 II 级重点保护野生植物有桫椤、金毛狗脊、水蕨、苏铁蕨、单叶众贯（*Cyrtomium hemionitis*）、短叶黄杉、福建柏、香木莲、香樟、闽楠、柄翅果（*Burretiodendron esquirolii*）、任豆、红豆树（*Ormosia hosiei*）、榉树、蒜头果、红椿、伞花木、马尾树、喜树、香果树等，有广西重点保护野生植物有兰科植物 31 属 88 种、金丝李、南方铁杉、金花茶一种（*Camellia* spp.）、小叶罗汉松（*Podocarpus wangii*）、观光木等。值得指出的是保护区保存着北热带飞地——河谷雨林，在这一类热带森林中主要优势种有火麻树（*Dendrocnide urentissima*）、金丝李、心叶蚬木（*Burretiodendron esquirolii*）、网脉核实（*Drypetes perreticulata*）、毛麻楝（*Chukrasia tabularis* var. *velutina*）、肖韶子（*Dimocarpus confinis*）、任豆、灰毛牡荆（*Vitex canescens*）、糙叶树（*Aphananthe aspera*）等。特别是大面积的心叶蚬木及火麻树实属罕见，火麻树群落属目前国内甚至世界上唯一的、种群结构保存完好的野生植物群落。

（4）陆生野生脊椎动物

已知陆生野生脊椎动物 4 纲 28 目 69 科 382 种，其中国家 I 级重点保护野生动物有熊猴、黑叶猴、云豹、豹、林麝、金雕（*Aquila chrysaetos*）、黑颈长尾雉、蟒蛇等，国家 II 级重点保护野生动物有猕猴、藏酋猴、中国穿山甲、大灵猫、小灵猫、斑林狸、小爪水獭、水獭、中华鬣羚、原鸡、白鹇、红腹锦鸡、黑冠鹃隼、凤头蜂鹰、黑鸢（鸢）、蛇雕、白尾鹞、鹊鹞、凤头鹰、赤腹鹰、松雀鹰、雀鹰、苍鹰、普通鵟、白腹隼雕、白腿小隼、红隼、燕隼、红翅绿鸠、褐翅鸦鹃、小鸦鹃、草鸮、领角鸮、雕鸮、褐林鸮、领鸺鹠、斑头鸺鹠、长尾阔嘴鸟、仙八色鸫、山瑞鳖、虎纹蛙等。在这个地区，不少物种是其分布区的边缘种，如黑颈长尾雉是分布的东限，长尾阔嘴鸟、原鸡、长颌带狸（*Chrotogale owstoni*）是分布的北限，蟒蛇是实际分布区的北缘。

（5）其他重要自然资源

保护区已知昆虫有 20 目 183 科 1 053 种，其中有国家 II 级重点保护野生物种阳彩臂金龟 1 种，保护区特有昆虫 13 种，传粉昆虫 2 种，天敌昆虫 202 种。已知大型真菌 38 科 88 属 185 种，其中担子菌 165 种，子囊菌 20 种。有食用菌 48 种，药用菌 60 种，毒菌 12 种，木腐菌 45 种。

库区旅游资源是保护区的特色景观资源，160 多亿 $m^3$ 的总库容创造了"高峡出平湖"的壮观奇景。此外，布柳河上的仙人桥，坡结乡的穿洞、风洞等如鬼斧神工之作，共同构成了保护丰富的自然景观资源。

（6）主要保护对象与保护价值

主要保护对象是以常绿阔叶林为主体的原生性森林及其生态系统，南方红豆杉、黑颈长尾雉等珍稀濒危动植物及其栖息地，以及重要的水源涵养林。保护区地处滇、黔、桂生物多样性中心，是我国三大阶梯地形的第二阶梯（云贵高原）向第三阶梯（广西丘陵）的过渡地带，具有明显的生态系统交错带特征，在生物多样性保护和科研上具有重要的价值。保护区水面面积占 1/4 强，形成一处大面积的塘库湿地，对龙滩水电站的生态安全有着举足轻重的作用。

（7）保护管理机构能力

保护区管理处编制 30 人，设立有派出所，下设 2 个管理站。保护区现有工作人员 27 名，其中行政管理人员 7 人，民警 7 人（含行政管理人员兼职 4 人），护林员 10 人。保护区管理处制定了一系列详细的工作制度，层层明确岗位职责、岗位目标，严格考核，建立了一套较为严格和完整的管理体系。

保护区以申请晋升国家级自然保护区为契机，分别与相关村委会签订了《保护区集体林经营管理协议》，集体林的管理压力得到了一定的缓解。

（8）保护区功能分区

根据原自治区林业局 2009 年批准（桂林护发[2009]23 号）的龙滩自治区级自然保护区功能区调整，保护区分为核心区、缓冲区和实验区等 3 个功能区，面积分别为 14 720.8 $hm^2$、11 101.3 $hm^2$、17 026.3 $hm^2$。保护区位置与功能分区见图 3-18。

### 3.1.19 老虎跳自然保护区

老虎跳自然保护区位于那坡县境内，前身为 1982 年批建的农信水源林区和 1987 年批建的弄化水源林保护区，由林业部门管理，2002 年被明确为两处县级自然保护区，2004 年合并晋升为自治区级自然保护区，地理坐标为东经 105°31′35″～105°53′09″、北纬 22°56′26″～23°15′13″，总面积 27 007.5 $hm^2$。

（1）自然环境

保护区内出露的地层以三叠系为主，局部有二叠系、石炭系、泥盆系的地层出露，在北部有寒武系和印支期的地层露头。位于六韶山脉的西南坡，西部是由各地质时期的石灰岩构成的喀斯特岩溶地貌，东部则是由三叠系的砂岩、页岩、泥岩以及印支时期的辉绿岩构成的中山地貌。地貌特点是中间高，东西两侧低，呈西北—东南走向。最高海拔为妖皇山（海拔 1 603 m），1 000 m 以上的山峰有 48 座。

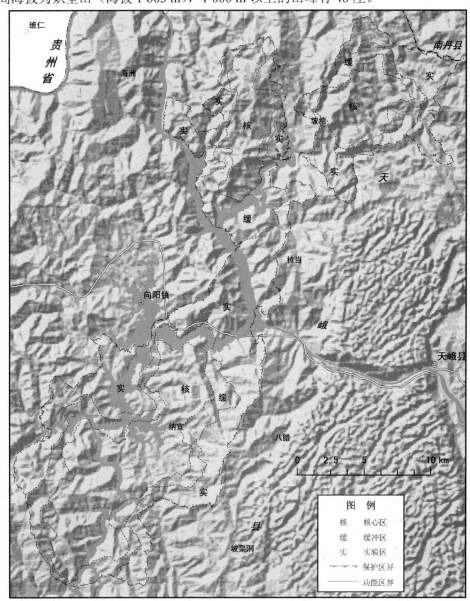

图 3-18　龙滩自然保护区图

　　保护区位于云贵高原南缘，受南亚热带季风影响明显。多年平均年日照 1 404.3 h，日照率为 32%，年太阳总辐射 $4.06×10^5$ J/cm$^2$；年均气温 18.8℃，≥10℃的活动积温 6 026.4℃，无霜期为 324 d。多年平均降水量为 1 408.3 mm，蒸发量为 1 388.1 mm。

保护区海拔 900 m 以下为山地红壤，900～1 100 m 为山地黄红壤，1 100 m 以上为山地黄壤，局部区域有石灰土分布，在居民点附近还分布有棕泥土、水稻土。

保护区境内的河流均属越南红河水系，主要有那布河、那孟河以及百南河等河流，其中百南河是那坡县最大的河流，从百南往东流入大龙潭，流往越南。

（2）社区概况

保护区地跨百都、百省、百南和平孟等 4 个乡镇 20 个行政村，其中保护区内分布有 16 个行政村的 79 个村民小组（75 个自然屯）。按 2002 年统计资料，保护区内共有人口 1 966 户，8 577 人，其中 80%为壮族。保护区周边涉及 16 个村 104 个村民小组，共有 2 355 户，人口 10 456 人，其中壮族人口占 94%。

农业收入是保护区周边社区居民的主要经济来源，以玉米和水稻为主要种植作物，近年来，外出务工逐渐成为周边居民的主要收入来源。

（3）野生维管束植物

保护区已知野生维管束植物 1 466 种，国家 I 级重点保护野生植物有望天树，国家 II 级重点保护野生植物有黑桫椤、桫椤、金毛狗脊、短叶黄杉、白豆杉、大叶木莲、地枫皮、香樟、海南风吹楠、蚬木、海南椴、任豆、榉树、红椿、马尾树、香果树、董棕等。另外，保护区内兰科植物资源十分丰富，分布有 41 属 102 种，其中石斛属（*Dendrobium* spp.）多达 12 种。

保护区植物区系属泛北极植物区—中国喜马拉雅森林植物亚区—云南高原地区的东侧，东与中国—日本森林植物亚区相接，南与古热带植物区为邻。多种植物区系成分叠加交错并荟萃于此，体现了本区系较为明显的过渡性质。

被子植物有 36 科 57 属 74 种，是典型的嗜钙植物或主要分布于岩溶区的植物，它们局限于或主要分布于岩溶地区，构成了特殊的岩溶植被，体现了典型的岩溶区系特性。据初步统计，保护区这些典型的岩溶植物约占保护区野生被子植物种数的 1/7，重要或常见的有地枫皮、石山樟（*Cmnamomum saxitilis*）、米念芭（*Tirpitzia ovoidea*）、金丝李、蚬木、粉苹婆（*Sterculia euosma*）、假苹婆（*Sterculia lanceolata*）、石山梧桐（*Firmiana calcarea*）、闭花木、石山巴豆（*Croton euryphyllus*）、圆叶乌桕（*Sapium rotundifolium*）、青檀、任豆、米浓液（*Teonongia tonkinensis*）、黄连木（*Pistacia chinensis*）、清香木、广西密花树（*Rapanea kwangsiensis*）、菜豆树（*Radermachera sinica*）、桄榔、董棕、石山棕（崖棕，*Guihaia argyrata*）、两广石山棕（粉背崖棕，*Guihaia grossefibrosa*）等。

（4）陆生野生脊椎动物

保护区已知陆生野生脊椎动物 279 种，国家 I 级重点保护野生动物有蟒蛇、熊猴、虎（印支亚种，历史分布）、林麝等 4 种，国家 II 级重点保护野生动物有短尾猴、猕猴、大灵猫、小灵猫、斑林狸、黑熊、中华鬛羚、巨松鼠、原鸡、白鹇、黑冠鹃隼、蛇雕、凤头鹰、赤腹鹰、松雀鹰、雀鹰、普通鵟、白腹隼雕、白腿小隼、红隼、红翅绿鸠、褐翅鸦鹃、小鸦鹃、草鸮、栗鸮、领角鸮、雕鸮、灰林鸮、领鸺鹠、斑头鸺鹠、冠斑犀鸟、仙八色鸫、大壁虎、虎纹蛙等。

（5）主要保护对象与保护价值

保护区主要保护对象是北热带原生性岩溶森林生态系统、望天树林和丰富的兰科植物。

保护区保存完好的北热带原生性很强的岩溶森林是重建退化森林生态系统的参照物，对寻找重建退化岩溶森林生态系统的途径、方法都具有参考意义。

保护区是广西目前唯一可能有虎分布的自然保护区，而且地处中越边境，保护区内的边境线长达 69 km，十分有利于保护老虎等跨国分布的物种，保护区的建设具有重要的国防安全和生态安全意义，对于履行国际公约、促进国际合作具有重要意义。

（6）保护管理机构能力

保护区未成立独立的管理机构，由那坡县林业局实施代管，聘请了部分专职或兼职的护林员，定期进行常规的巡护管理。

（7）保护区功能分区

根据原自治区林业局 2004 年批准的《广西老虎跳自然保护区总体规划（2004—2010年）》（广西林业勘测设计院，2004），保护区分为核心区、缓冲区和实验区等 3 个功能区，面积分别为 8 528.6 hm²、7 801.8 hm²、10 677.1 hm²。保护区位置与功能分区见图 3-19。

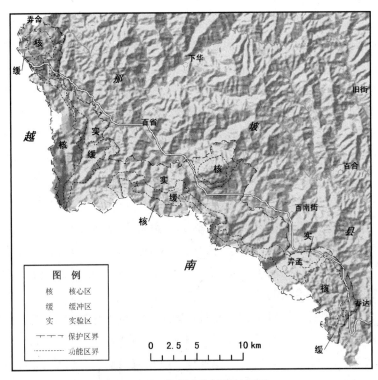

图 3-19 老虎跳自然保护区图

### 3.1.20　银殿山自然保护区

银殿山自然保护区位于恭城县境内，其前身为 1982 年建立的银殿山水源林区，由林业部门管理，按《广西自然保护区》（广西壮族自治区林业厅，1993）的描述以及《广西壮族自治区自然保护区发展规划（1998—2010）》（广西壮族自治区环保局等，1998），保护区包括恭城县嘉会、平安、莲花、三江等 4 个乡的 14 个村的部分山林，范围面积为 48 000 hm²。2002 年被明确为自治区级自然保护区。2012 年开展保护区面积与界线确定，总面积 21 987.2 hm²，地理坐标为东经 110°54′47″～111°10′19″、北纬 24°44′54″～25°01′31″，包括西岭山片区（6 824.4 hm²）和银殿山片区（15 162.8 hm²）。

（1）自然环境

保护区地质古老，属江南古陆南部边缘地区，都庞岭—银殿山隆起。保护区地层主要有寒武系和泥盆系地层，以页岩、砂岩为主，并有少量碳酸盐岩、赤铁矿分布。岩性为火成岩，主要成分为燕山早期侏罗纪的黑云母角闪石花岗岩和花岗斑岩。

保护区位于南岭地区都庞岭山脉，属中山地貌，最高峰银殿山海拔为 1 885 m。

保护区属中亚热带季风气候，年平均气温 17.2℃，年降水量 1 822 mm，平均相对湿度 75%，年平均蒸发量为 1 747 mm，年平均风速为 1.9 m/s，以北风为主。

保护区全部属于珠江流域桂江一级支流，是恭城县母亲河——茶江的主要水源地。保护区溪流密布，宽度大于 10 m 以上的河流达 25 条。

保护区土壤类型主要有红壤、黄红壤、黄壤、水稻土等多种。

（2）社区概况

根据 2011 年统计，保护区内涉及嘉会、平安和三江共 3 个乡 7 个行政村 13 个屯，共 53 户 194 人，其中瑶族 187 人，占保护区人口总数的 96.4%。人口全部分布在实验区内。

保护区周边涉及恭城县嘉会、平安、三江、莲花 4 个乡镇 19 个行政村 144 个村民小组，共有 5 507 户 19 627 人。

（3）野生维管束植物

保护区地处中国生物多样性保护优先区之一的南岭地区，野生植物资源非常丰富。根据 2011 年和 2012 年 3 次对银殿山自然保护区的生物多样性快速评估调查，保护区有野生维管束植物 164 科 523 属 788 种。其中，国家Ⅱ级重点保护野生植物有金毛狗脊、华南五针松、柔毛油杉、福建柏、樟、榉木、鹅掌楸、任豆、半枫荷、伞花木、喜树等，广西重点保护野生植物有观光木、石仙桃（*Pholidota chinensis*）、橙黄玉凤花（*Habenaria rhodochelia*）、齿瓣石豆兰（*Bulbophyllum levinei*）等。

（4）陆生野生脊椎动物

根据 2011 年 11 月、2012 年 9 月、2012 年 11 月共 3 次对银殿山保护区的快速生物多样性调查，保护区已知陆生野生动物 4 纲 22 目 65 科 160 种。其中，国家Ⅰ级重点保护野生动物有黄腹角雉、白颈长尾雉等，国家Ⅱ级重点保护野生动物有猕猴、藏酋猴、小灵猫、中华鬣羚、白鹇、红腹锦鸡、黑冠鹃隼、黑鸢（鸢）、凤头鹰、松雀鹰、苍鹰、红隼、燕隼、褐翅鸦鹃、小鸦鹃、草鸮、斑头鸺鹠、仙八色鸫、虎纹蛙等，广西重点保护野生动物有平胸龟、环颈雉（*Phasianus colchicus*）、凤头鸊、果子狸、赤麂等 53 种。

（5）主要保护对象与保护价值

保护区主要保护对象是典型的亚热带常绿阔叶林及其生态系统，黄腹角雉、白颈长尾雉等珍稀濒危野生动植物及其栖息地。

保护区地处南岭山地都庞岭南段的花山山脉，是中国 35 个陆地及水域生物多样性保护优先区域之一的南岭地区的重要组成部分，生物多样性具有全球保护意义。

保护区是全球易危物种黄腹角雉、仙八色鸫的主要分布区之一，也是全球濒危物种平胸龟的分布区之一。其中，黄腹角雉不仅是全球易危物种，也是中国特有种，广西分布的为黄腹角雉广西亚种，仅分布于广西、广东、江西和湖南 4 省区的少数地区，数量稀少，保护价值巨大。

保护区地处珠江水系桂江流域，是桂江以及恭城县的主要水源地，是重要的水源涵养区。

（6）保护管理机构能力

保护区没有独立的管理机构，保护区日常业务由恭城县林业局履行。

（7）保护区功能分区

根据自治区林业厅组织专家评审通过的《广西银殿山自然保护区面积和界线确定方案》（广西林业勘测设计院，2012），保护区分为核心区、缓冲区和实验区 3 个功能区，面积分别为 4 898.6 hm²、4 606.4 hm²、14 801.8 hm²。保护区位置与功能分区示意见图 3-20。

## 3.1.21　黄连山—兴旺自然保护区

黄连山自然保护区建于 1982 年，由林业部门管理，2002 年被明确为县级自然保护区，2004 年完成保护区面积和界线确定，并晋升为自治区级。保护区位于德保县境内，总面积 21 035.5 hm²，分黄连山片和兴旺片。其中，黄连山片地处东经 106°09′41″～106°15′55″、北纬 23°28′34″～23°40′01″之间，面积 9 973.1 hm²；兴旺片地处东经 106°38′24″～106°47′40″、北纬 23°12′15″～23°18′52″之间，面积 11 062.4 hm²。

（1）自然环境

保护区属云贵高原东部的一个延续部分，六韶山德保山原范围，出露的地层有石炭系的灰岩、二叠系的硅质岩和三叠系的砂岩。地势西北高东南低，由西北向东南倾斜。黄连山片属中山地貌，兴旺片属低山地貌。海拔 1 000 m 以上的山峰有 45 座，最高峰黄连山海拔 1 616 m，最低海拔 488 m。

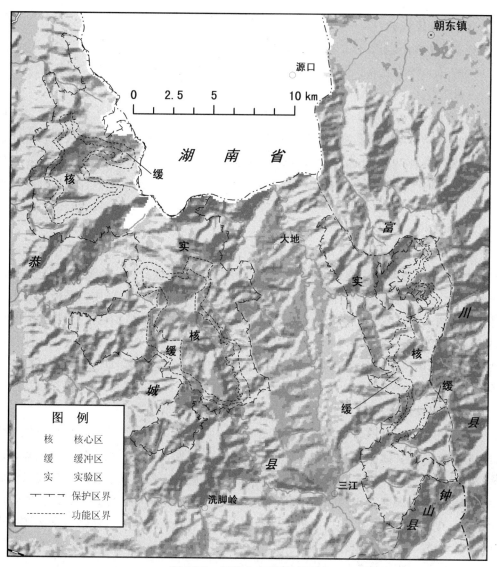

图 3-20 银殿山自然保护区图

　　按照德保县的观测数据，全县多年平均气温 19.5℃（黄连山片为 16℃），最冷月（1 月）平均气温 11.0℃，最热月（7 月）平均气温 25.7℃，≥10℃的年积温 5 676～6 398℃。多年平均降水 1 456.2 mm，蒸发量 1 363.6 mm，相对湿度 79.5%。

　　保护区内主要河流有通怀河和扶平河，流程 58.5 km，流域面积 572.4 km²。主要溪流有那塘、那弄、甘平、托化、达谢、六旺、六洪、念平、布巴、内站等 10 条，地下河有孟屯地下河和通怀地下河。保护区内河流均属右江水系。

　　保护区自然土壤类型：海拔 1 000 m 以上为黄壤，海拔 800～1 000 m 为黄红壤，海拔 600～800 m 为红壤，海拔 600 m 以下为赤红壤，在石灰岩出露范围分布有棕色石灰土。

（2）社区概况

根据 2002 年统计，保护区内涉及 16 个行政村，116 个自然屯，农户 3 250 户，人口 14 683 人，均为壮族。保护区周边涉及 10 个行政村，43 个自然屯，农户 1 276 户，人口 5 807 人，均为壮族。

保护区除黄连山片有 4 628.5 hm² 面积为国有土地外，其余土地为集体所有。保护区管理机构已与当地村委签订了集体林和林地共管协议，明确了双方的权利和责任。保护区内有耕地 792.5 hm²，粮食作物以水稻和玉米为主，经济作物主要为烤烟，有少量八角。人均产粮 222 kg，2002 年人均收入 974 元，低于当年全县农民人均纯收入水平（1 118 元）。

（3）野生维管束植物

已知维管束植物 197 科 705 属 1 235 种（含栽培种、变种和变型），其中野生或逸为野生的有 1 076 种，隶属 183 科 632 属。国家 I 级重点保护野生植物有德保苏铁等，国家 II 级保护野生植物有黑桫椤、桫椤、金毛狗脊、苏铁蕨、地枫皮、香樟、蚬木、任豆、榉树、蒜头果、红椿、马尾树、董棕等，其他珍稀濒危植物包括兰科植物 29 属 55 种、福建观音座莲、罗汉松、观光木、锯叶竹节树、金丝李等多种。其中，德保苏铁于 1997 年在保护区内被发现并发表后，引起了国际植物界的轰动，认为这是植物界的一重大发现，成为保护的热点。

（4）陆生野生脊椎动物

已知陆生野生脊椎动物 4 纲 25 目 82 科 269 种，其中国家 I 级重点保护野生动物有黑叶猴、林麝、蟒蛇等，国家 II 级保护动物有短尾猴、猕猴、大灵猫、小灵猫、斑林狸、原鸡、白鹇、黑冠鹃隼、蛇雕、凤头鹰、赤腹鹰、松雀鹰、雀鹰、普通鵟、红隼、燕隼、褐翅鸦鹃、小鸦鹃、草鸮、领角鸮、雕鸮、灰林鸮、领鸺鹠、斑头鸺鹠、大壁虎、虎纹蛙等，广西重点保护野生动物有黑眶蟾蜍、沼水蛙、泽蛙、金环蛇、银环蛇、眼镜蛇、眼镜王蛇等 79 种。

（5）主要保护对象

主要保护对象是北热带山地森林生态系统，德保苏铁、黑叶猴等珍稀濒危动植物及其栖息地，以及重要的水源涵养林。保护区是德保苏铁的模式标本产地，具有重要的保护价值。

（6）保护管理机构能力

保护区管理机构与黄连山林场实行"两块牌子，一套人马"的管理模式，保护区管理处编制 24 人，聘用人员 32 人。

（7）保护区功能分区

根据原自治区林业局 2004 年批准的《广西黄连山—兴旺自然保护区总体规划（2005 —2012 年）》（广西林业勘测设计院，2004），保护区核心区、缓冲区、实验区面积分别为 7 382.7 hm²（黄连山片 2 381.9 hm²，兴旺片 5 000.8 hm²）、5 480.7 hm²（黄连山片 1 575.6 hm$^2$，兴旺片 3 905.1 hm$^2$）、8 172.1 hm$^2$（黄连山片 6 015.6 hm$^2$，兴旺片 2 156.5 hm$^2$）。保护区位置与功能分区见图 3-21。

### 3.1.22　泗水河自然保护区

　　泗水河自然保护区建立于 1987 年，由林业部门管理，地处凌云县，原名为青龙山自然保护区，因与龙州县的青龙山自然保护区重名，原自治区林业局于 2001 年提出改名为泗水河自然保护区，2002 年被明确为泗水河自治区级自然保护区。2012 年完成保护区面积和界线确定，总面积 15 943.9 hm$^2$，地理坐标为东经 106°28′2″～106°48′12″、北纬 24°5′36″～24°25′58″，由百中、青龙山和汾洲 3 个片区组成。

　　（1）自然环境

　　保护区百中和青龙山片区地质属三叠系，以泥质灰岩、砂质页岩为主体，夹有碎屑岩和砂岩。这两个片区分别为低山和中山地貌，均为土山类型。汾洲片区为石灰岩山地地貌，峰丛迂回交错，群峰迭叠；由石灰岩喀斯特系二叠纪后期火山岩浆发育而成。

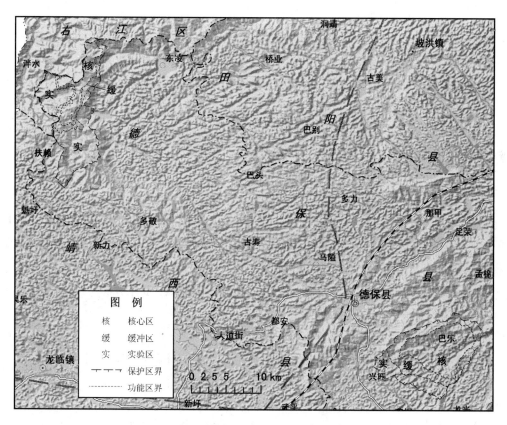

图 3-21　黄连山—兴旺自然保护区图

　　保护区属南亚热带季风气候，气候温和，光照充足，雨量充沛。多年平均气温

20℃，极端最低气温–2.4℃，极端最高气温 38.9℃，1 月平均气温 11.2℃，7 月平均气温 26.4℃，≥10℃的年平均活动积温 7 309℃。多年平均降水量为 1 734 mm，降水分配格局有较明显的时空差异，时间上主要集中在 5—10 月，空间上县境西北部降水量较多，中部次之，南部最少；年平均蒸发量 1 400 mm。

保护区内的溪流是布柳河和澄碧河的支流或水源地，保护区的森林植被对于布柳河和澄碧河的水源涵养具有十分重要的作用。

保护区的成土母岩主要有砂页岩和石灰岩，土壤类型主要有黄红壤、黄壤、红壤和棕色石灰土。黄红壤分布在海拔 800～1 200 m 地带；黄壤分布在海拔 1 000 m 以上地带；棕色石灰土分布在石山地区；红壤分布在海拔 500 m 以下的高丘深谷地带。

（2）社区概况

至 2012 年年底，泗水河保护区内的社区包括伶站乡、泗城镇、下甲乡、沙里乡等 4 个乡镇的 7 个行政村 69 个村民小组，共有居民 1 618 户 6 257 人。社区经济结构以农林种植和养殖业为主，多为资源依赖型经济发展模式。人均耕地仅为 0.9 亩，农民收入较低，社区发展较落后。

（3）野生维管束植物

泗水河保护区已知有野生维管束植物 172 科 568 属 833 种，其中蕨类植物 30 科 50 属 69 种，裸子植物 3 科 4 属 4 种，被子植物 139 科 514 属 760 种。保护区内分布有国家重点保护野生植物 10 种，其中国家Ⅰ级重点保护 1 种，即叉孢苏铁；国家Ⅱ级重点保护有黑桫椤、桫椤、金毛狗脊、苏铁蕨、任豆、蒜头果、红椿、马尾树、喜树等。

保护区主要的天然植被类型是季风常绿阔叶林、石灰岩石山常绿落叶阔叶混交林和暖性阔叶林。

（4）陆生野生脊椎动物

泗水河保护区已知有陆生野生脊椎动物 4 纲 14 目 46 科 96 种，其中两栖纲 1 目 4 科 9 种，爬行纲 2 目 7 科 10 种，鸟纲 7 目 26 科 64 种，哺乳纲 4 目 9 科 13 种。保护区分布有国家重点保护野生动物 18 种，其中国家Ⅰ级重点保护有云豹、黑颈长尾雉、蟒蛇 3 种，国家Ⅱ级重点保护有猕猴、中华鬣羚、原鸡、白鹇、凤头蜂鹰、凤头鹰、苍鹰、松雀鹰、雀鹰、红隼、褐翅鸦鹃、小鸦鹃、领角鸮、斑头鸺鹠、红翅绿鸠、大壁虎、虎纹蛙等。

（5）主要保护对象与保护价值

泗水河保护区的主要保护对象是南亚热带常绿阔叶林和石灰岩森林生态系统，以及黑颈长尾雉、蟒蛇、叉孢苏铁、蒜头果、马尾树等国家重点保护野生物种及其栖息地和生境。

保护区的森林是澄碧河的水源涵养林和发源地，是澄碧河及其下游区域的重要生态屏障，是国家重要湿地澄碧河水库湿地主要的水源之一，在保障生态安全上有着特殊的地位。

保护区位于云贵高原延伸地带和南亚热带边缘，是北热带与南亚热带、亚热带常绿阔叶林带西部半湿润区与东部湿润区的交错地带。由于地理位置的特殊性和自然条件的复杂性，保护区的植被类型和分布表现出较明显的错综复杂性，不仅保存着一定的原生性较强的亚热带东部湿润区水平基带植被类型及其山地垂直带类型，而且具有一些偏干性的森林群落，是研究桂西半湿润区和湿润区交错区植被演替的理想场所。保护区的石山区分布有较大数量的蒜头果，在局部还能形成群落的建群种，虽然桂西北为蒜头果的分布中心，但这种现象还是较罕见的。因此，应将保护区作为该物种现地保护的基地，为植物麝香的研究提供原料。

（6）保护管理机构能力

泗水河保护区的管理机构是泗水河自然保护区保护站，隶属于凌云县林业局，编制 4 人，在编 1 人；职工总人数 8 人，其中行政管理和技术人员仅 1 人，聘用工人 7 人。日常的巡护工作由林业局下设的乡镇林业站的护林员开展。

长期以来，由于经费投入不足，保护区的保护管理基础薄弱，未建设管理站点，基础设施几乎空白，也未能制定具体的管理制度，因此造成保护区常规的巡护管理、宣传、教育培训等工作不能正常开展，保护管理成效较低。

（7）保护区功能分区

根据自治区人民政府 2012 年批复的面积和界线确定方案（桂政函[2012]206 号），保护区划分核心区、缓冲区和实验区，面积分别 2 354.7 hm$^2$、3 191.0 hm$^2$ 和 10 398.2 hm$^2$。保护区位置与功能分区见图 3-22。

## 3.1.23　西岭山自然保护区

西岭山自然保护区建于 1982 年，由林业部门管理，原为西岭山水源林区，2002 年被明确为县级自然保护区，2008 年晋升为自治区级自然保护区。保护区位于富川县境内，地处广西富川县、恭城县与湖南省江永县的两省区三县交界处。地理坐标为东经 111°05′26″～111°13′53″、北纬 24°44′24″～24°59′34″，总面积 17 560 hm$^2$。

（1）自然环境

保护区地处湘、桂、粤三省交界的都庞、萌渚两岭余脉之间，在大地构造位置上位于华南加里东褶皱系中的湘桂海西期至印支期拗陷带的南东缘，属北卡界后加里东期隆起区构造单元。保护区内出露的地层有寒武系、泥盆系。经历加里东期、海西期、燕山期及喜马拉雅期等的构造运动，保护区地质构造以褶皱—北卡界复式背斜为主要构造方式。保护区山体主脉由北向南起伏绵延 30 km 以上，海拔一般为 800～1 000 m。最高峰北卡顶，海拔 1 857.7 m，是富川县最高峰，也是桂东第一峰；最低处为位于富阳镇山宝村的涝溪口，海拔 250 m。

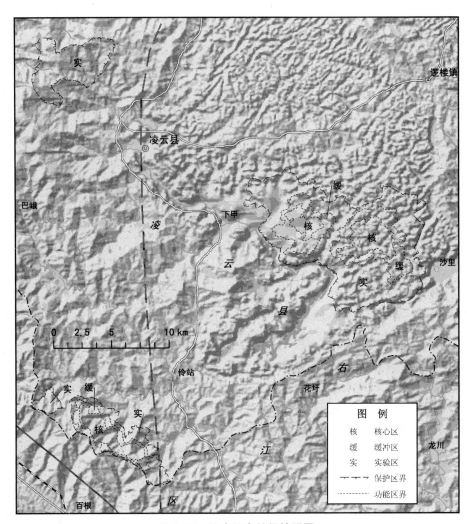

图 3-22　泗水河自然保护区图

保护区属中亚热带季风气候，多年平均气温 15.4℃，最热月 7 月平均气温 28.1℃，最冷月 1 月平均气温 8.5℃，≥10℃的年积温为 6 111℃，年降雨量 1 700~1 800 mm，相对湿度多在 80%以上，多年平均日照时数约 1 573.5 h。气候特点是光热丰富，雨量充沛，季节分明，冬寒、春暖、夏热、秋凉。

保护区地表水系发达，是龟石水库重要的水源区，是周围乃至贺州市区生产生活用水的重要来源。主要河流有涝溪河、淮南河、鸟源河、石鼓河、大源河、二九河、凤溪河、大围河、大洋溪、小洋溪和白水源等。其中，涝溪河是富江西岸最大的一级支流，发源于富阳乡涝溪山，注入富江上游的龟石水库，河长 12.6 km；淮南河是富江西岸一级支流，发源于柳家乡大湾山的山瑶田，注入富江上游的龟石水库，河长 10.25 km。

保护区自然土壤类型主要分布：海拔 1 000 m 以上为黄壤，海拔 500~1 000 m 为黄红壤，海拔 500 m 以下为红壤。

（2）社区概况

保护区内涉及富川县朝东、城北、富阳和柳家等 4 个乡镇 20 个行政村，内有 3 个乡镇 5 个行政村的 64 个自然屯，31 个村民小组，共 805 户 3 447 人，均为瑶族。2005 年年末，保护区内有耕地 64.0 hm²，粮食作物以水稻和玉米为主，人均有粮 88 kg，农民人均纯收入 1 658 元。

保护区周边涉及 4 个乡镇 15 个行政村的 108 个村民小组，共 7 252 户 32 359 人，其中瑶族 25 998 人，汉族 6 236 人，其他民族 125 人。保护区周边有耕地 2 452.9 hm²，粮食产量 13 646 t，农民人均纯收入 1 517 元。

保护区内及周边各行政村已实现村村通公路和程控电话，均设有完全小学或教学点，学龄儿童入学率为 98.0%，所涉及各乡镇均设有卫生院，各行政村均设有农村合作医疗卫生点。

（3）野生维管束植物

保护区已知野生维管束植物 175 科 665 属 1 411 种，国家Ⅰ级重点保护野生植物有红豆杉（*Taxus chinensis*），国家Ⅱ级重点保护野生植物有桫椤、金毛狗脊、柔毛油杉、福建柏、鹅掌楸、香樟、闽楠、任豆、花榈木、榉树、华南五针松、喜树等。广西重点保护野生植物有黄枝油杉（*Keteleeria davidiana* var. *calcarea*）、短萼黄连、八角莲、白桂木（*Artocarpus hypargyreus*）、银鹊树（*Tapiscia sinensis*）、青钱柳以及 22 种兰科植物。

保护区植被保护较好，北卡顶、塘肚山等多处还分布有大面积原生性较好的亮叶水青冈（*Fagus lucida*）、华南五针松林。

（4）陆生野生脊椎动物

保护区已知陆生野生脊椎动物 4 纲 26 目 86 科 165 种。国家Ⅰ级重点保护野生动物有黄腹角雉、林麝等，国家Ⅱ级重点保护野生动物有猕猴、中国穿山甲、小灵猫、斑林狸、水獭、水鹿、中华鬣羚、白鹇、红腹锦鸡、鸳鸯、黑冠鹃隼（凤头鹃隼）、松雀鹰、红隼、灰背隼、褐翅鸦鹃、小鸦鹃、草鸮、斑头鸺鹠、大鲵、细痣瑶螈、虎纹蛙等。

据考察，保护区内有黄腹角雉 200～250 只，占广西总数的 13.3%～16.7%，全球总数的 2.5%～3.1%，保护区提供了该鸟良好的生境，是黄腹角雉在广西的主要分布区。

（5）主要保护对象与保护价值

保护区的主要保护对象是中亚热带山地常绿阔叶林生态系统、黄腹角雉、华南五针松等珍稀野生动植物及其栖息地。

保护区森林覆盖率达 93.5%，河流年径流量达 17 400 万 m³，不仅是龟石水库的主要集水区，而且满足了周边 4 个乡镇 5 000 hm² 农田、20 个大小水库和 31 处中小型水电站的水源供应需求，对保障流域下游富川县城和贺州市区生产生活具有不可替代的作用。

（6）保护管理机构能力

保护区管理局内设办公室、保护科研股、社区事务股和公安派出所，下设高宅、石林、凤溪、洋溪和涝溪等5个管理站。管理处编制26人，现在编人员15人，其中专业技术人员14人，行政管理人员1人。为满足日常工作的开展，保护区制定了《西岭山自治区级自然保护区巡护管理制度》。

（7）保护区功能分区

根据原自治区林业局2008年批准的《广西西岭山自治区级自然保护区总体规划（2006—2015年）》（广西林业勘测设计院，2007），保护区核心区面积5 663 hm²，缓冲区面积5 137 hm²，实验区面积6 760 hm²。保护区位置与功能分区见图3-23。

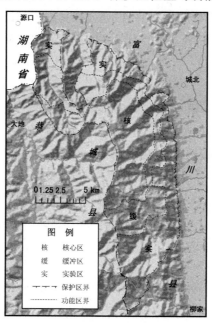

图3-23　西岭山自然保护区图

## 3.1.24　那林自然保护区

那林自然保护区建于1982年，位于博白县境内，由林业部门管理。根据广西壮族自治区发改委2001年批准的《广西壮族自治区野生动植物保护及自然保护区建设工程总体规划（2001—2030年）》（广西林业勘测设计院等，2001），那林自然保护区面积为34 737 hm²。2002年被明确为自治区级自然保护区。根据博白县林业局的管理描述，保护区地理坐标为东经109°32′～109°45′、北纬22°10′～22°19′，总面积19 890 hm²。

（1）自然环境

保护区属六万大山南端延伸地带，低山地貌，最高峰为上流峰，海拔918 m，是博白县最高峰。保护区主干山势雄奇，海拔800 m以上山峰有5座，是博白县最峻峭挺拔的山脉。

保护区地处南亚热带向北热带过渡的区域，夏长冬暖，光照时间长，气温较高，热量充足，雨量充沛，光、热、水同季，无霜期长。年平均气温 20.4～21.6℃，≥0℃年均积温达 7 655℃，≥10℃年均积温达 6 850℃，年均降雨量约 1 756 mm。

保护区主要河流有洪殿江、马江、乐明河、沙田河、佑邦河、杨桃根河和平安河等。

保护区土壤类型主要有赤红壤和潜育型、潴育型水稻土等。

（2）社区概况

保护区内涉及那林镇 9 个村，共有 27 866 人，人均耕地 0.032 hm²，人均年收入 3 800 元。

保护区周边涉及那林、江宁等 2 个乡镇 12 个村，9 401 户，共有人口 49 379 人，人均耕地 0.03 hm²，人均年收入 3 600 元。

（3）野生维管束植物

据记载，保护区内重点保护的野生植物主要有格木、观光木、紫荆木、红皮糙果茶（原名为博白大果油茶，*Camellia crapnelliana*）等。

（4）陆生野生脊椎动物

据记载，保护区重点保护的野生动物主要有巨蜥、中国穿山甲、原鸡等。

（5）主要保护对象与保护价值

主要保护对象是北热带山地森林生态系统及重要的水源涵养林。

（6）保护管理机构能力

保护区未成立专门的管理机构，由博白县林业局代管。

（7）保护区功能分区

保护区尚未完成范围和界线确定，未进行总体规划。根据博白县林业局的管理描述，保护区位置示意见图 3-24。

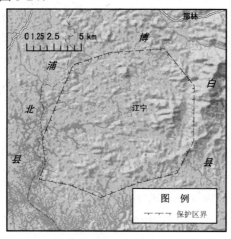

图 3-24　那林自然保护区图

### 3.1.25 青龙山自然保护区

青龙山自然保护区前身为 1982 年建立的春秀水源林区和青龙山水源林区，由林业部门管理，2002 年分别被明确为县级自然保护区，2012 年完成面积和界线确定，2013年合并建立青龙山自治区级自然保护区。保护区位于龙州县境内，地理坐标为东经106°33′25″～106°52′29″、北纬 22°22′37″～22°36′26″，总面积 16 778.6 hm²。其中青龙山片 7 529.3 hm²，春秀片 4 903.5 hm²，陇昔片 857.5 hm²，武德片 3 488.3 hm²。

（1）自然环境

保护区境内地壳褶皱断裂发育很好，地质构造复杂，以北西向构造和旋扭构造为主，出露地层有泥盆系、石炭系、二叠系、三叠系等。境内岩浆岩比较发育，主要为喷出岩，部分为侵入岩。矿产资源主要有铁、铝、钛、水晶、磷等。以喀斯特地貌为主，峰丛、洼地和谷地广布，地势北高南低，海拔通常在 300～600 m，最高峰位于武德片区"龙所山"西北侧的高地，海拔 736.5 m，最低点位于水口镇埂宜村陇内的农地间，海拔 143 m。

保护区属南亚热带季风气候，冬春微寒，夏炎多雨，秋季温凉，干湿季分明。多年平均气温为 21.6℃，最冷月 1 月平均气温 13.2℃，极端最低气温−3.0℃，最热月 7月平均气温 27.6℃，极端最高气温 40.5℃，年平均降水量为 1 400～1 550 mm，年平均相对湿度 77%～85%。全年无霜期 350 d。

保护区境内的河流均属左江水系，地表水系不发达，多以地下伏流形式存在。境内水陇河源自下冻镇布局村江港屯一带，流经棒阳、那罕、板端，至下冻镇东南汇入水口河，流程 9.9 km，流域面积 54.5 km²，年径流量 0.35 亿 m³。保护区周边河流水系众多，水口河与平而河汇合成为左江。保护区影响范围内的水库主要青龙山水库、春秀水库，两座水库的有效灌溉面积约 1 350 hm²。

保护区土壤以黑色、棕色和红色淋溶石灰土为主，广布于境内喀斯特峰林、峰丛和谷地中，其中海拔 300 m 以上主要为黑色石灰土，红色石灰土常在山顶石缝或凹地出现，300 m 以下的山坡地段多为棕色石灰土，峰丛洼地多为棕泥土和黄色石灰土。局部地带分布有由砂页岩发育成的赤红壤，谷地、低洼地通常为沼泽土和潜育化的水稻土。

（2）社区概况

保护区地跨水口镇、下冻镇、金龙镇、武德乡和逐卜乡，共 5 个乡镇 26 个村（居）委。

2011 年年末，保护区内共有村屯 13 个，406 户 1 615 人，均居住在实验区内。保护区内人均有耕地 0.2 hm²，粮食作物以水稻、玉米为主，人均有粮 152 kg。

保护区周边分布 6 个乡镇 31 个行政村 150 个村屯 7 668 户，33 409 人，人均耕地面积 0.08 hm²，人均有粮 172 kg。

保护区内与周边社区均已通路、通电，安装了固定电话，移动通信网络全面覆盖。

（3）野生维管束植物

保护区已知野生维管束植物 177 科 686 属 1 140 种，国家Ⅰ级重点保护野生植物有叉叶苏铁、石山苏铁等，国家Ⅱ级重点保护野生植物有金毛狗脊、桫椤、华南五针松、地枫皮、香樟、海南风吹楠、蚬木、海南椴、东京桐、任豆、花榈木、紫荆木、董棕等，广西重点保护野生植物有 11 科 38 属 57 种，其中兰科植物有 27 属、44 种，另有弄岗金花茶（*Camellia longgangensis*）、凹脉金花茶（*C. impressinervis*）、金丝李等 13 种。

（4）陆生野生脊椎动物

保护区已知陆生野生脊椎动物 319 种，隶属于 4 纲 23 目 80 科。国家Ⅰ级重点保护野生动物有熊猴、云豹、黑叶猴、林麝、蟒蛇等 5 种，国家Ⅱ级重点保护野生动物有猕猴、大灵猫、小灵猫、斑林狸、中华鬣羚、巨松鼠、原鸡、白鹇、黑冠鹃隼、凤头蜂鹰、黑鸢（鸢）、蛇雕、凤头鹰、褐耳鹰、赤腹鹰、松雀鹰、雀鹰、普通鵟、鹰雕、红隼、燕隼、红翅绿鸠、褐翅鸦鹃、小鸦鹃、黄嘴角鸮、领角鸮、雕鸮、灰林鸮、领鸺鹠、斑头鸺鹠、大壁虎、虎纹蛙等，广西重点保护野生动物有眼镜王蛇、八声杜鹃（*Cacomantis merulinus*）、八哥、画眉、中华竹鼠、豪猪（*Hystrix brachyura*）、果子狸、豹猫（*Prionailurus bengalensis*）、小麂等 74 种。列入 IUCN 红色名录的全球性受威胁物种有 7 种，其中巨松鼠、云豹、林麝为濒危（EN）种，黄胸鹀为易危（VU）种，熊猴、大灵猫、中华鬣羚为近危（NT）3 种。

（5）其他重要自然资源

保护区地貌主要以喀斯特峰丛、峰林和洼地、谷地为主，地形复杂多变，境内奇峰林立，怪石嶙峋，洞穴广布，自然景观别具一格，旅游资源类型丰富。

同时，由于保护区内长期聚居壮、瑶等少数民族，具有典型、独特的南壮民俗风情，民俗文化独具特色，不仅保存有较完整的壮民俗房舍，田园风光独特，并且拥有歌圩和天琴艺术等最具特色的人文旅游资源。

（6）主要保护对象与保护价值

保护区的主要保护对象是北热带石灰岩季雨林生态系统，黑叶猴、蚬木、苏铁属植物等珍稀濒危野生动植物及其生境。

保护区地处亚洲大陆和中南半岛的结合部，是生物交流的重要通道，所处的桂西南石灰岩地区是中国生物多样性保护优先区，也是中国三大植物特有现象中心之一，保护区的生物地理位置十分独特。

保护区西缘与越南社会主义共和国接壤，特殊的地理位置与丰富的生物多样性构成了维护国家生态安全的天然屏障，具有重要的生态安全和国防安全意义。

（7）保护管理机构能力

保护区管理处内设行政办公室、计划财务股、资源保护股、科研宣教股、发展事务股。下设罗回、武德、下冻 3 个管理站和 13 个管护点。

管理处编制 51 人，在编人员 6 人，其中专业技术人员 2 人，行政管理人员 2 人，工人 2 人。

保护区制定了《青龙山自治区级自然保护区巡护制度》等规章制度。

（8）保护区功能分区

根据自治区人民政府关于建立广西青龙山自治区级自然保护区的批复（桂政函 [2013]84 号），保护区核心区面积 4 079.4 hm²，缓冲区面积 3 542.6 hm²，实验区面积 9 156.6 hm²。保护区位置与功能分区见图 3-25。

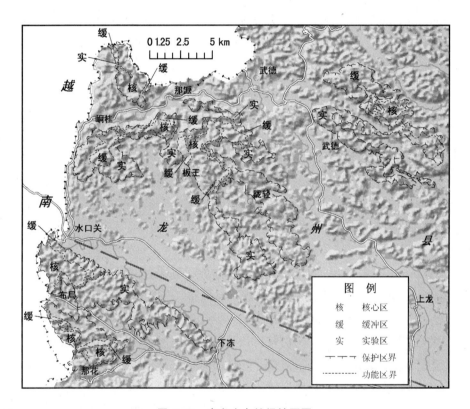

图 3-25　青龙山自然保护区图

### 3.1.26　三十六弄—陇均自然保护区

三十六弄—陇均保护区建于 2004 年，属林业部门管理的自治区级自然保护区。保护区位于武鸣县，处在大明山和西大明山之间，由三十六弄片和陇均片组成，面积 12 822 hm²。其中，三十六弄片位于东经 108°03′31″～108°08′44″、北纬 23°04′27″～23°08′10″之间，面积 2 935 hm²；陇均片位于东经 107°50′36″～107°59′42″、北纬 23°12′26″～23°19′11″之间，面积 9 887 hm²。

（1）自然环境

保护区地貌为喀斯特低山丘陵地貌，保护区范围内出露地层多以石炭纪上统的马平群，中统的黄龙组和大埔组、下统的岩关阶和大塘阶为主。海拔多介于 200～600 m，最高海拔为 708.1 m，山间宽 300～500 m，坡度 40°～80°。保护区属南亚热带季风气候，年平均气温 21.7℃，年均降水量 1 100 mm，年均蒸发量 1 777.9 mm，雨季多集中在 4—9 月。多年平均年日照 1 660.1 h，年太阳总辐射 105.71 kcal/cm²，≥10℃的年活动积温 7 300～7 500℃。

保护区特殊的喀斯特型地形地貌，使得境内地表径流缺乏，而地下水资源丰富，多以地下河及其溶洞、有水溶洞和岩溶泉等形式出露。

保护区土壤有红壤、黑色石灰土、棕色石灰土、水稻土，以及局部分布少量的紫色土等。红壤主要分布在山弄、洼地间；黑色石灰土和棕色石灰土是保护区分布的主要土壤，石灰性土壤有利于腐殖质积累；紫色土只在陇均片的局部地区有分布，土壤养分较为丰富。

（2）社区概况

根据 2003 年统计，保护区内范围内有 2 乡镇 4 村民委 33 个村民小组，共有 1 120 户，人口 5 526 人，其中劳动力有 3 465 人，外出劳动力 55 人，人口密度为 45 人/km²，民族全部为壮族。

保护区周边涉及宁武镇、玉泉乡、锣圩镇等 3 个乡镇，对林区范围内的自然资源和自然环境产生影响的周边村屯为 12 个行政村 41 个村民小组，共 2 485 户，11 232 人，民族全部为壮族。

（3）野生维管束植物

根据 2003 年综合科学考察，151 科 604 属 1 041 种（含变种、栽培变种和变型，下同），其中蕨类植物 17 科 32 属 49 种，裸子植物 5 科 5 属 7 种，被子植物 129 科 567 属 985 种，在被子植物中，双子叶植物有 111 科 442 属 790 种，单子叶植物 18 科 125 属 195 种。保护区植物区系科的构成是以热带分布科占明显优势，反映了其南亚热带向北热带过渡区植物区系的特点。

保护区共有国家重点保护野生植物 11 种，其中属国家 I 级重点保护野生植物的有石山苏铁，属于国家 II 级重点保护野生植物的有金毛狗脊、地枫皮、香樟、海南风吹楠、蚬木、海南椴、任豆、花榈木、榉树等。其中蚬木分布面积约 4 万亩，是目前广西分布面积最大、地理最北缘的蚬木林。

（4）陆生野生脊椎动物

已知陆生野生脊椎动物 4 纲 20 目 57 科 190 种，其中国家 I 级重点保护野生动物有林麝、蟒蛇等，国家 II 级保护动物有猕猴、大灵猫、小灵猫、斑林狸、黑冠鹃隼、鹊鹞、凤头鹰、赤腹鹰、松雀鹰、雀鹰、红隼、灰背隼、燕隼、褐翅鸦鹃、小鸦鹃、领角鸮、褐林鸮、斑头鸺鹠、大壁虎、虎纹蛙等。

（5）主要保护对象与保护价值

保护区主要保护对象为以石灰岩石山植被为主体的生态系统，以石山苏铁、蚬木、林麝等为主的珍稀濒危野生动植物及其栖息地。

保护区处在大明山与西大明山之间的一个宽广的低山丘陵和台地区，人为活动频繁，野生动植物受威胁大。因此，保护区对两座山脉之间的生物迁徙、转移、扩散和交流具有"蹬脚石"的作用，保护意义重大。

（6）保护管理机构能力

到 2012 年年底，保护区共有正式职工 9 人，聘用专职管护员 46 人，专业技术人员 6 人。

（7）保护区功能分区

根据原自治区林业局 2005 年批准的《广西三十六弄—陇均自然保护区总体规划（2005—2012 年）》（广西林业勘测设计院，2 004），保护区分为核心区、缓冲区和实验区等 3 个功能区，面积分别为 4 205.0 hm²、4 452.5 hm²、4 164.5 hm²。保护区位置与功能分区见图 3-26。

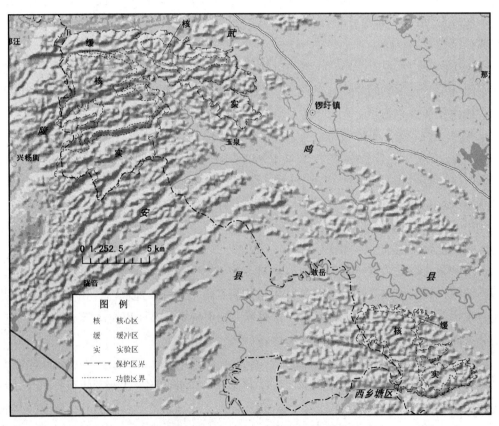

图 3-26　三十六弄—陇均自然保护区图

### 3.1.27 龙山自然保护区

龙山自然保护区位于上林县，前身是 1958 年成立的上林县三黎林场，后改名为上林县龙山林场，2003 年建立自治区级自然保护区，属林业部门管理。2005 年进行功能区调整和总体规划修编，保护区地理坐标为东经 108°30′～108°48′、北纬 23°14′～23°30′，保护区总面积 10 749 hm²，其中国有土地面积 5 366.6 hm²，集体土地面积 5 382.4 hm²。保护区分两个片区即大明山片区和东红片区，大明山片面积 8 342.3 hm²，东红片面积 2 406.7 hm²。

（1）自然环境

保护区位于大明山山脉东翼，东西、南北距离各约 30 km。保护区西北部紧邻大明山国家级自然保护区，东红片区属喀斯特岩溶山地，大明山片属土山森林。保护区从地质构造上属于大明山构造区的桂中北台大单元。大明山构造区是广西山字形构造前弧西翼的一部分，主要构造成北西向，中部除基地褶皱比较紧密外，其余较开阔。保护区出露地层的主要是寒武纪、泥盆纪和二叠纪的岩层。保护区属中山地貌，最高峰龙头海拔为 1 760 m，山脉呈西北—东南走向。保护区海拔大于 1 000 m 的山峰有 16 座。

保护区属南亚热带季风气候，年平均气温 18.1℃，年降水量 2 407 mm。

保护区所在的大明山地区是广西六大暴雨中心之一，主要河流有北仑河、东春河、大庙河、水台河、高秋河等 11 条，其中有 10 条发源于大明山林区。保护区涉及的水库有 7 座，是上林县城乃至周边村镇的主要饮用水水源地。

保护区土壤类型主要有丘陵东赤红壤、山地红壤、山地黄红壤、山地黄壤、山地灰化黄壤、山地灰化草甸土、黑色石灰土、棕色石灰土等 5 个土类的 8 个亚类和 8 个土属。

（2）社区概况

保护区涉及上林县大丰镇、明亮镇、港贤镇、澄泰乡、三里镇、覃排乡等 6 个乡镇 16 个行政村。

保护区内涉及冬春村、五村和东红村 3 个村 13 个自然屯 24 个村民小组，共有 486 户 2 257 人（2003 年统计），全部在保护区的实验区内。

保护区周边涉及上述 6 个乡镇 16 个行政村，人口 41 959 人。

保护区内及周边社区均已通电，行政村之间已有公路相通，大部分社区已经通车。

（3）野生维管束植物

保护区已知有维管束植物 202 科 662 属 1 137 种（含野生和栽培种类）。国家Ⅱ级重点保护野生植物有桫椤、金毛狗脊、福建柏、香樟、任豆、花楸木、半枫荷等，广西重点保护野生植物有脉叶罗汉松（*Podocarpus neriifolius*）、小叶罗汉松、穗花杉、香籽含笑（*Michelia gioi*）、观光木、八角莲、锯叶竹节树、小叶红豆、巴戟天、芳香石豆兰（*Bulbophyllm ambrosia*）、虾脊兰（*Calanthe discolor*）、硬叶兰（*Cymbidium mannii*）、密花石斛（*Dendrobium densiflorum*）、石仙桃（*Pholidota chinensis*）、白芨（*Bletilla striata*）等多种，其他珍稀野生植物有瓶儿小草（*Ophioglossum vulgatum*）、福建观音座莲、巢蕨（*Neottopteris nidus*）、桂南木莲、檫树（*Sassafras tsumu*）、天料木（*Homalium cochinchinense*）、华南朴等。

（4）陆生野生脊椎动物

保护区有陆生野生脊椎动物 252 种，分别隶属于 4 纲 25 目 78 科。其中，哺乳动物 62 种，鸟类 130 种，爬行动物 42 种，两栖类动物 18 种。国家Ⅰ级重点保护野生动物有熊猴、黑叶猴、豹、林麝、蟒蛇等，国家Ⅱ级保护动物有短尾猴、猕猴、中国穿山甲、大灵猫、小灵猫、斑林狸、黑熊、水獭、中华鬣羚、原鸡、白鹇、鸳鸯、褐冠鹃隼、黑冠鹃隼（凤头鹃隼）、黑鸢（鸢）、鹊鹞、凤头鹰、松雀鹰、雀鹰、苍鹰、鹰雕、白腿小隼、红隼、猛隼、褐翅鸦鹃、小鸦鹃、草鸮、领角鸮、红角鸮、雕鸮、斑头鸺鹠、大壁虎、三线闭壳龟、山瑞鳖、虎纹蛙等，广西重点保护野生动物有华南兔、赤腹松鼠、复齿鼯鼠（*Trogopterus xanthipes*）、豪猪等 78 种；被列入中国濒危动物红皮书濒危及易危的物种有 27 种。

（5）主要保护对象与保护价值

保护区主要保护对象是典型的山地森林生态系统、原生性森林植被、珍稀动植物资源及其栖息地和大明山独特的自然景观。

保护区地处珠江水系，是上林县及其下游的武鸣、宾阳等广大地区的主要水源地，是重要的水源涵养区。

（6）保护管理机构能力

保护区编制 30 人，内设办公室等内设机构 6 个、保护站 4 个。2007—2012 年，在全球环境基金（GEF）项目资助下，进行了保护区管理计划编制、保护区技术人员培训、对保护区进行确标定界、发放种子基金发展社区生活水平等工作。

（7）保护区功能分区

根据原自治区林业局 2005 年批准的《广西龙山自治区级自然保护区总体规划（2005—2015 年）》（广西林业勘测设计院，2005），保护区核心区、缓冲区和实验区等 3 个功能区面积分别为 4 432.0 hm²、2 946.7 hm²、3 370.3 hm²。保护区位置与功能分区见图 3-27。

### 3.1.28　滑水冲自然保护区

滑水冲自然保护区建立于 1982 年，原为水源林区，由林业部门管理，2002 年被明确为自治区级自然保护区。保护区位于贺州市八步区，地理坐标为东经 111°50′36″～111°56′18″、北纬 24°19′29″～24°27′37″，总面积 9 929 hm²。

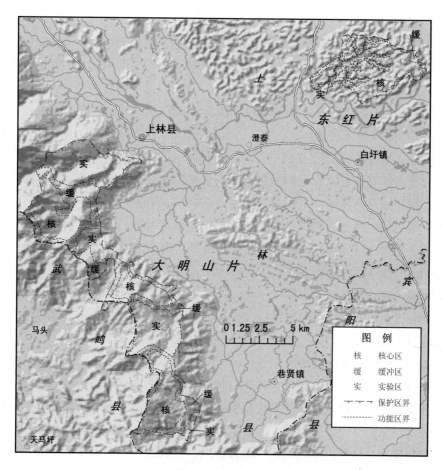

图 3-27 龙山自然保护区图

（1）自然环境

滑水冲自然保护区山地是我国南岭山脉萌渚岭的余脉，地质构造为南岭山脉萌渚岭复背斜褶皱东南面的短轴背斜，为中山地貌。地形起伏变化很大，山高坡陡，峰峻谷幽，一般海拔在 300～800 m，最高点长冲顶 1 571.2 m，地势南北高、中部低。

保护区属中亚热带山地季风气候。年平均气温 19℃，1 月平均气温为 7.5℃，7 月平均气温为 27℃，≥10℃的年活动积温为 5 193～7 003℃。年平均降水量为 1 756 mm，年均蒸发量为 1 608 mm；相对湿度 80%左右。

保护区内河流密布，都江河自东向西横贯，流入贺江支流大宁河，其流量约占大宁河的 1/3；滑水冲、三郎冲、罗败冲由南向北，冷水冲、水政冲由北向南汇入都江河。

保护区海拔 800 m 以上区域主要为花岗岩、变质砂岩、石英砂岩等发育成的山地黄壤，土层较厚；海拔 500 m 以下为泥盆纪莲花山紫红色砂岩和四排页岩发育成的亚热带酸性红壤，土层较浅薄。

（2）社区概况

至 2012 年，滑水冲保护区内分布有 2 个行政村的 5 个自然村，共 199 户 926 人。其中缓冲区内有 3 个自然村，139 户 644 人；实验区内有 2 个自然村，共 60 户 282 人。社区居民民族成分以壮族为主。社区耕地少，人均 0.9 亩，粮食产量低，社区经济收入主要来源是种植杉木和油茶；人均年收入约为 3 500 元。

（3）野生维管束植物

保护区已知有维管束植物 178 科 517 属 1 046 种，区系成分以热带和亚热带为主。保护区分布有国家 I 级重点保护野生植物伯乐树和异形玉叶金花，国家 II 级重点保护有桫椤、福建柏、凹叶厚朴、樟树、闽楠、花榈木、红椿等。

保护区的原生性植被类型是中亚热带典型常绿阔叶林，以壳斗科、樟科、山茶科和安息香科为优势群落。植被垂直带谱较明显，海拔 500 m 以下以红锥林、毛栲（*Castanopsis fordii*）林、黄果厚壳桂（*Cryptocarya concinn*a）林、碟斗青冈（*Cyclobalanopsis disciformis*）林、云贵山茉莉（岭南山茉莉，*Huodendron biaristatum*）林为主；海拔 400～700 m 以栲树林、泡花润楠（*Machilus pauhoi* 林、荷木林为主；海拔 700 m 以上以甜锥林、大叶锥栗（*Castanopsis tibetana*）林为主。

（4）陆生野生脊椎动物

保护区已知有鸟类 128 种，隶属 12 目 33 科；哺乳动物 48 种，隶属 7 目 16 科。保护区分布有国家 I 级重点保护野生动物云豹、金钱豹、林麝、黄腹角雉、蟒蛇等，国家 II 级重点保护有中国穿山甲、金猫、大灵猫、小灵猫、斑林狸、水獭、獐（河麂）、水鹿、中华鬣羚、白鹇、红腹锦鸡、绿背金鸠、黑冠鹃隼、黑翅鸢（黑尾鸢）、黑鸢、栗鸢、苍鹰、红隼、褐翅鸦鹃、小鸦鹃、山瑞鳖等。

（5）主要保护对象与保护价值

滑水冲保护区的主要保护对象为典型常绿阔叶林森林生态系统和黄腹角雉、异形玉叶金花等珍稀濒危野生动植物及其生境。

保护区是贺州市八步区重要的水源林区，森林茂密，水源涵养作用明显，犹如一个天然的水库，对下游地区农田灌溉及贺江水源补充起着重要的作用。同时，保护区处于华东、华中、华南、滇黔桂等植物区的交汇处，属于过渡地带，是桂东南地区保存较好的中亚热带森林，为野生动植物提供良好的生境，在生物多样性保存方面起着重要的作用，并且在植物群落演替方面具有科学研究价值。

（6）保护管理机构能力

滑水冲保护区的管理机构是滑水冲自然保护区管理站，隶属贺州市八步区林业局。保护内设有公安局滑水冲自然保护区派出所和 5 个护林站。至 2012 年，保护区共有职工 24 人，其中管理人员 4 名，技术人员 1 名，公安人员 3 名，护林员 14 名，其他人员 2 名。

保护区管护基础设施缺乏，管理站为无房、无电、无通讯的"三无站"，影响日常保护管理工作的开展。保护区内的集体土地约占总面积的 47%，近年来，集体林存在较严重的毁林开荒、盗伐林木的现象，社区大面积发展人工林，尤其是杉木林。由于管理权限的问题，管理站对这部分土地管理的难度相当大。社区发展与保护区管理的矛盾，严重影响了保护区的管护成效，是亟待解决的主要问题。

（7）保护区功能分区

根据原自治区林业局 2003 年批准的《广西滑水冲自治区级自然保护区总体规划（2003—2010 年）》（广西林业勘测设计院，2003），保护区划分核心区、缓冲区和实验区，面积分别为 5 348 hm²、2 648 hm² 和 1 933 hm²。保护区位置与功能分区见图 3-28。

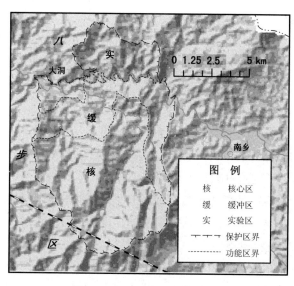

图 3-28　滑水冲自然保护区图

### 3.1.29　五福宝顶自然保护区

五福宝顶自然保护区建立于 1982 年，原为水源林区，由林业部门管理，2002 年被明确为自治区级自然保护区，2012 年完成面积和界线确定。保护区位于全州县西北部的才湾镇，总面积 8 349.3 hm²，分为南、北部 2 个片区，北部片区地理坐标为东经 110°5 1′38″～110°5 5′58″，北纬 26°10′8″～26°13′57″，面积 3 035.7 hm²；南部片区地理坐标为东经 110°43′59″～110°51′13″、北纬 25°59′12″～26°8′59″，面积 5 313.6 hm²。

（1）自然环境

保护区山地属越城岭山脉东侧，母岩为加里东运动花岗岩侵入隆起的陆地，地层单一，构造简单，岩石矿物成分主要为长石和石英。保护区内最高峰真宝顶海拔 2 123.4 m，为越城岭山脉的第二高峰，也是广西第二高峰。真宝顶山体大，山坡陡，沟谷深，相对高差达 1 805 m。

保护区属中亚热带季风气候区，气候温和。年平均气温 17.9℃，1 月平均气温 6.5℃，7 月平均气温 28.6℃，≥10℃的年活动积温为 5 800℃。年平均降水量为 2 254 mm，雨季为 3—8 月，平均相对湿度达 85%。

保护区内沟谷溪流较多，主要有五福河、南洞河、驿马河、大西江、正源河等，是湘江支流才湾河与绍水河的发源地。

保护区的土壤主要由花岗岩发育而成，土壤类型有红壤、山地红壤、黄红壤、山地草甸土等。红壤主要分布在海拔 400 m 以下的区域；海拔 400～800 m 的地带为山地红壤或黄红壤；海拔 800～1 600 m 地带为山地黄壤；海拔 1 800 m 以上的区域分布着山地草甸土。

（2）社区概况

保护区内无居民分布，周边涉及才湾镇的新村、五福、紫岭、南洞等 4 个行政村 32 个自然村，有人口 415 户 1 658 人。社区经济以农林种植业为主，农作物主要是水稻和玉米；林产品主要是木材和药材。社区农民年人均收入约 2 500 元。

（3）野生维管束植物

保护区尚未开展详细的资源考察，无法获知野生动植物资源的具体状况。但根据初步调查的结果，保护区内分布的野生维管束植物约有 1 000 种，包含国家重点保护野生植物南方红豆杉、华南五针松、凹叶厚朴、鹅掌楸、闽楠、任豆、榉树、喜树等。

保护区的地带性植被是中亚热带常绿阔叶林，主要植被类型有典型常绿阔叶林、亚热带落叶阔叶林、中山常绿落叶阔叶混交林、山顶矮林等。

（4）陆生野生脊椎动物

根据文献资料和初步调查结果，五福宝顶保护区分布有陆生野生脊椎动物约 200 种，包含国家Ⅰ级重点保护野生动物云豹、白颈长尾雉、林麝、蟒蛇等，国家Ⅱ级重点保护野生动物短尾猴、猕猴、中国穿山甲、大灵猫、小灵猫、斑林狸、水獭、黑熊、红腹角雉、红腹锦鸡、地龟、大鲵、虎纹蛙等。

（5）主要保护对象与保护价值

保护区的主要保护对象是以典型常绿阔叶林和常绿落叶阔叶混交林为代表的亚热带森林生态系统和白颈长尾雉、云豹、林麝、南方红豆杉等国家重点保护野生动植物种群，以及迁徙候鸟及其栖息地。

保护区内保存较完好的森林生态系统是野生动植物特别是珍稀濒危物种良好的栖息地和生境，并且保护区是桂北地区候鸟迁徙的重要通道之一，具有生物多样性的重要价值。同时，保护区的森林植被是桂北地区重要的水源涵养林，是湘江上游地区生态安全的重要屏障。

（6）保护管理机构能力

保护区管理机构是五福宝顶自然保护区保护站，隶属于全州县林业局。至 2012 年，保护区有编制人员 8 人，其中管理人员 2 人，科技人员 6 人。

保护区自建立以来，由于经费投入不足，专业人员缺乏，保护管理基础设施几乎空白，在较大程度上制约了保护区的管护成效。

（7）保护区功能分区

根据自治区人民政府 2012 年批准的面积和界线确定方案（桂政函[2012]206 号），保护区位置见图 3-29。

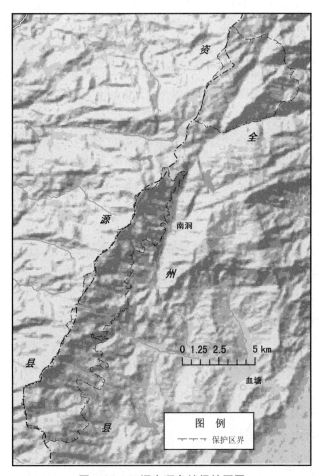

图 3-29　五福宝顶自然保护区图

### 3.1.30　下雷自然保护区

下雷自然保护区建于 1982 年，位于大新县，原为下雷水源林区，由林业部门管理。1994 年大新县人民政府将保护区管理范围扩大到 63 892 hm²，2002 年被明确为自治区级自然保护区，2008 年完成范围调整和总体规划。保护区地理坐标为东经 106°42′23″～107°01′46″、北纬 22°42′34″～22°58′42″，总面积 27 185 hm²，分为两个片区，其中德天片区 2 314 hm²，下雷—硕龙片区 24 871 hm²。

（1）自然环境

保护区所处地域由距今约 5 亿年的下古代早期地质演变而成，地史古老，出露地层有寒武系、泥盆系、石炭系、二叠系和第四系。境内多属喀斯特地貌，以峰丛洼地、峰林谷地为主，石山区面积 262.34 km²，占保护区面积的 96.5%。境内地势西北高、东南低。海拔一般在 500～700 m，相对高度 100～300 m，最高峰位于下雷镇信隆村百光屯，海拔 850 m，最低处位于那岸电站附近的黑水河谷，海拔 170 m。

保护区属南亚热带湿润气候区（生物气候带属北热带）。受东南季风影响明显，夏季炎热，冬季温暖，无霜期平均为 344 d。多年平均年日照 1 595.8 h，年平均气温 21.3℃，1 月均温 12.9 ℃，极端低温-2.2℃，7 月均温 27.6℃，极端高温 39.8℃，≥10℃的年活动积温 7 380.9℃。多年平均降水量 1 300～1 500 mm，年均蒸发量为 1 644 mm，相对湿度 79%。

保护区地表水系不发达，境内的河流主要有归春河、下雷河和黑水河。归春河发源于靖西县新圩乡枯庞村，流入越南后，又转回靖西县境内，著名的德天跨国瀑布就位于归春河上。归春河与下雷河均属黑水河支流，在念底屯汇合成黑水河，向东到崇左市境内注入左江，属珠江水系。保护区地下水系发达，主要有伏茗—下雷巴贺地下河和仁寿、吞屯—下雷街地下河等。

保护区内石灰岩区域的土壤以黑色淋溶石灰土和棕色、红色淋溶石灰土为主；土山区域的土壤为砂页岩发育成的赤红壤和山地红壤。

（2）社区概况

保护区地跨大新县的下雷镇、硕龙镇、雷平镇、堪圩乡、宝圩乡和那岭乡等 6 个乡镇。

2005 年年末，保护区内涉及 18 个行政村 75 个村民小组共有居民 1 688 户，8 002 人，全部为壮族，其中核心区内有居民 220 户 1 105 人，缓冲区内有居民 251 户 1 057 人，实验区内有居民 1 217 户 5 840 人。人均耕地面积 0.104 hm²，粮食作物以玉米、水稻为主，人均有粮 481 kg。

保护区周边涉及 6 个乡镇 18 个行政村 107 个村民小组，3 377 户 15 357 人，全部为壮族，人均有耕地面积 0.087 hm²，人均有粮 463 kg，粮食作物以水稻和玉米为主。

保护区内与周边的行政村均已通路、通电，安装了固定电话，社区已普及九年制义务教育，乡镇内均设有初中，行政村设有小学。

（3）野生维管束植物

保护区已知野生维管束植物 182 科 637 属 1 069 种，国家 I 级重点保护野生植物有石山苏铁，国家 II 级重点保护野生植物有桫椤、金毛狗脊、短叶黄杉、地枫皮、香樟、海南风吹楠、海南椴、蚬木、任豆、榉树、蒜头果、香果树、董棕等。另分布兰科植物有 40 属 92 种，以及金丝李、肥牛树、海南大风子、顶果木（*Acrocarpus fraxinifolius*）、白桂木、火麻树、扣树（苦丁茶，*Ilex kaushue*）、显脉金花茶（*Camellia euphlebia*）、凹脉金花茶、龙州金花茶（*Camellia lungzhouensis*）、野生荔枝（*Litchi chinensis* var. *euspontanea*）等珍稀植物。

保护区的原生性基带植被是北热带石灰岩石山季雨林和北热带季雨林，植被类型十分丰富，天然植被分为 4 个植被型组、7 个植被型和 25 个群系。

（4）野生脊椎动物

保护区已知陆生野生脊椎动物 238 种，隶属于 4 纲 26 目 82 科。国家 I 级重点保护野生动物有熊猴、黑叶猴、云豹、林麝、蟒蛇等，国家 II 级重点保护野生动物有猕猴、中国穿山甲、大灵猫、小灵猫、斑林狸、中华鬣羚、巨松鼠、原鸡、白鹇、海南鳽、凤头蜂鹰、黑翅鸢、蛇雕、凤头鹰、褐耳鹰、松雀鹰、雀鹰、普通鵟、红隼、燕隼、褐翅鸦鹃、小鸦鹃、草鸮、领角鸮、领鸺鹠、斑头鸺鹠、长尾阔嘴鸟、蓝背八色鸫、大壁虎、虎纹蛙等，广西重点保护野生动物有变色树蜥、钩盲蛇、金环蛇、银环蛇、眼镜蛇、八哥、画眉等 65 种。红头长尾山雀云南亚种（*Aegithalos concinnus* sub sp. *talifuensis*）为广西新记录种。

保护区是全球最濒危 30 种鸟类之一的海南鳽的重要栖息地，是具有全球意义的重要鸟区。

（5）主要保护对象与保护价值

保护区的主要保护对象是北热带岩溶森林生态系统，黑叶猴、熊猴、蚬木、石山苏铁和兰科植物等珍稀物种及其生境。

保护区地处中越边境，属中国生物多样性保护优先地区和中国三大植物特有现象中心，具有全球保护价值以及重要的国防安全和生态安全意义。

（6）保护管理机构能力

保护区管理处内设综合办公室、资源保护股、科研宣教股、发展事务股和公安派出所，下设下雷、德天、明仕 3 个保护管理站，以及 12 个管护点。

管理处编制 24 人，现在编人员 3 人，其中专业技术人员 1 人，行政管理人员 1 人，工人 1 人，为保障日常工作开展，保护区制定并实施了《下雷自治区级自然保护区巡护管理制度》。

（7）保护区功能分区

根据自治区人民政府批准范围调整（桂政函[2008]24 号），保护区核心区面积 8 168 hm²，缓冲区面积 5 242 hm²，实验区面积 13 775 hm²。保护区位置与功能分区见图 3-30。

## 3.1.31 姑婆山自然保护区

姑婆山自然保护区建于 1982 年，由林业部门管理，2002 年被明确为自治区级自然保护区。保护区地处贺州市平桂管理区境内，位于东经 111°30′30″～111°37′30″、北纬 24°34′26″～24°42′05″之间，总面积 6 549.6 hm²。

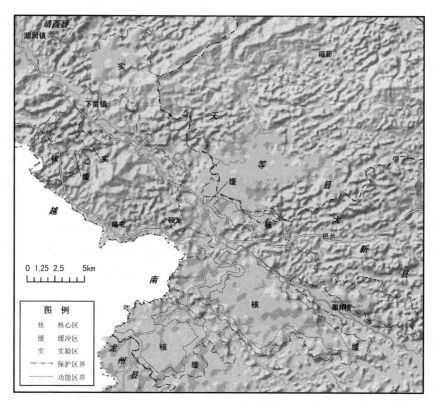

图 3-30　下雷自然保护区图

（1）自然环境

保护区范围在地质构造上属于华南加里东褶皱系，位于粤桂海西—印支期凹陷带的南东边缘，粤桂向云开加里东隆起带的北东端。地壳曾发生多次构造运动，地质构造复杂，计有加里东期、海西期、印支期、燕山期及喜马拉雅期等，而以加里东期、印支期及燕山期构造运动最为强烈，使地层产生褶皱隆起或断裂，构造较为复杂。境内地层发育较为齐全，出露的地层有元古界的丹州群及震旦系，古生界的寒武系、泥盆系、石炭系和二叠系，中生界的侏罗系和白垩系，新生界的第四系等，出露最多的是古生界的寒武系和泥盆系。

保护区地处萌渚岭南端，属中山地貌，山岭绵延，地形起伏大。地势东北高、西南低，东北—西南走向，天堂顶（1 846.0 m）、姑婆山（1 730.9 m）、笔架山（1 515.4 m）构成主体山脉。一般相对高差 600～800 m，山高坡长且险峻。坡度 35°以上的地段，多见岩石裸露。

保护区地处中亚热带气候区，根据贺州市气象局历年气象观测资料，保护区多年平均气温 18.2℃（其中姑婆山顶多年平均气温 10℃），极端最高温 38.9℃，极端最低温 −4.0℃，≥10℃ 的年活动积温 6 643℃。多年平均降雨量 1 704 mm，相对湿度在 80%以上。春季多雨雾、风较大，尤其在夏季，因南部海洋暖湿气流的影响，常在姑婆山构成山前的大量锋面雨，冬季有短期的霜冻和雨淞。多年平均无霜期 299 d。

保护区内有名字的河溪共 14 条，其中以仙姑溪、仙女溪、十八水溪、姑婆江、大同冲溪、马鞍冲溪流量较大。东面大同冲溪、马鞍冲溪汇入里松河，西面仙姑溪、仙女溪等汇成姑婆江。姑婆江长 19 km，最大流量 86 m³/s，最小流量 0.8 m³/s，流域面积 56 km²。姑婆江与十八水溪汇成江华水江，最后汇入里松河。保护区是珠江一级支流贺江的源头，是八步区里松、黄田、莲塘和钟山县望高等乡镇的主要水源地，年总径流量 7 150 万 m³。

保护区成土母岩以花岗岩为主，局部为砂页岩和变质岩，地带性土壤为红壤，土壤垂直分异明显，500 m 以下为红壤，500～800 m 为黄红壤，800 m 以上为黄壤。

（2）社区概况

根据 2011 年数据，保护区周边分布有 2 个镇 5 个村 125 个村民小组，共 3 719 户，人口总计 14 875 人，其中瑶族人口 2 023 人，占 13.6%。保护区内无居民居住。

保护区涉及的里松镇和黄田镇农民人均纯收入 4 752 元，基本与贺州市农民人均收入持平。保护区内无耕地。保护区周边虽人均耕地不多，但粮食基本自给，人均粮食产量 267.8 kg。周边涉及各村均已通路、通电，安装了固定电话。

（3）野生维管束植物

保护区已知野生维管束植物 179 科 592 属 1 083 种，其中蕨类植物 55 种，裸子植物 8 种，被子植物 1 020 种。保护区分布有国家 Ⅱ 级重点保护野生植物桫椤、金毛狗脊、华南五针松、福建柏、香樟、闽楠、胡豆莲（Euchresta japonica）、花榈木、红椿等；广西重点保护野生植物 28 种，其中有 12 属 19 种兰科植物；广西特有种 6 种。保护区植物种类较丰富，具有较强的热带性质，地理成分多样性复杂，起源古老、子遗植物丰富，特有现象明显。

（4）陆生野生脊椎动物

保护区已知陆生野生脊椎动物 183 种，隶属于 4 纲 26 目 62 科。其中，两栖类 20 种，爬行类 32 种，鸟类 105 种，哺乳类 26 种。保护区内国家 Ⅰ 级重点保护野生动物有黄腹角雉、鳄蜥、林麝等，国家 Ⅱ 级重点保护野生动物包括中国穿山甲、小灵猫、斑林狸、水獭、中华鬣羚、白鹇、鸳鸯、黑冠鹃隼、凤头鹰、松雀鹰、红隼、褐翅鸦鹃、小鸦鹃、草鸮、领角鸮、领鸺鹠、斑头鸺鹠、虎纹蛙等，广西重点保护野生动物 68 种；列入 CITES 附录 Ⅰ 的物种有黄腹角雉、斑林狸和中华鬣羚 3 种，CITES 附录 Ⅱ 物种有 7 种。保护区内鳄蜥和黄腹角雉分布范围十分狭窄、极具保护价值，前者仅在广西和广东有发现，且模式产地在广西；后者的广西亚种也仅见于广西和邻近的湖南。

（5）其他重要自然资源

保护区景观资源丰富，自然景观包括天象、地文、水体和森林资源，人文景观包括方家茶园、仙姑庙、马古槽古道等。保护区分布连片的原生性森林，主要位于仙姑溪景区姑婆肚腹心深处 1 600 m 以上的山地地带，部分分布于沟谷，面积为 300 hm²。

由于地处纬度和海拔较高，南方罕见的雪景、雾凇和冰挂在此都可以看到。

（6）主要保护对象与保护价值

主要保护对象是中亚热带常绿阔叶林森林生态系统、珍稀濒危野生动植物及其生境和丰富的生态旅游资源。保护区位于中国 35 个生物多样性保护优先区域之一的南岭地区的萌渚岭南端，保护着丰富的物种资源和珍稀濒危动植物，拥有典型的中亚热带常绿阔叶林生态系统，垂直带谱完整，具有重要的保护价值。同时，保护区是珠江一级支流贺江的源头，对当地和珠江流域的水土涵养、水土保持等具有重要作用。此外，保护区旅游开展良好，是国家西部旅游线广西段的重要组成部分，经济效益显著。

（7）保护管理机构能力

保护区与广西姑婆山国家森林公园为一体，管理机构设置包括办公室、财务科、保护科、项目办、工程科、外联科、市场科、保安部、园容部、观光车队、派出所等职能部门，下设大同冲、和平冲等 2 个管理站。保护区核编 90 人，实际在岗人员 121 人，其中有编制的 63 人。在岗人员中，行政管理人员 22 人（含公园的二级管理人员），专业技术人员 30 人，工人 69 人，技术人员比例接近 25%。保护区大学以上学历 1 人，大学学历 13 人，大专学历 38 人。

保护区制定了《姑婆山自然保护区管理暂行规定》以及其他一系列的规章和制度，如《组织部门工作职能及职责标准》、《劳动纪律及奖惩规定》、《管理目标责任状》等。保护区制定了岗位责任制，落实了护林员巡山护林制度，开展日常巡护。此外，保护区已开展了部分常规科学研究，建成广西师范大学教育科研实习基地、贺州学院实习实训基地，并与中南林业科技大学、贺州学院、广西大学林学院、广西植物研究所等合作开展了植物分类、生态文化解说系统研发等项目。保护区注重宣传，加强对周边群众的保护与防火宣传，加强新闻媒体和舆论宣传，中央电视台、广东卫视、南方卫视、广西卫视、贺州电视台等先后到保护区考察、采访、录制节目。另外，保护区是贺州科学技术协会的科普活动中心、广西青少年科技教育基地、广西科普教育基地、全国生态文化教育基地试点项目等。

（8）保护区功能分区

根据自治区林业厅 2012 年批准的《广西姑婆山自然保护区总体规划（2012—2020年）》（广西林业勘测设计院，2012），保护区分为核心区、缓冲区和实验区 3 个功能区，面积分别为 2 378.0 hm²、2 071.6 hm² 和 2 100.4 hm²。其中实验区以开发生态旅游为主。保护区位置与功能分区见图 3-31。

### 3.1.32  底定自然保护区

底定自然保护区成立于 1986 年，前身为靖西底定水源林管护场，由林业部门管理，2002 年被明确为自治区级自然保护区，2012 年完成面积和界线确定。保护区位于靖西县境内，地理坐标为东经 105°56′28″～106°2′28″，北纬 23°2′2″～23°8′35″，总面积 4 907.4 hm²。

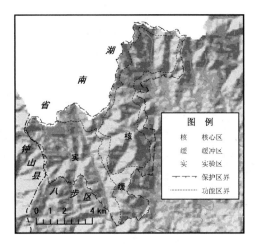

图 3-31　姑婆山自然保护区图

（1）自然环境

底定保护区地层为三叠纪砂岩间夹泥灰岩形成土山，地貌类型以石灰岩山地为主，境内山脉由北向南走向。

保护区属南亚热带季风气候区，年平均气温 21℃，极端低温−5℃，极端高温 38℃。多年平均降雨量 1 760 mm，雨季为 5—9 月；年蒸发量约 1 680 mm。相对湿度在 80%以上。日照时数较少，年日照时数约在 1 850 h。风力弱。

保护区内有 8 条溪流汇集成坡江，流经底定村后潜入地下暗河，然后从新圩乡庞凌村涌出，形成庞凌河，是左江的源头之一。

（2）社区概况

底定保护区位于靖西县西部的南坡乡境内，涉及 8 个行政村 47 个自然村，其中有 10 个自然村位于保护区内，人口 1 200 多人。

当地社区的经济结构以农业为主，人均耕地 0.9 亩，农作物以玉米和水稻为主，人均收入低，社区发展较落后。

（3）野生维管束植物

底定保护区尚未开展详细的植物资源考察，但根据文献资料和初步调查结果，保护区植物种类丰富，分布有桫椤、地枫皮、短叶黄衫、大叶木莲、蚬木等国家重点保护野生植物。

保护区的地带性植被是南亚热带季雨林和石灰岩石山季雨林。

（4）陆生野生脊椎动物

根据 2004 年香港嘉道理农场暨植物园组织的生物多样性快速评估，共记录了 149 种陆生野生脊椎动物，其中两栖类 18 种，爬行类 13 种，鸟类 85 种，哺乳类 33 种。2007 年莫运明等调查统计保护区已知两栖爬行动物 45 种，隶属 33 属 13 科，其中，两栖动物 22 种，隶属于 14 属 6 科；爬行动物 23 种，隶属于 19 属 7 科。现有资料表明，保护区分布有国家重点保护野生动物林麝、蟒蛇、猕猴、云豹、黄腹角雉、大壁虎、虎纹蛙等多种。

（5）主要保护对象与保护价值

底定保护区的主要保护对象是桫椤群落及其生境、南亚热带季雨林和石灰岩石山季雨林生态系统。

底定保护区被誉为"桫椤王国"，分布着迄今为止发现的世界上面积最大、数量最多、密度最高、分布海拔最高的桫椤种群。保护区的桫椤种群集中分布有 1 000 多 hm²，共有 6 万多株，生境保存较完好，具有重要的科学研究价值。

（6）保护管理机构能力

底定保护区管理机构是底定自然保护区管理处，隶属靖西县林业局。至 2012 年，保护区人员编制 14 人，其中在编人员 8 人，聘用 6 人；专业技术人员 2 人。

（7）保护区功能分区

根据自治区人民政府 2012 年批准的面积和界线确定方案（桂政函[2012]206 号），明确了保护区的范围和界线。根据《广西底定自治区级自然保护区面积和界线确定方案》，保护区初步设想划分三个功能分区，面积分别为：核心区 1 031.0 hm²、缓冲区 1 028.2 hm²、实验区 1 948.2 hm²。保护区位置与功能初步分区见图 3-32。

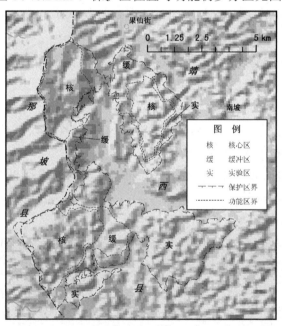

图 3-32　底定自然保护区图

### 3.1.33　三匹虎自然保护区

三匹虎自然保护区建于 1982 年，由林业部门管理，根据《广西自然保护区》（广

西壮族自治区林业厅，1993）的描述以及《广西壮族自治区自然保护区发展规划
（1998—2010）》（广西壮族自治区环保局等，1998），保护区面积为 3 105.1 hm²。2002
年被明确为自治区级自然保护区，保护区地跨南丹、天峨两县，地处东经 107°11′15″～
107°15′53″、北纬 25°03′56″～25°08′37″之间。

（1）自然环境

保护区位于云贵高原南缘，凤凰山西北部，主峰三匹虎岭，海拔 1 356.3 m，境内一
般海拔在 800 m 以上，相对高差 300～500 m，属中山地貌。中段高，南北段低，山脉南
北走向，山体起伏不大，但地形复杂，坡度多在 30°～40°，形成了众多沟壑，汇集成河
流入红水河。属中亚热带季风气候，年平均气温 16.9℃，最冷月（1 月）平均气温 7.2℃，
极端最低气温-2.9℃；最热月（7 月）平均气温 24.7℃，极端最高气温 31℃，≥10℃年
活动积温 5 226.7℃，年降水量 1 482.2 mm，年相对湿度 85%。

保护区土壤有砂岩、页岩和砂页岩风化发育而成的山地红壤、黄红壤、黄壤，表
土层深厚，质地疏松，有机质含量丰富，肥力较高。

（2）社区概况

保护区范围涉及天峨县六排镇、坡结乡和南丹县罗富乡，保护区内没有村民小组，
保护区周边涉及 3 个乡镇 4 个行政村，共 21 个村民小组，按照 2013 年统计有农户 2 238
户，人口 11 539 人，壮族人口 5 790 人，劳动力 7 355 人，外出劳动力 3 262 人，分属
壮、汉、瑶族，以壮族为多，占总人口的 50.2%。

（3）野生维管束植物

保护区已知维管束植物 197 科 696 属 1 348 种，其中野生维管束植物 188 科 621
属 1 229 种，热带性质明显，以泛热带分布、热带亚洲分布、旧世界热带分布科属为主。
中国特有属有青檀属（*Pteroceltis*）、大血藤属、银鹊树属、通脱木属等。国家Ⅱ级重
点保护野生植物有桫椤、金毛狗脊、篦子三尖杉、鹅掌楸、闽楠、任豆、半枫荷、红
椿、马尾树，广西重点保护野生植物有观光木、粘木（*Ixonanthes reticulata*）、蝴蝶果、
小叶红豆、银鹊树等。

（4）陆生野生脊椎动物

已知陆生野生脊椎动物 4 纲 30 目 91 科 378 种。其中，两栖类 19 种，爬行类 55
种，鸟类 242 种，兽类 62 种。国家Ⅰ级重点保护野生动物有云豹、林麝、黑颈长尾雉
等；国家Ⅱ级重点保护野生动物有猕猴、中国穿山甲、斑林狸、大灵猫、小灵猫、黄
喉貂（*Martes flavigula*）、中华鬣羚、黑鸢、蛇雕、凤头鹰、赤腹鹰、松雀鹰、雀鹰、
白腿小隼、红隼、燕隼、原鸡、白鹇、褐翅鸦鹃、小鸦鹃、草鸮、领角鸮、褐林鸮、
领鸺鹠、斑头鸺鹠、长尾阔嘴鸟、仙八色鸫、虎纹蛙等。

（5）主要保护对象与保护价值

主要保护对象是中亚热带原生性常绿阔叶林，珍稀濒危野生动植物及其栖息地。
保护区处中亚热带常绿阔叶林地带，保护区内保存得较好的连片原生常绿阔叶林，

长期以来作为水源林培植和保护，为周边及下游地区提供了清洁而稳定的工农业生产用水和饮用水源，同时也是野生动物天然的栖息地和隐蔽场所，对保护生物多样性、维持生态平衡、涵养水源、调节气候具有重要意义，是科学研究、教学和生产不可多得的宝贵基地。

（6）保护管理机构能力

保护区管理处设行政办公室、保护科、宣教科等6个管理部门，现有职工14人，其中管理人员9人，具大学文化8人，中级职称技术人员2人，聘用护林员3人。

（7）保护区功能分区

保护区尚未开展总体规划，未进行功能分区。根据《广西自然保护区》（广西壮族自治区林业厅，1993）的描述，保护区范围示意见图3-33。

图3-33　三匹虎自然保护区图

### 3.1.34　大哄豹自然保护区

大哄豹自然保护区最早由隆林县人民政府于1982年批准建立，之后，自治区人民政府一直没有明确该保护区的地位。直至2004年，隆林县人民政府启动自然保护区建立申报工作，2005年自治区人民政府批准建立大哄豹自治区级自然保护区，由林业部门管理。保护区位于隆林县境内，地处东经105°09′40″～105°14′18″、北纬24°57′30″～24°59′54″，面积为2 035 hm²。

（1）自然环境

保护区地处云贵高原东南缘，地处南盘江边地、天生桥二级水电站大坝下游，属中山喀斯特地貌，轻度割切沟发育，岩层由三叠系灰岩构成。区内尖峰密集，群峰间常有深陷数百米，为倒锥形的圆岽，颇为壮观。海拔多介于1 000～1 400 m，最高海拔为1 507.8 m，1 000 m以上的山峰有30余座，最低海拔桠权屯附近475.0 m。

保护区属南亚热带季风气候，受南北信风和西南季风双重影响，表现为半湿润气候特征。年平均气温 15.5℃，年均降水量 1 400 mm，年均蒸发量 1 495 mm，雨季多集中在 5—10 月。多年平均年日照 1 763.9 h，≥10℃的年活动积温 4 700～5 200℃。

南盘江从西、北、东三面环绕保护区，流经保护区北部边缘，境内无地表径流，但地下水资源较丰富，有祥播、绿阴塘 2 条地下河，均流入南盘江。

保护区土壤均为棕色石灰土。表土层 2～13 cm，为棕灰色至暗棕色，质地为重壤土至黏土，核状结构，稍紧，土层中植物根系较多；心土层 10～50 cm，棕色至淡棕色，质地为轻黏土至黏土，块状或柱状结构，紧实，土层中植物根系少。

（2）社区概况

根据 2006 年统计，保护区内涉及桠权镇 2 个行政村，10 个自然屯，共 292 户 1 235 人，其中在实验区内有 214 户共 912 人，在缓冲区内有 78 户共 323 人，在核心区内无居民。

保护区周边涉及桠权镇和天生桥镇的 4 个行政村，27 个村小组，904 户 4 049 人。

（3）野生维管束植物

根据 2004 年综合科学考察，保护区面积只有 20 km²，却有已知维管束植物 148 科 460 属 748 种（含变种、栽培变种和变型），其中蕨类植物 13 科 24 属 39 种，裸子植物 5 科 7 属 9 种，被子植物 130 科 429 属 700 种。在被子植物中双子叶植物 115 科 348 属 590 种，单子叶植物 15 科 81 属 110 种。物种丰富度为 36.8 种/km²，为我国高海拔岩溶地区物种最为丰富地区之一。保护区植物区系的热带性质和岩溶特性十分明显。

已知国家Ⅰ级重点保护野生植物有贵州苏铁（*Cycas guizhouensis*）1 种，国家Ⅱ级保护植物有地枫皮、任豆、榉树、红椿、香果树等，另有兰科植物 15 属 27 种。

（4）陆生野生脊椎动物

已知陆生野生脊椎动物 4 纲 23 目 75 科 232 种，其中国家Ⅰ级重点保护野生动物有黑叶猴、黑颈长尾雉、金雕、林麝、蟒蛇等，国家Ⅱ级保护动物有猕猴、大灵猫、小灵猫、斑林狸、中华鬣羚、中华斑羚、白鹇、白腹锦鸡、黑冠鹃隼、蛇雕、凤头鹰、赤腹鹰、松雀鹰、雀鹰、白腿小隼、红隼、燕隼、褐翅鸦鹃、小鸦鹃、领角鸮、灰林鸮、领鸺鹠、斑头鸺鹠、长尾阔嘴鸟、虎纹蛙等。特别是，黑颈长尾雉在石灰岩地区分布属首次发现，而黑叶猴则由于远离主要分布区——桂西南地区，与桂西南种群形成地理分隔就显得特别重要。

（5）主要保护对象与保护价值

保护区主要保护对象是亚热带岩溶森林生态系统，黑叶猴桂西北种群等珍稀濒危动植物及其栖息地。

保护区与贵州省的安龙县隔江相望，是广西分布海拔较高、地理分布最西的岩溶森林生态系统类型的保护区。保护区集中连片的岩溶森林在南亚热带上高海拔岩溶地区少见，并与中亚热带上的木论国家级自然保护区、北热带上的弄岗国家级自然保护区相辅相成，构成广西各气候带上较完整的、具有代表性的岩溶森林生态系统保护区群。

同时，由于南盘江河谷焚风效应，使得保护区的气候具有许多热带特征，动植物区系具有丰富的热带成分。特别是对于动物，低洼的河谷还可以作为它们的迁徙和交流通道，成为热带动物成分与云贵高原动物之间相互交流迁徙的重要通道。

（6）保护管理机构能力

到 2012 年年底，保护区共有正式职工 6 人，聘用专职管护员 4 人。下设低坝管理站，分 2 个巡逻组。

（7）保护区功能分区

根据原自治区林业局 2005 年批准的《广西大哄豹自然保护区总体规划（2005—2015年）》（广西林业勘测设计院，2004），保护区分为核心区、缓冲区和实验区等 3 个功能区，面积分别为 605.8 hm²、886.21 hm²、543.0 hm²。保护区位置与功能分区见图 3-34。

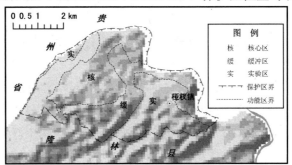

图 3-34　大哄豹自然保护区图

## 3.1.35　大平山自然保护区

大平山自然保护区前身为 1982 年建立的桂平县紫荆山水源林区，由林业部门管理，2002 年被明确为自治区级自然保护区，2012 年完成保护区界线和面积确定。保护区位于桂平市，地理坐标为东经 109°56′16″～109°59′43″、北纬 23°31′45″～23°34′47″，总面积 1 896.9 hm²，其中大平山片 1 002.6 hm²，金田林场片 894.3 hm²（包括风门坳分场 187.8 hm²，六冲分场 455.7 hm²，黄茅尾分场 250.8 hm²）。

（1）自然环境

保护区地处大瑶山的南部，地势西高东低，南北两部分林地向黔江倾斜，最高主峰大平山，海拔 1 158.2 m。境内重峦叠嶂，沟谷纵横，谷壁陡峭，地形复杂，山体坡度大，大多超过 25°。

保护区属南亚热带季风气候区，年平均气温 20～21℃，最热月 7 月平均气温 28℃，最冷月 1 月平均气温 11～12℃，≥10℃的年有效积温 7 500～7 800℃，全年日照时数 1 600 h；年平均降雨量 1 800 mm，蒸发量 1 300 mm，相对湿度 80%～85%。

保护区内主要的河流有十八河、龙冲、绿水冲和滑冲。

保护区内成土母岩为泥盆系和寒武系砂岩。主要土壤有赤红壤、山地红壤、山地黄壤。

（2）社区概况

保护区内无居民居住。保护区周边涉及紫荆镇木山村、西山镇上垌村及金田林场黄茅尾、六冲、风门坳、古泉分场的林地和西山镇上垌村 11 队居民，但与保护区没有依存关系。

（3）野生维管束植物

据 1982 年考察，保护区已知有维管束植物有 166 科 533 属 1 039 种。国家Ⅱ级重点保护野生植物有桫椤、华南五针松、格木、紫荆木、任豆等。广西重点保护野生植物有圆籽荷（*Apterosperma oblata*）、观光木等。

区系植物以亚热带、热带科占优势。

（4）陆生野生脊椎动物

据 1982 年考察，大平山已知陆生野生脊椎动物种类有 25 目 56 科 112 种。其中鱼类 5 目 13 科 29 种；两栖类 2 目 6 科 15 种，爬行类 3 目 8 科 21 种，鸟类 7 目 16 科 33 种，兽类 8 目 13 科 14 种。国家Ⅰ级重点保护野生动物有鳄蜥，国家Ⅱ级重点保护野生动物有猕猴、中国穿山甲、大壁虎、虎纹蛙、大鲵等。

（5）其他重要自然资源

大平山自然保护区具有丰富多彩、如诗如画的森林景观，雄奇险峻的峰谷石岩景观，碧绿澄澈、多彩多姿的溪流瀑布景观，神奇美丽、变幻莫测的气象景观，具有丰富的森林旅游资源，是广西龙潭国家森林公园和桂平市国家地质公园的重要组成部分。

（6）主要保护对象与保护区价值

保护区主要保护对象是南亚热带季风常绿阔叶林生态系统，珍稀濒危野生动植物及其栖息地。保护区基本植被为保存较好的原生性南亚热带季风常绿阔叶林，部分沟谷为热带季雨林，保护区是广西目前已知唯一的圆籽荷自然分布区。保护区地处北回归线边缘，面积虽小，却是天然的动植物基因库，既是国内外学者开展多学科研究的天然实验基地和生物资源库，也是开展科普、教学活动的良好场所。同时保护区内及周边分布有多条河流冲沟，是重要的水源林。

（7）保护管理机构能力

保护区目前由桂平市国有金田林场代管。

（8）保护区功能分区

根据自治区人民政府 2012 年批准的面积和界线确定方案（桂政函[2012]206 号），保护区核心区面积 707.8 hm²，实验区面积 1 189.1 hm²。保护区位置与功能分区见图 3-35。

### 3.1.36　金秀老山自然保护区

金秀保护区建于 2007 年，属林业部门管理的自治区级自然保护区，位于金秀瑶族自治县境内，保护区地理坐标为东经 109°54′26″～110°15′31″、北纬 23°43′37″～

24°09′37″，全部为国有土地，总面积 8 875 hm²，分 3 个片区：老山片（2 839 hm²）、石坪顶片（2 877 hm²）和合江片（3 159 hm²）。

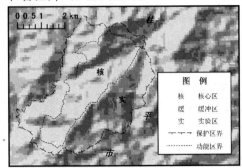

图 3-35　大平山自然保护区图

（1）自然环境

保护区位于大瑶山山脉主体区域，山脉地质年代古老，为印支运动后期，距今约 2 亿年。地质构造上属于华南褶皱系，华南准地和加里东褶皱带之大明山—大瑶山隆起的中部，大瑶山突起的西部。出露地层主要是寒武纪、泥盆纪和第四系等的岩层，以古生界的寒武系和泥盆系为主。保护区属中山地貌，山体庞大陡峻，山岭绵延，地势起伏。海拔最低处为六巷石坪顶片区的古麦，海拔约 300 m，海拔最高峰为老山片的郎放顶，海拔 1 643.3 m。

保护区地跨中亚热带和南亚热带两个气候带，具有明显的山地气候特征。

保护区属珠江流域西江水系，金秀河、镇冲河、大垌河、卜泉河、盘王河、六巷河、古麦河和大樟河等 8 条河流发源于此。

保护区土壤类型主要有黄壤和红壤，其中石坪顶片及合江片地带性土壤为赤红壤，老山片地带性土壤为红壤。

（2）社区概况

保护区涉及金秀镇、六巷乡、大樟乡、老山林场和金秀林场，共 10 个行政村，43 个村民小组（屯）。

保护区范围内没有居民点，与周边社区无直接利益相关关系。

保护区周边有 43 个村屯共 1 274 户，5 163 人。其中瑶族 3 667 人，汉族 1 423 人，壮族 73 人。保护区社区均已通路、通电和电话，目前，移动电话均可覆盖所有村屯，但有的村屯信号不好。通往各村屯之间的道路大多路窄，弯多，路面坑洼不平。

（3）野生维管束植物

保护区已知维管束植物 196 科 711 属 1 497 种，其中蕨类植物 29 科 52 属 94 种，裸子植物 6 科 7 属 12 种，被子植物 161 科 652 属 1 391 种。国家Ⅰ级重点保护野生植物有伯乐树、瑶山苣苔等，国家Ⅱ级重点保护野生植物有桫椤、金毛狗脊、华南五针松、福建柏、闽楠、花榈木、半枫荷、红椿等，珍稀濒危的兰科植物有矩唇石斛

（*Dendrobium linawianum*）等 23 属 37 种，药用植物有青钱柳等 616 种。

瑶山苣苔为我国分布极其狭窄的特有物种，是金秀老山自然保护区特有珍稀濒危植物，1997—2003 年开展的第一次全国重点保护野生植物资源调查显示，其分布面积仅为 0.2 hm²，数量为 9 600 株，被《中国物种红色名录》列为极危物种。近年来，也有文献（莫耐波等，2012）指出瑶山苣苔的分布面积有 10 hm²。

（4）陆生野生脊椎动物

保护区已知陆生野生脊椎动物共 334 种，隶属于 4 纲 28 目 92 科。其中，两栖类 35 种，爬行类 62 种，鸟类 185 种。保护区有国家 I 级重点保护野生动物云豹、林麝、蟒蛇等；国家 II 级保护野生动物有猕猴、藏酋猴、中国穿山甲、大灵猫、小灵猫、斑林狸、中华斑羚、白鹇、黑冠鹃隼、黑翅鸢、凤头鹰、松雀鹰、雀鹰、苍鹰、普通鵟、白腿小隼、红隼、燕隼、褐翅鸦鹃、小鸦鹃、草鸮、黄嘴角鸮、领鸺鹠、斑头鸺鹠、仙八色鸫、地龟、细痣瑶螈、虎纹蛙等；广西重点保护野生动物有黑眶蟾蜍、沼水蛙、泽陆蛙（*Fejervarya multistriata*）、变色树蜥、池鹭、眼镜王蛇、环颈雉、果子狸、赤麂、豪猪等 79 种。就陆生野生脊椎动物而言，有 5 种全球性濒危物种，包括分布区极其狭窄的全球性濒危鸟类白眉山鹧鸪、平胸龟、地龟、仙八色鸫和金额雀鹛，以及 4 种（亚种）广西特有动物，即强婚刺铃蟾（*Bombina fortinuptialis*）、瑶山树蛙（*Rhacophorus yaoshanensis*）、广西棱皮树蛙（*Theloderma kwangsiensis*）和黑眉拟䴕广西亚种（*Megalaima oorti* subsp. *sini*），另有无脊椎动物金斑喙凤蝶（*Teinopalpus aureus*），亦属国家 I 级重点保护野生动物。

（5）主要保护对象与保护价值

保护区主要保护对象是南亚热带季风常绿阔叶林及中亚热带典型常绿阔叶林、瑶山苣苔及其生境、金斑喙凤蝶及其栖息地。

保护区是候鸟迁徙的重要通道，每年春、秋两季，来往于中南半岛、途经湘桂走廊至华中、华北之间的候鸟都要经过大瑶山，在大瑶山进行短暂的歇息和补充体能。因此，大瑶山是候鸟迁徙的重要驿站，对许多候鸟迁徙有着至关重要的影响。

保护区是重要的水源涵养区域，为下游地区常年提供饮用和灌溉水源。

（6）保护管理机构能力

保护区与老山林场采取"一套人马、两块牌子"的管理方式，有工作人员 8 名，行政运营经费主要依靠自治区下拨的自然保护区管护专项经费。

（7）保护区功能分区

根据原自治区林业局 2007 年批准的《广西金秀老山自然保护区总体规划（2006—2015 年）》（广西林业勘测设计院，2006），保护区分为核心区、缓冲区和实验区 3 个功能区，面积分别为 3 035.4 hm²、3 137.4 hm²、2 702.2 hm²。保护区位置与功能分区见图 3-36。

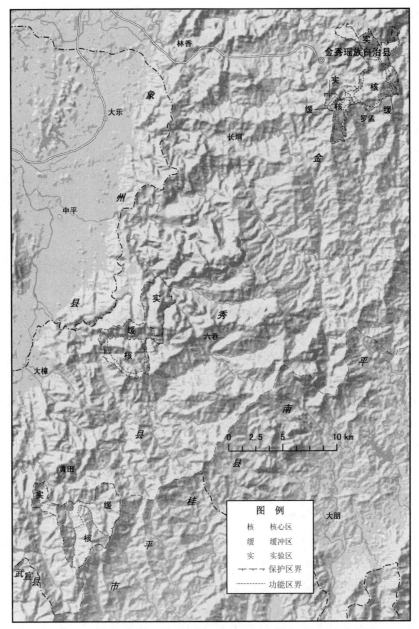

图 3-36　金秀老山自然保护区图

### 3.1.37　弄拉自然保护区

　　弄拉自然保护区建于 2008 年，属林业部门管理的自治区级自然保护区，2012 年进行功能区调整。保护区地处马山县境内，位于东经 108°15′51″～108°25′7″、北纬 23°36′38″～23°42′48″之间，总面积 8 481 hm²。

（1）自然环境

保护区受印支运动和燕山运动的影响，出露的土层较为单一，以泥盆系为主，分为下泥盆系、中泥盆系、上泥盆系。岩性以含泥硅质的白云岩为主，局部有纯的灰岩或纯白云岩出露，西北部山坡白云岩夹钙质页岩。保护区内很多地表裂隙中还充填有红色角砾等。

保护区属于典型石灰岩地区，有的地段峰丛连续不断，最高海拔766.3 m，最低海拔地处古奉一带，为239.1 m。石山间散布大量的弄和峒，呈蜂窝状分布。园洼地底部是山区群众的主要耕作地，但易涝易旱。

保护区地处低纬度，属于南亚热带气候区，位于大明山迎风坡面，形成独特的喀斯特山区气候特点，光热充足，光热水同季，夏季炎热多雨，冬季温暖少雨，干湿季分明。据马山县气象站统计资料，全县年平均气温21.3℃，最冷月为1月，平均气温12.2℃；最热月为7月，平均气温28.2℃；极端最高气温38.9℃，极端最低气温-0.7℃。

马山县境内有大小地表河11条，地下河11条。除了流经北部的红水河外，均为一些小型河流。地表河大都集中在中、西部地区，地下河大部分分布在石山地区，埋深35 m左右地下水点203处，部分河流自南向北流入红水河，向南流入武鸣县境水系。小型地表河有姑娘江、龙眼河、内勇河、周鹿河、那汉河、林圩河、六青河、乔利河、乔老河、清波河以及杨圩河，多年平均流量40.60 m³/s。地下河包括龙灯河、行下河、陇万河、糖头河、临江河、兴华河、大完河、龙昌河、内外河、清水河等。地下河枯季流量一般为0.04～0.6 m³/s；除一部分自流外，一般枯季埋深10 m左右，个别分水岭地段达20～30 m。地下水的补给、径流、排泄与地下水的类型、埋藏条件、地质、地貌、植被等因素有关。丰富的大气降水是本区地下水的主要补给来源。

保护区渗漏性大，不利贮水，地表水缺乏，区内河流有寨泉河。地下水类型主要是岩溶水，多以地下河及其溶洞、有水溶洞和岩溶泉等形式出露，已知地下河有内外河。

黑色石灰土和棕色石灰土是保护区的主要土壤，在山弄、洼地等局部有山地红壤、紫色土、水稻土分布。

（2）社区概况

保护区范围涉及马山县古零镇、古寨乡、加方乡等3个乡（镇）的20个村352个村民小组（屯）。这3个乡（镇）在保护区内有14个村157个村民小组1 923户8 404人，有壮、瑶、汉等民族，其中壮族人口6 829人。保护区周边分布有17个村195村民小组6 537户28 624人，其中壮族人口26 387人。

2010年，古零镇、加方乡、古寨乡农民人均收入仅为全县城镇居民人均收入的18.7%～25.9%。其中保护区内人均收入400～4 000元不等。在保护区内，有耕地492.9 hm²，其中水田35.7 hm²，旱地457.2 hm²，人均耕地面积为0.059 hm²。保护区内粮食作物以玉米为主，人均产量312 kg，群众粮食基本自给。在保护区周边，人均耕地面积为 0.047 hm²；人均粮食产量 319 kg。粮食作物主要为玉米。

保护区内及周边涉及各村均已通路、通电，安装了固定电话。

（3）野生维管束植物

保护区已知野生维管束植物 142 科 461 属 708 种，其中蕨类植物 34 种，裸子植物 3 种，被子植物 671 种，在被子植物中双子叶植物 526 种，单子叶植物 145 种。保护区分布有国家Ⅱ级重点保护野生植物香木莲、地枫皮、香樟、任豆、花榈木等，以及兰科植物 38 种和其他珍稀濒危植物 2 种。保护区植物种类相对简单，但起源古老、地理成分多样性复杂，孑遗植物丰富，岩溶性质明显，热带性质强烈，也包含了比较丰富的珍稀濒危植物。

（4）陆生野生脊椎动物

保护区已知陆生野生脊椎动物 215 种，隶属 4 纲 23 目 74 科。其中，两栖类 12 种，爬行类 29 种，鸟类 134 种，哺乳类 40 种。保护区内有国家Ⅰ级重点保护野生动物林麝 1 种，国家Ⅱ级保护野生动物有短尾猴、猕猴、小灵猫、斑林狸、中华鬣羚、黑冠鹃隼、黑翅鸢、凤头鹰、松雀鹰、雀鹰、苍鹰、普通鵟、红隼、燕隼、褐翅鸦鹃、小鸦鹃、黄嘴角鸮、领鸺鹠、大壁虎、细痣瑶螈、虎纹蛙等，广西重点保护野生动物 65 种，列入 CITES 附录Ⅱ的物种有眼镜王蛇、豹猫、滑鼠蛇等多种。其中细痣瑶螈在该区表现出适应喀斯特的独特的生态习性。

（5）其他重要自然资源

保护区景观资源较丰富，自然景观包括喀斯特峰林景观、山弄景观、石灰岩森林景观、洞穴景观和水域景观，以及禅寺庙宇、壮族民俗等人文景观。保护区的石漠化治理和生态环境保护成效显著。经过 40 多年的恢复，森林植被良好，形成"山顶林，山腰竹，山脚药、果，地上粮，低洼桑"的立体生态模式，该模式被誉为"弄拉模式"，同时营造了独特的植被景观。

（6）主要保护对象与保护价值

主要保护对象是南亚热带岩溶森林生态系统、珍稀濒危野生动植物及其生境和喀斯特地貌独特的自然景观。保护区位于大明山的北部约 5 km，正好作为大明山保护区的外围缓冲带，这对缓解大明山保护区的孤岛效应有重要的作用。同时，保护区又是大明山和都阳山的结合部，它在这两座山脉之间的生物迁徙、转移、扩散和交流中起着中继站的作用，使生物种群之间的基因交流能得以顺利进行，对于避免栖息地片断化及小种群效应、提高保护效率有重要的作用。另外，保护区具有涵养水源、保持水土、净化空气、美化环境、调节气候等多重作用，发挥着巨大的生态作用。此外，保护区的立体生态恢复模式成为中国石漠化治理的新标杆，是人与自然和谐相处的典范。

（7）保护管理机构能力

保护区管理处内设办公室、财务室、保护股等职能部门，下设弄拉、本立、局仲等 3 个管理站。保护区核编 8 人，实际在岗人员 8 人，但多人同时兼职林业局工作；

专业技术人员 4 人, 全部人员均是大学学历。

保护区建立至今, 开展的活动有: 制定保护区管理办法; 与中国地质科学院岩溶地质研究所建立合作关系; 接受业务培训; 开展林地共管活动, 签订共管协议, 成立共管小组, 定期交流; 争取县里在保护区进行沼气池或节柴灶建设; 以座谈会的形式进行宣传活动; 与森林公安合作打击违法犯罪活动等。

（8）保护区功能分区

根据《广西壮族自治区人民政府关于调整广西弄拉自治区级自然保护区功能区的批复》（桂政函[2012]279 号）, 保护区分为核心区、缓冲区和实验区 3 个功能区, 面积分别为 2 025.0 hm²、1 964.0 hm² 和 4 492.0 hm²。其中实验区的弄拉屯开发了旅游活动。保护区位置与功能分区见图 3-37。

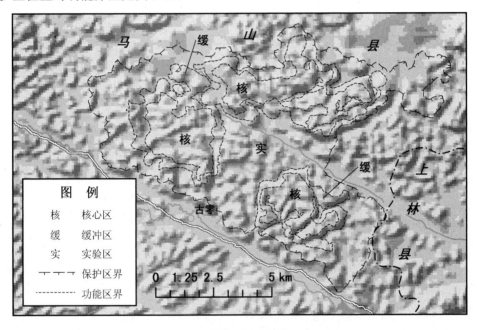

图 3-37  弄拉自然保护区图

## 3.1.38  天堂山自然保护区

天堂山自然保护区的前身是 1955 年容县人民政府批准成立的天堂山森林经营所, 由林业部门管理, 1957 年改为天堂山林场。根据《广西自然保护区》（广西壮族自治区林业厅, 1993）的描述, 保护区属于天堂山林场作为水源林专门管护的一部分。2008 年经自治区人民政府批准建立自治区级自然保护区。保护区地处容县, 由容县国营天堂山林场的古艁、竹坪、山田、大山肚等 4 个分场划建而成, 地理坐标为东经 110°35′～110°50′、北纬 22°30′～22°43′, 总面积 2 817 hm²。

（1）自然环境

保护区地处云开大山，地质古老，属上古生界的"云开古陆"，岩性主要是粗骨花岗岩及变质片麻岩。保护区地势东南高，西北低，山陡岩险，地形复杂，地貌属中山，最低海拔 500 m，林地绝大部分位于海拔 600 m 以上的山顶部，最高峰望君顶海拔 1 274 m，主峰地带成孤峰山势，山脊极窄，深谷、陡坡交错，故有容县、北流两县（市）"屋脊"之称。

保护区属南亚热带季风气候，地形复杂，雨量丰沛，温湿度变化较大，局部小气候明显，年平均温度为 18.8℃，最冷月均温 10.1℃，最热月均温 25.1℃，极端低温−7℃，极端高温 34.7℃，≥10℃积温 6 000℃，累计年平均降雨量 2 193 mm，年平均相对湿度大于 80%。

保护区河流属珠江流域的西江支流北流河水系，境内主要河流有绣江（原名北流河）、杨梅江（又称渭龙江）和泗罗江。绣江源于北流市峨石山，于大坪坡流入容县，县境内流域面积 3 551 km²，干长 74 km，年径流量 326 456.6 m³；杨梅江是绣江南部最大支流，全长 8.6 km，流域面积 1 098 km²，年径流量 108 080.6 m³；泗罗江源出大容山，由桂平市沙木村流入县境内石头乡，于窦家注入绣江，境内总长 56.0 km，流域面积 629.92 km²，年径流量 51 848.3 m³。

保护区内海拔 500～750 m 为山地红壤，海拔 750～850 m 为红黄壤，大部分为海拔 850 m 以上的山地黄壤，海拔 1 100 m 以上局部草丛地段出现高山草甸土。

（2）社区概况

保护区地跨北流市大坡外镇、隆盛镇 2 个镇的 3 个行政村，以及容县黎村、灵山 2 个镇的 10 个行政村。

保护区范围内无居民点，保护区周边有 13 个行政村，人口 37 591 人，均为汉族，共有劳动力 21 594 人，外出劳动力 11 486 人。2007 年年末，保护区周边共有耕地 7 653.07 hm²，人均有粮 301 kg，农民人均纯收入 1 745 元。保护区周边村屯均已通路、通电，安装有程控电话，但村屯道路大多数路况较差。

（3）野生维管束植物

保护区已知维管束植物 162 科 466 属 793 种，其中野生种 786 种，国家Ⅱ级重点保护野生植物有黑桫椤、桫椤、金毛狗脊、香樟、金荞麦（*Fagopyrum dibotrys*）、紫荆木等，有兰科植物竹叶兰（*Arundina graminifolia*）、密花石豆兰（*Bulbophyllum odoratissimum*）、红花隔距兰（*Cleisostoma williamsonii*）、流苏贝母兰（*Coelogyne fimbriata*）、建兰（*Cymbidium ensifolium*）、寒兰（*Cymbidium Kanran*）、墨兰（*Cymbidium sinense*）、矮小肉果兰（*Cyrtosia nana*）、密花石斛、橙黄玉凤花（*Habenaria rhodocheila*）、镰翅羊耳兰（*Liparis bootanensis*）、苞舌兰（*Spathoglottis pubescens*）等。

保护区地带性植被为南亚热带季风常绿阔叶林，由于地处北热带与南亚热带的过渡地带，植被的过渡性质明显，同时分布有两个生物气候带的典型植被类型。

（4）野生脊椎动物

保护区已知陆生野生脊椎动物 4 纲 27 目 70 科 218 种，国家 II 级重点保护野生动物有猕猴、中国穿山甲、小灵猫、斑林狸、青鼬、中华鬣羚、原鸡、黑冠鹃隼、黑翅鸢、蛇雕、凤头鹰、松雀鹰、雀鹰、苍鹰、普通鵟、白腿小隼、红隼、燕隼、褐翅鸦鹃、小鸦鹃、草鸮、领鸺鹠、斑头鸺鹠、虎纹蛙等，另有灰胸竹鸡（*Bambusicola thoracica*）、环颈雉、鹧鸪等雉类。

（5）其他重要自然资源

保护区是桂东南为数不多的自然保护区之一，且与广东省信宜市接壤，生态区位独特，宜人的气候环境与复杂地貌赋予了保护区独特的景观资源，海拔 1 000 m 以上既有高山草甸，又有杜鹃矮林，云涛雾海，波澜壮阔，变幻无常，风光旖旎。

天堂山东侧的黎村镇，素以温泉著称，黎村温泉俗称热水堡，共有九处泉眼。泉水像釜中沸水，晶莹澄澈，搅而不浊，经年不息。水温高达 72℃，泉水含有硫黄等多种矿物质。

（6）主要保护对象与保护价值

保护区的主要保护对象是南亚热带季风常绿阔叶林及残存粗榧、脉叶罗汉松等珍稀孑遗植物，以及国家重点保护野生动植物及其生境。

保护区是北流市圭江、容县绣江的发源地，发源于保护区的大小河流共 15 条，储蓄大小水库 7 座，总库存容量 1 017 万 m³，供容县、北流 100 多万亩农田灌溉和 100 多万人、500 多万牲畜的饮水及工业用水。保护区的南亚热带季风常绿阔叶林具有重要的水源涵养作用，为下游水电能源生产提供了重要保障，发挥着不可替代的生态安全保障作用。

（7）保护管理机构能力

保护区管理处与天堂山林场实行"一套人马、两块牌子"管理方式，内设办公室、科研宣教科、派出所、保护科、利用与社区事务科 5 个职能部门，下设大山肚、古架和天堂山 3 个保护管理站，以及黎村、和睦和天堂 3 个检查站。

管理处编制 18 人，现在编人员 8 人，其中专业技术人员 5 人，行政管理人员 1 人，工人 2 人。保护区进行了人员工作分工，并制定了相应规章制度。

（8）保护区功能分区

根据《广西壮族自治区人民政府关于同意建立广西天堂山自治区级自然保护区的批复》（桂政函[2008]118 号）以及原自治区林业局 2008 年批准的《广西天堂山自然保护区总体规划（2008—2017 年）》（广西林业勘测设计院，2008），保护区的核心区面积 618 hm²，缓冲区面积 622 hm²，实验区面积 1 577 hm²。保护区位置与功能分区见图 3-38。

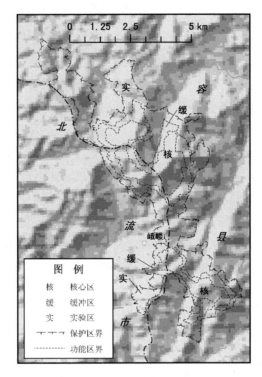

图 3-38　天堂山自然保护区图

### 3.1.39　大容山自然保护区

　　大容山自然保护区建于 2009 年，属林业部门管理的自治区级自然保护区。保护区由玉林市大容山林场部分土地及其周边部分林地划建而成，地跨玉林和贵港两个地级市，总面积 20 817.6 hm²。2014 年进行保护区范围调整，调整后保护区四至界限不变，总面积为 18 198.5 hm²，地理坐标为东经 110°06′30″～110°22′03″、北纬 22°46′08″～22°54′26″。

　　（1）自然环境

　　保护区地处广西东南部的大容山山脉，在地质区域构造上保护区属华南褶皱系西南缘，位于云开隆起带的北西侧。出露地层以泥盆系下统莲花山组为主。大容山的侵入岩是华力西期侵入岩，即大容山岩体，整个岩体呈北东向，形成大容山山脉。保护区包括大容山山脉南坡和北坡的局部，属中山地貌，在广西地貌中总称桂东南丘陵台地。最高峰莲花顶海拔 1 275.6 m，为桂东南第一峰。山体较破碎，沟谷纵横，峰迴谷转。坡陡、谷窄、沟深、落差大，孤峰突出，山峦重叠，山势雄峻。

　　保护区位于南亚热带季风气候区南缘，是南亚热带向北热带过渡的区域。冬季来自高纬度的干冷空气南侵时，大容山成为天然隔阻屏障，使保护区以南气温较高。夏季东南季风北上时，大容山处于迎风面，使保护区成为多雨中心。保护区的气候特点是夏长冬短，光照时间长，热量充足，雨量充沛，光、热、水同季，无霜期长。据大容山林场原场部气象站（海拔450 m）的观测记录，保护区平均气温在16.8～19.6℃，最热月7月平均气温26.1℃，最冷月1月平均气温11.9℃，年平均日照时数1 000.9 h，年降雨量1 800～2 200 mm，年平均相对湿度82.8%，年无霜期353 d。由于山体高大，大容山山顶偶尔有大范围冰冻、结霜现象，具有明显的森林小气候特征，与周边环境相比，保护区具有气候清凉、降水量大、季风明显的特点。

保护区内河流分属珠江水系和南流江水系，主要河流有民乐河、六洋河、白鸠江、清湾江等4条，其中民乐河属珠江水系，六洋河、白鸠江及清湾江属南流江水系。河流总长度80.9 km，流域总面积587.4 km²，年径流量77 756万 m³。保护区内有大小瀑布40多处，溪涧800多条，大小山塘水库20多座，以大容山水库东、西干渠为主的人工引水渠长达100多 km，形成了高山飞瀑、高山平湖、溪涧跌水的水域景观。

保护区内中型水库有大容山水库、苏烟水库、六洋水库、龙门水库，小型水库有佛子湾水库、关塘水库、竹脉坑水库、山草坪水库、猫地水库等，总库容达8 000多万 m³，是玉林市和北流市及其周边地区日常生产生活用水的重要水源地。

保护区内的主要成土母岩是华力西期的花岗岩，局部是混合岩、砂岩和沙岩。土壤主要有赤红壤、山地红壤、山地红黄壤、山地黄壤。在海拔400 m或500 m以下的丘陵山地土壤层次明显，以赤红壤居多；在海拔400 m或500 m以上的山地，以山地红壤为主；在海拔800 m以上的次生天然阔叶林地或草灌丛地亦有山地红黄壤或山地黄壤出现；在海拔1 000 m以上的草坡地带，局部出现山地灰化草甸土。

（2）社区概况

根据2012年资料，保护区内涉及北流市、玉州区、兴业县3个县（市、区）的6个乡镇，有24个行政村247个村民小组，10 386户，共47 979人，其中汉族人口47 307人。保护区核心无居民；在实验区有9 587户共44 641人；在缓冲区有799户共3 338人。

保护区周边涉及北流市、玉州区、兴业县3个县（市、区）6个乡镇16个行政村120个村民小组，共28 670人，其中汉族人口28 502人。

保护区内的24个行政村均已通路、通电，安装了固定电话，设有学校和医疗服务机构。保护区内247个村民小组中有9个村民小组没有通公路，有1个村民小组没有开通程控电话。村民小组一般都没有设教学点和医疗点。

（3）野生维管束植物

保护区野生维管束植物有883种，隶属于163科523属，包括蕨类植物27科58属88种，裸子植物3科3属3种，双子叶植物112科352属630种，单子叶植物21科110属162种。保护区分布有国家Ⅱ级重点保护野生植物桫椤、金毛狗脊、香樟、格木。此外，还分布有26种珍稀濒危植物，包括兰科植物19种。保护区地理成分多样性复杂、热带性质强烈，起源古老、孑遗植物丰富，在桂东南地区属于植物种类较丰富的区域。

（4）陆生野生脊椎动物

保护区已知至少有陆生野生脊椎动物 236 种，隶属于 4 纲 24 目 71 科。其中，两栖类 19 种，爬行类 41 种，鸟类 142 种，哺乳类 33 种。有国家Ⅱ级重点保护野生动物中国穿山甲、大灵猫、小灵猫、青鼬、原鸡、黑冠鹃隼、黑翅鸢、蛇雕、凤头鹰、松雀鹰、雀鹰、苍鹰、普通鵟、白腿小隼、红隼、燕隼、褐翅鸦鹃、小鸦鹃、草鸮、领鸺鹠、斑头鸺鹠、虎纹蛙等，有广西重点保护野生动物 64 种。

（5）其他重要自然资源

保护区景观资源较丰富，地文景观主要有莲花顶、望军山，溪谷有九瀑谷、暗山谷，奇特山石有试剑石、仙桃迎客、仙人床等；水域景观主要有南流江源头、莲峰飞瀑、天湖水库等；生物景观主要有高山矮林、千年古树群、野杜鹃丛林、高山草甸等；天象与气候景观主要有容山晓嶂、大山顶日出、暗山顶日落等。

（6）主要保护对象与保护价值

主要保护对象是水源涵养林和季风常绿阔叶林。

保护区位于珠江流域浔江段和南流江源头，地理位置独特，是珠江和南流江水源涵养林、水土保持林建设的重点地区，为玉州、北流、容县、兴业、桂平、平南、港南等 7 个县（市、区）近 300 万城乡居民提供生产生活用水。

此外，保护区所在的大容山山脉对阻挡南侵的北方寒流和拦截北上的太平洋亚热带风暴有着十分重要的作用。因此保护区是广西重要的生态功能保护区，是当地生态安全与社会经济可持续发展的生态保障，在广西生态省（区）建设中具有重要的生态功能地位。保护区的野生动植物物种在桂东南地区属于较高的行列，是该区域重要的野生植物种质资源保存库。保护区与大容山森林公园重叠，借助旅游的开展，保护区是环境教育的重要基地。

（7）保护管理机构能力

保护区管理处编制 130 名，与大容山林场实行合署办公的管理模式。保护区管理处内设办公室、计划财务科、保护与科研宣教科、社区事务科、森林防火办公室及民乐、大企、龙湾、大里、西线、西垠、大车、东线、大塘、小平山、八角山、广冲等 12 个管理站，其中八角山、广冲、大企、龙湾、大车等 5 个管理站位于相应原林场的 6 个分场，西线管理站位于林场黑石肚分场，其余 6 个管理站尚未选址建设，管理人员安排到以上已建的 6 个管理站内。保护区初步完成了 14 块界碑、50 块界桩和 20 块界牌的埋设。

（8）保护区功能分区

根据《广西壮族自治区人民政府关于同意调整广西大容山自治区级自然保护区范围和功能区的批复》（桂政函[2014]63 号），保护区分为核心区、缓冲区和实验区 3 个功能区，面积分别为 3 601.8 hm²、3 628.3 hm² 和 10 968.4 hm²。其中实验区开展了旅游。

保护区位置与功能分区见图3-39。

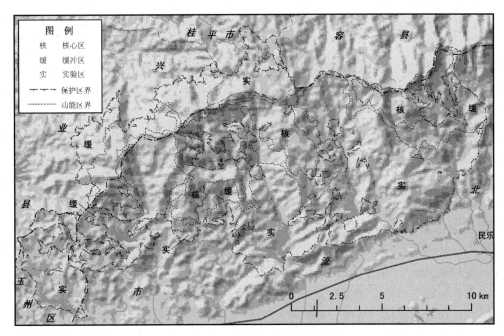

图3-39　大容山自然保护区图

## 3.1.40　王岗山自然保护区

王岗山自然保护区前身为1982年建立的十万大山水源林区王岗山水源林管护站，由林业部门管理，2002年被明确为自治区级自然保护区，十万大山水源林区王岗山水源林管护站随之更名为广西十万大山自然保护区王岗山保护站。2003年十万大山自然保护区晋升为国家级自然保护区，但未包含王岗山保护站所管护范围。2014年按照新建自然保护区程序，建立王岗山自治区级自然保护区，属林业部门管理。保护区位于十万大山山脉东北部、钦北区境内，地理坐标为东经 108°11′30″～108°15′41″、北纬21°58′41″～22°7′05″，总面积4 193.5 hm$^2$。

（1）自然环境

保护区位于南华准地台的南端，地质构造复杂，地层发育较全，出露地层以下古生界志留系最为发育；岩浆岩以酸性侵入岩为主，主要有花岗岩和流纹岩；褶皱、断裂构造发育，并具明显的分带性。保护区为十万大山山脉东北部，该区在市境内褶皱不发育，以宽展型为主，但断裂发育，北东向和北西向断裂部分集中，呈断层束状，以北东走向为主，北西走向次之，多数是后者切割前者，形成网状断块，贵台—新棠断层束即为北东向断裂。贵台镇境内地层主要由下侏罗纪组成，上覆盖层为坡积土，镇区内现代地壳运动较稳定，按构造地壳分区，属地震烈度六度区。

保护区境内以低山为主，地势东西部高，中间低，最高峰大龙山海拔 994.6 m，为钦州市第一高峰。

保护区属明显的北热带海洋性季风气候，气候温和，日照充足、雨量充沛、干湿季明显。多年平均气温 22℃，最冷月 1 月平均气温 12.8℃，极端最低气温-1.2℃；最热月 7 月平均气温 28.1℃，极端最高气温 39.0℃。≥0℃的年活动积温 7 800℃，无霜期长达 340 d。年均降雨量为 1 900 mm；11 月至次年的 3 月为干季，平均降雨量只有 243.3 mm。

保护区内主要有八寨沟、万寿谷两条沟谷山涧和天马水库及其他 5 条河溪。万寿谷山涧发源于十万大山北麓的马冡山，为大寺江二级支流之一的那略河的上游河段，长约 4 km，常年流水不断，于万寿谷中沿沟谷流淌，多瀑布、池塘，多年平均流量为 4.2 m³/s，在贵台镇那略村汇入洞利河。八寨沟山涧亦发源于十万大山北麓的马冡山，长约 5 km，源头包括马冡山天马水库和黄水石桥等，途中汇成八寨沟主沟，流经东风工区最后注入洞利河，多年平均流量为 3.8 m³/s，水流常年有保证，变化不大。天马水库，面积 4.5 hm²，库容量约 50 万 m³。

保护区成土母质主要是花岗岩和砂页岩，呈带状相间分布。土壤主要以赤红壤为主，其他还有黄红壤、黄壤，水稻土。

（2）社区概况

保护区跨大直镇屯宽村、贵台镇那略村、国有钦州市三十六曲林场和王岗山保护站。

保护区范围无居民。

据 2011 年统计，保护区周边涉及大直镇的屯宽、那光、王岗以及贵台镇的那略、洞利等 5 个行政村，共 29 个村民小组 1 374 户 5 692 人，其中壮族 544 人，其余均为汉族。有耕地面积 311.2 hm²，其中水田 200.9 hm²。粮食作物以水稻为主，总产量 2 387 t，人均有粮 419 kg。农村居民人均纯收入 5 400 元，低于同期钦北区农村居民人均纯收入 6 002 元的水平。周边涉及各村均已通路、通电，安装了固定电话。

（3）野生维管束植物

保护区植被地带属于北热带半常绿季雨林、湿润雨林地带，植被类型比较丰富，天然植被有 5 个植被型组、9 个植被型、10 个植被亚型和 21 个群系。已知有野生维管束植物 193 科 728 属 1 174 种，国家Ⅱ级重点保护野生植物有大叶黑桫椤、黑桫椤、金毛狗脊、格木、紫荆木、半枫荷等；广西重点保护野生植物 40 种，如长叶竹柏（*Nageia fleuryi*）、脉叶罗汉松、穗花杉、锯叶竹节树、粘木、花叶开唇兰（*Anoectochilus roxburghii*）、竹叶兰、赤唇石豆兰（*Bulbophyllum affine*）、齿瓣石豆兰（*Bulbophyllum levinei*）、密花石豆兰等。

（4）陆生野生脊椎动物

保护区已知有陆生野生脊椎动物 4 纲 22 目 68 科 192 种，有国家Ⅰ级重点保护野生动物蟒蛇，国家Ⅱ级重点保护野生动物有猕猴、小灵猫、白鹇、黑翅鸢、蛇雕、凤头鹰、松雀鹰、普通鵟、红隼、燕隼、褐翅鸦鹃、小鸦鹃、黄嘴角鸮、领角鸮、领鸺鹠、斑头鸺鹠、三线闭壳龟、地龟、虎纹蛙等，广西重点保护野生动物黑眶蟾蜍、变色树蜥、滑鼠蛇等59种。

（5）其他重要自然资源

保护区旅游资源丰富，旅游资源类型多样，有7个主类、12个亚类、20个基本类型。境内群山延绵，沟谷纵横，飞泉流泻，林海茫茫，集奇峰、幽谷、溪泉、密林等自然胜景与风土人情于一体，呈现出幽静、神秘、险峻、古野的自然气息。这一切构成了极具特色的生态旅游资源，是旅游观光、避暑度假、休闲娱乐、科研教学的理想场所，具有很高的景观和科学价值。

（6）主要保护对象与保护区价值

保护区以北热带季雨林、山地常绿阔叶林以及珍稀濒危野生动植物为主要保护对象。

保护区位于十万大山山脉东北部，地处我国物种多样性保护热点地区，且保护区西部与广西十万大山国家级自然保护区接壤，地处同一生物地理单元，是十万大山自然保护区重要的补充，对全面地保护十万大山丰富生物多样性具有重要的意义。

（7）保护管理机构能力

王岗山保护站在职在编人员4人，其中行政管理人员2人，专业技术员2人。保护站聘请3名巡护人员。

（8）保护区功能分区

根据自治区自然保护区评审委员会2014年6月评审通过新建王岗山自治区级自然保护区的相关材料，保护区的核心区面积853.6 hm²，缓冲区面积448.3 hm²，实验区面积2 891.6 hm²。保护区位置与功能分区见图3-40。

## 3.1.41 澄碧河自然保护区

澄碧河自然保护区建于1982年，由林业部门管理，按《广西自然保护区》（广西壮族自治区林业厅，1993）的描述以及《广西壮族自治区自然保护区发展规划（1998—2010）》（广西壮族自治区环保局等，1998），保护区范围面积为 77 000 hm²。2002年被明确为市级自然保护区，兼属森林生态系统类型、内陆湿地及水域生态系统类型，2012年保护区完成面积与界线确定。保护区位于百色市右江区，地理坐标为东经 106°27′48″～106°46′33″、北纬 23°53′57″～24°6′43″，总面积为 26 006 hm²，其中澄碧河水库水面面积3 910.0 hm²，占保护区总面积的15%。

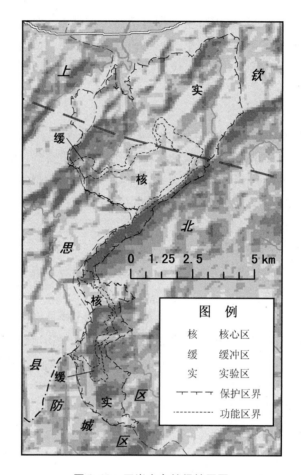

图3-40　王岗山自然保护区图

（1）自然环境

　　保护区在地质构造上位于属扭动构造体系的广西山字形构造的前弧西翼，由中生代三叠纪百逢组河口砂岩、页岩构成，夹有薄层灰岩及泥灰岩，澄碧河水库周围是新生代第三纪砂岩、页岩及砾岩。保护区地势起伏较大，大致上以北部和西北部高，东南部低。地貌类型有中山、低山和丘陵，以山地地貌为主。最高峰为保护区西北角的平那山，海拔1 191 m；最低点在永乐乡的里林，海拔120 m。

　　保护区属南亚热带季风气候区，夏长冬短，霜期短，全年无霜期约330 d，多年平均气温20℃。多年平均降雨量1 000～1 200 mm，多年平均蒸发量为1 200～1 700 mm，相对湿度约80%，多年平均日照时数约1 700 h。

　　建于1961年的澄碧河水库全部位于保护区内，为广西最大土坝，中国三大土坝之一，水库总库容11.5亿 m³，其水面面积39.1 km²，控制集雨面积2 000 km²；水质达到国家Ⅰ类水质，是百色市山城近20万民众重要的生活水源。澄碧河水库主要由澄碧河、居乐河、思林河、石平河等4条河流汇集。

保护区土壤的成土母岩以砂岩和泥岩为主，土壤种类随海拔高度自下而上依次为赤红壤、红壤、黄红壤。

（2）社区概况

保护区共涉及永乐乡的六马新村、西北乐和石平村，龙川镇的林河村和平塘村，汪甸乡的塘兴村和下塘村等3个乡镇7个行政村。

保护区内分布有15个村民小组，居民共770户，3 771人，其中壮族超过99%，人口主要集中在实验区，核心区和缓冲区没有居民点。

保护区周边共有居民6 421户，27 123人，其中少数民族超过94%，且少数民族以壮族为主，为25 674人，其次为瑶族，为656人。

（3）野生维管束植物

根据2012年的资源考察，保护区已知野生维管束植物164科476属708种，植物区系中科属的地理分布类型广泛而多样，以热带性质占绝对优势，但温带性质亦有所表现。保护区湿地植物比较丰富，根据《广西湿地植物》统计，有野生湿地植物144种，类型包括两栖植物、半湿生植物、湿生植物、挺水植物、漂浮植物、浮叶植物、沉水植物等7种。

国家Ⅰ级重点保护野生植物有叉孢苏铁，国家Ⅱ级重点保护野生植物有金毛狗脊、苏铁蕨、香樟、格木、花榈木、红椿等6种，广西重点保护野生植物有15种。

（4）陆生野生脊椎动物

保护区已知陆生野生脊椎动物4纲27目68科223种，其中，两栖类20种，爬行类34种，鸟类137种，哺乳类180种。国家Ⅰ级重点保护野生动物有蟒蛇，国家Ⅱ级重点保护野生动物有猕猴、斑灵狸、原鸡、白鹇、海南鳽、黑冠鹃隼、凤头蜂鹰、黑翅鸢、蛇雕、凤头鹰、松雀鹰、雀鹰、大鵟（*Buteo hemilasius*）、红隼、褐翅鸦鹃、小鸦鹃、领角鸮、领鸺鹠、斑头鸺鹠、大壁虎、山瑞鳖、大鲵、虎纹蛙等。

（5）主要保护对象与保护价值

保护区主要保护对象为湿地生态系统及其生物多样性和以水源涵养为主要功能的森林生态系统。

保护区地处云贵高原东南边缘，是热带向亚热带过渡的地区，也是亚热带常绿阔叶林带东部湿润区与西部半湿润区的交界地带，地理位置重要，生物多样性丰富。

保护区范围内的澄碧河水库，是百色市20多万民众重要的生活水源地，也是右江粮食生产基地的灌溉水源；而且澄碧河水库在调节区域气候和净化水质方面发挥着重要的生态功能，是一个多功能的人工湿地生态系统，对维护百色市的生态安全发挥着不可替代的作用。在《全国湿地保护工程规划（2005—2010年）》中，澄碧河水库湿地被列为全国重要湿地。

（6）保护管理机构能力

保护区管理处与百色市百林林场实行"一套人马、两块牌子"的管理方式，2005

年设置财政全额编制 32 人。保护区管理处下设有澄碧河、西北乐、南乐、石平等 4 个管护站点，目前共有专职管护干部 15 人，护林员 18 人，负责行使澄碧河自然保护区管理职能。

（7）保护区功能分区

根据自治区人民政府 2012 年批复的面积和界线确定方案（桂政函[2012]206 号），保护区划分为核心区和季节性核心区、缓冲区和实验区 3 个功能区，其中，核心区面积 3 224.9 hm²，季节性核心区面积 1 511.2 hm²，缓冲区面积 2 000.7 hm²，实验区面积 19 269.2 hm²。保护区位置与功能分区见图 3-41。

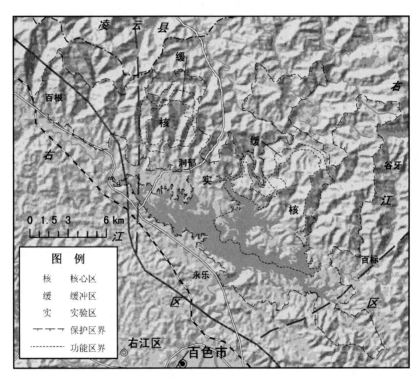

图 3-41　澄碧河自然保护区图

### 3.1.42　百东河自然保护区

百东河自然保护区建于 1982 年，由林业部门管理，按《广西自然保护区》（广西壮族自治区林业厅，1993）的描述以及《广西壮族自治区自然保护区发展规划（1998 — 2010）》（广西壮族自治区环保局等，1998），保护区地跨百色市的田阳县和右江区，包括 2 个县区的 3 个乡中的 8 个村，位于东经 106°25′～107°3′、北纬 23°48′～24°2′之间，范围面积为 41 600 hm²，2002 年被明确为市级自然保护区。

（1）自然环境

保护区位于都阳山脉上段南部，右江盆地东北部边缘，地层属三叠纪砂页岩，地势北高南低，海拔一般为 300～500 m，为低山、丘陵、河谷地貌，以丘陵占优势。

保护区南接北热带季风区，气候干热。年平均气温 22℃，1 月平均气温 13.3℃，7 月平均气温 28.5℃，极端低温-1.2℃，极端高温 39℃，≥10℃的年积温 7 000～7 500℃。年平均降水量 1 100 mm，年平均蒸发量 1 930 mm，年平均相对湿度 78%。

保护区内的主要土壤类型：海拔 500 m 以下为赤红壤，500～1 000 m 为黄红壤。

保护区内的河流主要是百东河，有大小一级支流 23 条，河水汇集于保护区西南边缘的百东河水库。

（2）社区概况

根据 2009 年调查，保护区涉及田阳县田州镇、玉凤镇和右江区四塘镇等 3 个乡镇、6 个村、28 个自然屯，保护区内共有人口 8 148 人。2005 年，保护区内人均收入 1 800 元。

（3）野生维管束植物

保护区内重点保护的野生植物主要有望天树等。

（4）陆生野生脊椎动物

保护区内重点保护的陆生野生脊椎动物有猕猴、白鹇、原鸡等。

（5）主要保护对象与保护价值

保护区主要保护对象是南亚热带季风常绿阔叶林。

保护区是百东河水库的重要水源涵养区域，森林生态系统生态功能的发挥对于维护区域生态安全具有十分重要的作用。

（6）保护管理机构能力

保护区尚未有独立的管理机构，由田阳县林业局代管。

（7）保护区功能分区

保护区内林地属集体林地，未开展边界确定和总体规划。根据《广西自然保护区》（广西壮族自治区林业厅，1993）的描述，保护区位置示意见图 3-42。

### 3.1.43　古龙山自然保护区

古龙山自然保护区前身为 1982 年建立的古龙山水源林区，由林业部门管理，2002 年被明确为县级自然保护区，2009 年完成界线确定及总体规划。保护区地跨靖西、德保两县，地理坐标为东经 106°33′17″～106°48′44″、北纬 22°54′58″～23°11′42″，总面积 29 675.0 hm²，其中德保县境内面积 10 376.0 hm²，靖西县境内面积 19 299.0 hm²。

（1）自然环境

保护区属古生代的花岗岩、石灰岩地层，在红山至燕峒一带土山是花岗岩，湖润一带的石山是石灰岩。保护区地貌类型以低山为主，土石山交错，海拔在 500～800 m，最高峰为红山，海拔 1 309.8 m，最低海拔 325 m，位于新灵与湖润村交界河口。

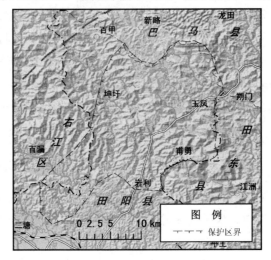

图 3-42　百东河自然保护区图

保护区属亚热带季风气候区，光照充足，热量丰富，雨量充沛。年平均气温 19.3℃，≥10℃ 的年有效积温 6 500～7 400℃。全年日照时数 1 519.7 h。多年平均降水量 1 500～1 700 mm，年蒸发量 1 462 mm。

流经保护区的河流主要有妙怀河、逻水、多吉河、四明河、古劳河、流珠水等 6 条，河流总长度 106.7 km。

保护区内土壤母质主要由花岗岩、砂页岩、页岩和石灰岩发育而成，海拔 500 m 以下为赤红壤，500～800 m 为山地红壤，800 m 以上为山地黄壤。棕色石灰土分布于石山下坡或山弄槽谷。

（2）社区概况

保护区范围涉及 6 个乡镇，30 个村委会，其中，靖西县境内有湖润、岳圩、同德、武平等 4 个乡镇、21 个村委会，德保县境内有燕峒、龙光 2 个乡镇、9 个村委会。

据 2007 年统计，保护区内共有村屯 111 个，农户 4 468 户，人口 20 387 人，其中壮族 20 198 人。核心区内有村屯 19 个，农户 583 户，人口 2 527 人；缓冲区内有村屯 16 个，农户 597 户，人口 2 673 人；实验区内有村屯 76 个，农户 3 288 户，人口 15 187 人。保护区人口密度 69 人/km²。有耕地面积 1 361.7 hm²，其中水田 992.9 hm²，旱地 368.8 hm²，人均耕地面积 0.07 hm²。粮食作物以水稻、玉米为主，2007 年人均有粮 365 kg。农民人均纯收入最高是德保县燕峒乡多龙村那奎屯，为 2 350 元，最低是靖西县同德乡果老村弄庇屯，为 1 211 元。

保护区周边共有村屯居民点 97 个，农户 4 600 户，人口 20 191 人，其中壮族 20 183 人。有耕地 1 450.5 hm²，其中水田 1 051.2 hm²，旱地 399.3 hm²，人均耕地面积 0.07 hm²。

2007 年人均有粮 262 kg。

（3）野生维管束植物

保护区在植被分区上属于北热带，植物区系成分以热带成分为主。保护区天然植被分为 4 个植被型组，7 个植被型和 24 个群系。已知有野生维管束植物 205 科 710 属 1 163 种，国家Ⅱ级重点保护野生植物有亨利原始观音座莲（*Archangiopteris henryi*）、桫椤、金毛狗脊、华南五针松、大叶木莲（*Manglietia megaphylla*）、地枫皮、香樟、海南风吹楠、蚬木、海南椴、广西火桐、任豆、榉树、蒜头果、喜树、紫荆木、董棕。

此外，还有兰科植物 33 属 50 种、金丝李、肥牛树、剑叶龙血树等广西重点保护野生植物和箭根薯（*Tacca chantrieri*）等珍稀濒危植物。

（4）陆生野生脊椎动物

保护区迄今已知共有陆生野生脊椎动物 285 种，隶属于 4 纲 24 目 81 科。国家Ⅰ级重点保护野生动物有熊猴、黑叶猴、林麝、蟒蛇等 4 种，国家Ⅱ级重点保护野生动物有猕猴、大灵猫、小灵猫、斑林狸、中华鬣羚、原鸡、白鹇、黑冠鹃隼、凤头蜂鹰、黑鸢、蛇雕、凤头鹰、褐耳鹰、松雀鹰、雀鹰、普通鵟、红隼、燕隼、红翅绿鸠、褐翅鸦鹃、小鸦鹃、黄嘴角鸮、领角鸮、雕鸮、灰林鸮、领鸺鹠、斑头鸺鹠、大壁虎、虎纹蛙等。

广西重点保护野生动物黑眶蟾蜍、沼水蛙、泽陆蛙、平胸龟、变色树蜥、钩盲蛇（*Ramphotyphlops braminus*）、滑鼠蛇（*Ptyas mucosus*）、金环蛇、果子狸、赤麂（*Muntiacus muntjak*）、小麂（*Muntiacus reevesi*）等 78 种。

被 IUCN 列入红色名录的全球性受威胁物种有 8 种，其中濒危（EN）3 种，易危（VU）2 种，近危（NT）3 种。分别是林麝（EN）、缅甸陆龟（*Indotestudo elongata*，EN）、棘胸蛙（VU）、黄胸鹀（*Emberiza aureola*，EN）、熊猴（NT）、大灵猫（NT）、中华鬣羚（NT）。

（5）其他重要自然资源

旅游资源丰富，景观类型多样，具有地貌景观、水域景观、森林景观等生态旅游资源。保护区内森林密布，植被茂盛，群峰苍翠，山青水澈。保护区岩溶地貌发育，峡谷蜿蜒幽长，瀑布九天倒泻，洞幽石奇，河湖澄碧。已开发的通灵大峡谷、古龙山漂流以及古龙山峡谷群在广西区内外享有很高的声誉。

（6）主要保护对象与保护区价值

保护区以北热带喀斯特森林生态系统、北热带次生季雨林生态系统、黑叶猴、广西火桐等珍稀濒危野生动植物及其生境为主要保护对象。

保护区地处中越边境，是亚洲大陆和中南半岛生物交流的重要通道，中越边生物区正成为国际生物多样性研究的热点区域，因此，保护区在国际保护和研究当中具有重要的价值和意义。

古龙山自然保护区位于桂西南自然保护区群的中心，是连接 16 处不同自然保护区的重要节点，成为连接桂西南和中越边境自然保护区的重要桥梁与纽带，为该区域生物交流起到了关键性作用。同时，保护区所在的桂西南地区是中国生物多样性3个植物特有现象中心之一，是中国生物多样性保护优先区之一，在广西乃至全国都具有重要的保护地位。

古龙山保护区是广西重要的水源涵养林区，是左江支流黑水河的重要发源地，灌溉农田超过3 400 hm$^2$，是当地和下游地区工农业生产和人民群众生产生活的重要水源，是当地社会经济可持续发展的生态屏障，具有重要的保护价值。

（7）保护管理机构能力

保护区靖西县境内原来由古龙山派出所监管，现在实为无人员无机构无编制状态；德保县境内现在由多奎水源林区派出所监管。

（8）保护区功能分区

根据自治区林业厅2009年批准的《广西古龙山县级自然保护区总体规划（2010—2020年）》（广西林业勘测设计院，2009），保护区核心区面积6 502.9 hm$^2$，缓冲区面积4 989.3 hm$^2$，实验区总面积18 182.8 hm$^2$。保护区位置与功能分区见图3-43。

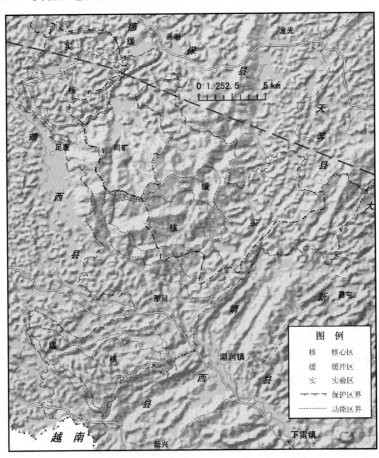

图3-43　古龙山自然保护区图

### 3.1.44　达洪江自然保护区

达洪江自然保护区地处平果县境内，建于 1982 年，由林业部门管理，按《广西自然保护区》（广西壮族自治区林业厅，1993）的描述以及《广西壮族自治区自然保护区发展规划（1998—2010 年）》（广西壮族自治区环保局等，1998），保护区地处东经107°21′～107°32′，北纬 23°41′～23°52′，范围包括平果县的榜圩、海城、同老、黎明 4个乡（镇）共 14 个村以及国营海明林场、集体力明林场的部分区域，面积为 28 400 hm²。2002 年被明确为县级自然保护区。

（1）自然环境

保护区地层由三叠纪百逢砂页岩、页岩构成。地势西高东低，一般海拔 300～500 m，最高峰龟头山海拔 934.6 m，最低海拔 266 m。地貌为低山、高丘占优势。

保护区气候属南亚热带季风气候，年均气温 19℃，年降水量 1 350 mm，雨季在 4—9 月。

保护区内共有大小河沟 17 条，汇入达洪江水库，属珠江流域西江水系。

（2）社区概况

保护区共涉及榜圩、海城、同老和黎明等 4 个乡镇以及国营海明林场、力明集体林场的部分山林。

（3）野生维管束植物

保护区分布的国家重点保护野生植物主要有香樟、任豆等。

地带性植被为南亚热带季风常绿阔叶林，森林覆盖率为 38%。但是原生林已被破坏，在海拔 600 m 以上残存有以红锥（*Castanopsis hystrix*）为主的次生林，海拔 600 m以下为以西桦为主的落叶阔叶林，另外还有次生的稀树灌草丛。

（4）陆生野生脊椎动物

保护区分布的国家和广西重点保护的陆生野生脊椎动物主要有中国穿山甲、鹧鸪（*Francolinus pintadeanus*）、眼镜蛇、金环蛇等。

（5）主要保护对象与保护价值

保护区主要保护对象为南亚热带季风常绿阔叶林生态系统、水源涵养林。

（6）保护管理机构能力

保护区尚未建有独立的保护管理机构，目前由平果县林业局及国营海明林场代管。

（7）保护区功能分区

保护区尚未开展界线确定和总体规划。根据《广西自然保护区》（广西壮族自治区林业厅，1993）的描述，保护区位置示意见图 3-44。

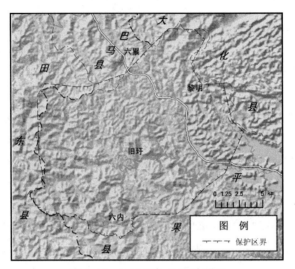

图 3-44　达洪江自然保护区图

### 3.1.45　地州自然保护区

地州自然保护区建于 1982 年,由林业部门管理,2002 年被明确为县级自然保护区,2012 年完成面积和界线确定。保护区位于靖西县,地处东经 106°07′49″～106°20′06″、北纬 23°00′11″～23°05′30″之间,总面积 11 241.7 hm²。

（1）自然环境

保护区地层主要为古生代泥盆纪石灰岩,地貌为峰丛石山,海拔一般 1 000 m 左右,最高峰巴罗山海拔 1 122 m,谷地海拔 800 m 左右,相对高差 200 m 以上。属北热带山地气候,年平均气温 19.5℃,最冷月（1 月）平均气温 11.0℃,极端最低气温-1.9℃；最热月（7 月）平均气温 25.0℃,极端最高气温 36.6℃,≥10℃年活动积温 6 280℃。年降水量 1 600 mm,年蒸发量 1 500 mm,相对湿度 80%。

保护区属左江水系,是坡豆河、平江河发源地,河流径流量大,常年奔腾不息,水资源丰富。

保护区土壤主要为石灰岩发育而成的棕色石灰土。

（2）社区概况

保护区范围涉及靖西县地州、禄峒、安宁 3 个乡,13 个行政村,共 770 户,3 403 人（2010 年统计）。

保护区周边涉及地州、禄峒、安宁、吞盘 4 个乡,17 个行政村,90 个村民小组,73 个自然屯,4 367 户,18 651 人（2010 年统计）。

（3）野生维管束植物

保护区已知国家Ⅱ级重点保护野生植物有地枫皮、香樟、蚬木、任豆、半枫荷、蒜头果、红椿、董棕等,广西重点保护野生植物有海南粗榧、八角莲、锯叶竹节树、金丝李、蝴蝶果（*Cleidiocarpon cavaleriei*）、见血封喉（*Antiaris toxicaria*）、火麻树、巴戟天（*Morinda officinalis*）、剑叶龙血树以及多种兰科植物。

（4）陆生野生脊椎动物

根据广西百色学院曾小飚、苏仕林于 2007—2008 年的调查结果，保护区已知两栖爬行动物 44 种，隶属 29 属 14 科。其中，两栖动物 20 种，隶属 10 属 6 科；爬行动物 24 种，隶属 19 属 8 科。多年资料表明，保护区有国家 I 级重点保护野生动物林麝、蟒蛇等，国家 II 级重点保护野生动物有短尾猴、猕猴、巨松鼠、金猫、大灵猫、小灵猫、水鹿、中华鬣羚、蛇雕、红隼、原鸡、白鹇、白腹锦鸡、褐翅鸦鹃、领角鸮、大壁虎、虎纹蛙等，广西重点保护野生动物有花面狸（*Paguma larvata*）、眼镜王蛇等。

（5）主要保护对象与保护价值

主要保护对象是北热带石灰岩季雨林生态系统，蚬木、兰科植物等珍稀濒危野生植物以及重要的水源涵养林。

保护区紧靠 2006 年在广西重新发现的全球极度濒危的东黑冠长臂猿（*Nomascus nasutus*）所在的邦亮长臂猿自然保护区，毗邻越南社会主义共和国，具有重要的全球保护意义。

（6）保护管理机构能力

保护区没有专门的管理机构，缺乏专业技术人员。

（7）保护区功能分区

保护区尚未开展总体规划，只进行初步功能分区。根据自治区人民政府 2012 年批准的面积和界线确定方案（桂政函[2012]206 号），明确了保护区的范围和界线。根据《广西地州县级自然保护区面积和界线确定方案》，保护区界线和功能分区设想见图 3-45。

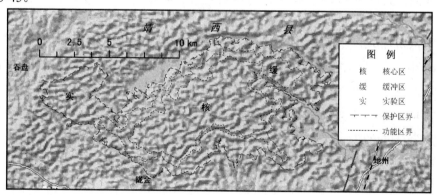

图 3-45　地州自然保护区图

## 3.1.46　德孚自然保护区

德孚自然保护区建于 1982 年，由林业部门管理，2002 年被明确为县级自然保护区，

2012 年完成面积和界线确定。保护区位于那坡县，总面积 2 738.6 hm²，分为 2 个片区，其中老羊山片区位于德隆乡境内，地理坐标为东经 105°44′54″～105°48′57″、北纬 23°16′03″～23°19′16″；规弄山片区跨德隆、百省、百合 3 个乡，地理坐标为东经 105°45′01″～105°48′20″、北纬 23°10′38″～23°15′23″。

（1）自然环境

保护区山地地层由三叠纪百逢组下段砂页岩构成，属六韶山支脉的中山山地，平均海拔 1 000 m 左右，最高峰规弄山海拔 1 670 m，最低处位于百都乡坡芽村那完河，海拔 663 m。属北热带山地气候，年平均气温 18.7℃，最冷月（1 月）平均气温 10.7℃，极端最低气温-4.4℃；最热月（7 月）平均气温 24.4℃，极端最高气温 35.5℃，≥10℃年活动积温 6 044℃，年降水量 1 422 mm，年蒸发量 1 394 mm，相对湿度 80%。

保护区山高谷深，森林繁茂，蕴含着丰富的水源，境内 30 条小溪四季长流，主要有德隆河和下华河，属百都河水系，经百南乡流入越南。

保护区土壤主要为黄红壤，pH 值为 5.0 左右，有机质含量丰富。

（2）社区概况

保护区范围涉及德隆、百省、百合 3 个乡，8 个行政村，947 户，共 4 218 人（2010 年统计）。

保护区周边涉及德隆、百省、百合、百都、城厢 5 个乡，20 个行政村，91 个自然屯，2 597 户，共 11 270 人（2010 年统计），分属壮、汉、瑶、彝 4 个民族，以壮族占多数。

（3）野生维管束植物

保护区已知维管束植物 145 科 361 属 623 种。国家 II 级重点保护野生植物有桫椤、金毛狗脊、大叶木莲、华南锥、马尾树等。药用植物有德保黄精（*Polygonatum kingianum*）、草果（*Amomum tsaoko*）、金银花（*Lonicera japonica*）等，芳香植物有山苍子（*Litsea cubeba*）、花椒（*Zanthoxylum bungeanum*）等。

保护区地处北热带山地，属古热带植物区北部湾地区，具有明显的热带北缘性质。保护区原生性森林为山地常绿阔叶林，主要以壳斗科（Fagaceae）、木兰科（Magnoliaceae）、金缕梅科（Hamamelidaceae）为主，上层乔木常见栲类、桂南木莲（*Manglietia conifera*）、马蹄荷、米老排（*Mytilaria laosensis*）、大头茶（*Gordonia axillaris*）、枫香等，米老排在海拔较低处形成连片天然林。

（4）陆生野生脊椎动物

保护区已知国家 I 级重点保护野生动物有蟒蛇，国家 II 级重点保护野生动物有中国穿山甲、金猫、大灵猫、小灵猫、红隼、原鸡、白鹇、领角鸮、虎纹蛙等。

（5）主要保护对象与保护价值

主要保护对象是北热带山地常绿阔叶林生态系统以及重要的水源涵养林。

保护区山高谷深，森林水源涵养丰富，自然景观优美，气候宜人，四季如春，是开展生态旅游的良好场所。

（6）保护管理机构能力

保护区设有各仕、老羊山、巴熊等 3 个管理站，现有职工 18 人，其中管理人员 4 人。

（7）保护区功能分区

保护区尚未开展总体规划，未进行功能分区。根据自治区人民政府 2012 年批准的面积和界线确定方案（桂政函[2012]206 号），保护区范围界限见图 3-46。

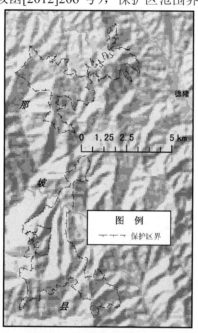

图 3-46　德孚自然保护区图

## 3.2　海洋与海岸生态系统类型自然保护区

### 3.2.1　山口红树林生态自然保护区

山口红树林生态自然保护区建于 1990 年，属海洋部门管理的国家级自然保护区，1993 年加入中国"人与生物圈"保护区网络，2000 年加入联合国教科文组织（UNESCO）"人与生物圈"计划（MBP），2002 年列入《国际重要湿地名录》。保护区位于合浦县境内，由东南部沙田半岛的东西两侧海岸及海域组成（英罗港、丹兜海和铁山港东岸），东与广东省湛江红树林国家级自然保护区接壤，地理坐标为东经 109°37′00″～109°47′00″、北纬 21°28′22″～21°37′00″，总面积 8 000 hm²。

（1）自然环境

山口保护区主要地质类型为第四纪松散沉积物橄榄玄武岩和基性火山岩。其中，第四纪松散沉积物约占陆域面积的 80%以上，分为全新统和更新统两类。全新统集中分布在丹兜港两侧海岸高潮线以上 1～2 km 的陆域地带；更新统主要分布在英罗港洗米河口至新村岸段。基性火山岩和橄榄玄武岩主要分布在英罗港新村至马鞍岭一带的海岸线以上 4～6 km 的区域内。保护区陆岸地貌类型以古冲积台地为主，在台地边缘（古海岸线）和现代海岸线之间和小河口区形成狭长的海积平原，英罗港的部分海岸出现海蚀崖。沙田半岛的东西两侧是典型的溺谷湾海岸类型，潮间带淤泥深厚，开阔平坦。

保护区地处南亚热带季风气候区，光照充足，雨量充沛，风力较大。多年平均气温 23.4℃，极端最高气温 38.2℃，极端最低气温 1.5℃。≥10℃年均积温 7 708～8 261℃。年平均降雨量 1 500～1 700 mm，降雨多集中在 4—9 月；年均蒸发量 1 000～1 400 mm；年平均日照时数 1 796～1 800 h。主要的灾害性天气为台风（多在 7—8 月发生）和暴雨。

保护区海域的潮汐类型属非正规全日潮，年平均潮差 2.31～2.59 m，潮差的季节变化是夏季大，春季小。多年平均潮差 2.52 m，最大潮差 6.25 m。当地平均海面比黄海基面高 0.37 m。海水平均海水盐度 28.9‰。保护区东面的英罗港有武留江、洗米河和湛江的大坝河等 3 条河流流入，西面的丹兜海有那郊河注入，但径流注入量均很少。

保护区土壤主要以砖红壤和沙质土为主。陆岸土壤为砖红壤，土层深厚，质地偏黏，呈酸性；沿海滩涂有沙质和泥质两种，沙滩占 60%，淤泥质海滩占 40%，属滨海盐土；红树林区土壤为红树林潮滩盐土，一般缺乏层次，是一类年轻的土壤，较其他滨海盐土富含有机质，酸度也较强，剖面多呈暗灰色或蓝黑色。

（2）社区概况

山口保护区内无社区分布，周边涉及山口、沙田和白沙等 3 个乡镇的 15 个行政村，人口约 54 400 人。

保护区周边社区经济结构主要由农业和渔业组成。其中，渔业生产以捕捞鱼虾蟹贝和海水养殖为主，而海水养殖已成为当地居民经济收入的重要来源。同时，周边社区积极发展乡镇企业和旅游业。随着山口保护区生态旅游的发展和知名度的提高，周边社区也从红树林保护和可持续利用中受益。保护区所处海域是重要的渔业生产基地，又是西南大通道的重要出海口，周边社区发展前景广阔。

（3）野生维管束植物

山口保护区已知有野生维管束植物 34 科 48 属 60 种，其中蕨类植物 1 科 1 属 1 种，被子植物 33 科 47 属 59 种。有红树半红树植物共计 11 科 14 属 14 种，其中红树植物有 7 科 9 属 9 种，半红树植物 4 科 5 属 5 种。

保护区的植被类型以红树林为主，红树林面积 818.8 hm$^2$，主要有白骨壤（*Avicennia marina*）群落、桐花树（*Aegiceras corniculatum*）群落、秋茄（*Kandelia candel*）群落、红海榄（*Rhizophora stylosa*）群落、木榄（*Bruguirea gymnorrhiza*）群落、海漆（*Excoecaria agallocha*）群落、黄槿（*Hibiscus tiliscus*）群落等。此外，在保护区英罗港红树林外围

有 2 个海草床，面积约 266 hm²，主要由日本大叶藻、二药藻和喜盐草群系组成。

（4）野生动物

山口保护区已知分布有大型底栖动物 170 种，其中软体动物 81 种，节肢动物 68 种，脊索动物 11 种，环节动物 6 种，纽虫动物门 1 种，星虫动物门 2 种，腕足动物门 1 种。

保护区共记录有野生脊椎动物 27 目 71 科 201 种，其中鱼类 11 目 39 科 95 种，鸟类 16 目 32 科 106 种，包含国家 II 级保护动物白琵鹭、黑脸琵鹭（*Platalea minor*）、凤头鹰、松雀鹰、雀鹰、黑鸢、灰脸鵟鹰、燕隼、红脚隼、红隼、小鸦鹃、红角鸮、斑头鸺鹠等。

（5）其他重要资源

山口保护区景观资源丰富，形成以红树林、海滩、水鸟等为主体的自然风光，具有开展生态旅游的良好条件，目前主要的生态旅游活动有英罗港红树林观光、海上专题（南珠、儒艮）考察、林中游船观光等。

（6）主要保护对象与保护价值

山口保护区的主要保护对象是红树林生态系统及其生物多样性。

保护区具有重要的生态区位，地处亚洲大陆东北部与中南半岛、南洋群岛及澳大利亚之间候鸟迁徙的重要通道。保护区湿地蕴含着巨大的价值，主要包括生态服务功能价值、生物多样性保护、科学研究等方面。

（7）保护管理机构能力

山口保护区的管理机构是山口红树林国家级自然保护区管理处，内设办公室、保护科、业务科、旅游区等 4 个职能部门，下设沙田保护站和英罗保护站。至 2012 年年底，保护区共有在编人员 16 名，其中行政管理人员 14 人，技术人员 1 人，工人 1 人。

保护区自成立以来，在保护区基础设施建设、保护与生态恢复、科普宣传与教育、科研监测和对外交流等方面取得了丰硕成果。1994 年广西壮族自治区人民政府颁布了《广西壮族自治区山口红树林生态自然保护区管理办法》，合浦县人民政府先后发布了《关于加强国家级山口红树林生态自然保护区管理的通告》（合政发[1991]1 号）、《关于严禁破坏山口国家级红树林生态自然保护区生态环境的公告》（2001 年）、《关于进一步加强红树林资源保护管理工作的通知》（合政发[2003]84 号）等一系列规章，为保护区的全面管理提供了法制保障。

（8）保护区功能分区

根据国家海洋局 2012 年批准的《广西山口国家级红树林生态自然保护区总体规划（2012—2020 年）》（广西山口国家级红树林生态自然保护区管理处、广西红树林研究中心，2011），保护区划分为核心区、缓冲区和实验区，面积分别为 824 hm²、3 600 hm² 和 3 576 hm²。保护区位置与功能分区见图 3-47。

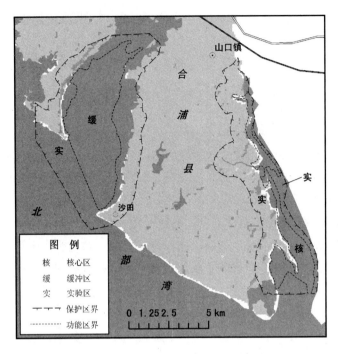

图 3-47　山口红树林自然保护区图

### 3.2.2　北仑河口自然保护区

北仑河口自然保护区前身为 1983 年原防城县人民政府批准建立的山脚红树林保护区，1990 年晋升为自治区级海洋自然保护区，2000 年晋升为国家级自然保护区，属海洋部门管理，2001 年加入中国"人与生物圈"（MAB）网络，2004 年加入中国生物多样性保护基金会自然保护区委员会，2008 年列入《国际重要湿地名录》。保护区位于防城港市的防城区和东兴市境内，地处我国大陆海岸线西南端，南濒北部湾，西与越南交界（北仑河为中越两国界河）。地理坐标为东经 108°00′30″～108°16′30″、北纬21°31′00″～21°37′30″，总面积 3 000 hm²，分黄竹江、石角、交东、竹排江和北仑河口等 5 个片区。

（1）自然环境

北仑河口保护区背靠十万大山，东南临北部湾，西南与越南毗邻，背面以低山丘陵为主。保护区海岸线全长 87 km，拥有河口海岸、开阔海岸和海域海岸等地貌类型。保护区由东到西跨越了珍珠湾、江平三岛（山心岛、万尾岛）和北仑河口，沿岸 6%为沙质海岸，15%为淤泥质海岸，19%为基岩海岸，60%为人工海岸。保护区周边陆地地貌主要为低丘台地、侵蚀剥蚀丘陵台地、海积平原、冲积－海积平原和沙堤等。

北仑河口保护区地处南亚热带季风气候区，年平均气温为 22.3℃，最热月（7 月）平均气温 28.6℃，最冷月（1 月）平均气温 14.1℃，海水年平均温度 23.5℃，平均年降

广西自然保护区

雨量 2 500 mm，6—9 月为雨季；4—9 月是台风暴雨季节，多雷暴天气，台风带来暴雨和海浪冲击海岸，破坏能量巨大。

保护区海域的潮汐类型以正规全日潮为主，平均潮差为 2.22 m（黄海基准面起算），最大潮差 5.64 m，平均潮位为 0.34 m，平均高潮位 1.53 m，平均低潮位 −0.69 m。平均海面 0.34 m。流入保护区的河流主要有黄竹江、江平江、罗浮江、北仑河等。

保护区内土壤多为浅海沉积、潮汐及河流搬运的堆积物在红树林的生长作用下逐渐发育形成的盐渍沼泽土，沿岸陆地为典型的砖红壤性红土，由砂页岩发育而成，形成海滨沙地。

（2）社区概况

北仑河口保护区内无社区分布；沿岸涉及的乡镇自西向东分别是东兴市的东兴镇、江平镇和防城区的江山乡，涉及竹山、楠木山、榕树头、巫头、万尾、潭吉、贵明、山心、班埃、交东、石角、潭西和新基等 13 个行政村，人口约 26 400 人，民族构成以汉族、京族、壮族等为主。

保护区周边社区的经济结构由农业（粮食和经济作物种植）、养殖业（禽畜养殖、海水养殖）、渔业（海洋捕捞）、加工业（农副产品加工、海产品加工）、旅游业等组成。海水养殖、浅海捕捞和红树林区经济动物捕获是周边社区主要的经济收入来源。

近年来，保护区周边社区的经济发展较快，农业和渔业是主要的支柱产业，乡镇企业和旅游业的发展也呈上升趋势。保护区生态旅游的发展和知名度的提高为周边社区创造了良好的经济效益。

（3）野生维管束植物

北仑河口保护区已知有维管束植物 18 科 21 属 22 种，其中红树植物 11 科 14 属 15 种（真红树 11 种，半红树 4 种），常见的伴生植物有 5 科 5 属 15 种；海草床植物 2 科 2 属 2 种。

保护区主要的植被类型是红树林，分布面积为 1 274 hm²，共划分为 8 个群系 14 个群落类型，主要有卤蕨（Acrostichum aureurm）群落、白骨壤群落、桐花树群落、秋茄群落、木榄群落、老鼠簕（Acanthus ilicifolius）群落、海漆群落和银叶树（Heritiera littoralis）群落等，以及红海榄的人工群落。一些半红树植物也形成了较明显的群落，如黄槿群落和海杧果（Cerbera manghas）群落。其中连片木榄纯林和大面积老鼠簕纯林群落为国内罕见。

此外，保护区分布有海草床约 50 hm²，主要群落类型为贝克喜盐草群落和矮大叶藻群落。

（4）野生动物

北仑河口保护区动物种类丰富，已知有大型底栖动物 94 属 124 种，其中多毛类 24 属 27 种、软体动物 34 属 48 种、甲壳动物 23 属 35 种、底栖鱼类 5 属 5 种、棘皮动物 1 属 1 种、其他动物 7 属 8 种。野生脊椎动物中，有鱼类 7 目 24 科 39 种，两栖动物 1

目3科9种，爬行动物3目4科9种，鸟类16目50科187种，哺乳动物5目8科10种。

保护区的大型底栖动物中有国家优先保护的海洋动物鸭嘴海豆芽（*Lingula anatina*），广西重点保护的有圆尾鲎、中华鲎和南方鲎（*Tachypleus gigas*）等。保护区分布有国家重点保护鸟类30种，其中国家Ⅰ级重点保护有白肩雕（*Aquila heliaca*），国家Ⅱ级重点保护有虎纹蛙、海龟、玳瑁、黄嘴白鹭、黑脸琵鹭、白琵鹭、岩鹭、黑翅鸢、黑鸢（鸢）、白头鹞、白腹鹞、凤头鹰、赤腹鹰、松雀鹰、雀鹰、灰脸鵟鹰、普通鵟、红隼、燕隼、游隼、斑嘴鹈鹕、海鸬鹚、棕背田鸡（*Porzana bicolor*）、铜翅水雉（*Metopidius indicus*）、小杓鹬（*Numensis minutus*）、褐翅鸦鹃、小鸦鹃、领角鸮、红角鸮、鹰鸮、仙八色鸫等。在保护区鸟类中，全球性受威胁鸟类有10种，其中极危（CR）的有勺嘴鹬（*Eurynorhynchus pygmeus*），濒危（EN）的有黑脸琵鹭，易危（VU）的有斑嘴鹈鹕、黄嘴白鹭（*Egretta eulophotes*）、小白额雁（*Anser erythropus*）、花脸鸭（*Anas formosa*）、青头潜鸭（*Aythya baeri*）、白肩雕、黑嘴鸥和仙八色鸫，其他珍稀物种有鹗（*Pandion haliaetus*）等8种。

（5）其他重要资源

北仑河口保护区的景观资源很丰富，集广阔的海滩、茂盛的红树林、云集的飞鸟等景观于一体。珍珠湾红树林是我国大陆海岸规模最大的海湾红树林，而北仑河口处的红树林生长于河海交汇处，景观空间十分开阔。保护区内湿地是重要的国际候鸟通道，在候鸟迁徙季节，约有10万只以上候鸟途经此地，蔚为壮观。

保护区红树林区的一些动物类群是周边社区居民传统利用的经济资源，例如方格星虫（*Sipunculus nudus*）、革囊星虫（*Phasolosma esculenta*）等星虫类，牡蛎 ostrea gigas）、泥蚶（*Tegillarca granosa*）、大竹蛏（*Solen grandis*）、缢蛏（*Sinonovacula constricta*）、红树蚬（*Gelonia coaxans*）、文蛤（*Meretrix meretrix*）等贝类，青蟹（*Scylla serrata*）、长腕和尚蟹（*Mictyris longicarpus*）等蟹类，脊尾白虾（*Exopalaemon carinicauda*）等虾类，弹涂鱼（*Periophthalmus cantonensis*）、中华乌塘鳢（*Bostrychus sinensis*）等鱼类。

此外，位于北仑河口保护区东部的珍珠湾盛产珍珠，是中国"南珠"主产地之一。

（6）主要保护对象与保护价值

北仑河口保护区的主要保护对象是红树林、海草床和滨海过渡带等生态系统。保护区具有极其重要的生态区位。北仑河是中越两国的界河，北仑河口湿地的生态环境保护关系到国家的生态安全和国土安全，对于维护我国领土和海洋权益具有重大意义。保护区湿地还是重要的国际候鸟迁徙通道。同时，保护区具有我国大陆海岸面积最大、保存较为完好的海湾红树林生态系统，并具有较大面积生长在平均海面以下的红树林，还有我国海岸线上现存不多的较完整的滨海过渡带生态系统和濒危的海草床生态系统。因此，保护区对于生物多样性的保存和维持具有重要的不可替代的作用，并具有很高的科学研究和生态旅游价值。

（7）保护管理机构能力

北仑河口保护区管理机构名称为北仑河口国家级自然保护区管理处，内设办公室、科研处、资源保护管理科、宣教与社区参与科等 4 个职能部门，下设珍珠湾和竹山 2 个管理站。至 2012 年年底，保护区共有在编人员 9 名，聘用科技人员 2 名、专职护林员 3 人和编外护林员 6 名。

保护区自成立以来，在红树林生态恢复、管理和执法机构建设、社区共管、科研监测、科普宣教和对外合作与交流等方面开展了大量工作，并取得了较好的成效。

（8）保护区功能分区

根据《广西北仑河口国家级自然保护区总体规划（2014—2025 年）》（广西北仑河口国家级自然保护区管理处，2014 年），保护区划分为核心区、缓冲区和实验区，面积分别为 1 406.7 hm²、1 260.0 hm² 和 333.3 hm²。保护区范围和功能分区见图 3-48。

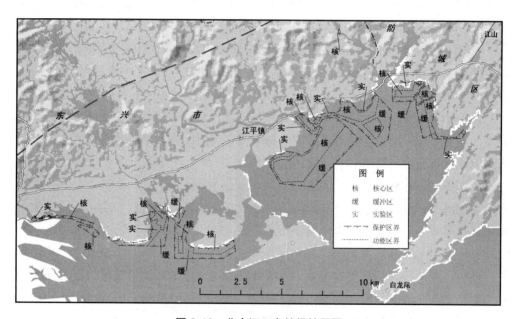

图 3-48　北仑河口自然保护区图

### 3.2.3　茅尾海红树林自然保护区

茅尾海红树林自然保护区成立于 2005 年，属林业部门管理的自治区级自然保护区，2014 年进行范围和面积调整。保护区位于钦州市钦南区境内的钦州湾，地理坐标为东经 108°28′33″～108°54′24″、北纬 21°44′19″～21°54′10″，总面积 3 464 hm²，由康熙岭、坚心围、七十二泾、大风江等 4 个近海与海岸湿地片区组成，面积分别为 1 836.7 hm²、754.8 hm²、192.7 hm²、679.8 hm²。

（1）自然环境

茅尾海保护区在大地构造上为新华夏系构造体系第二隆起带的西北端，北部湾坳陷北侧边缘，基岩由中生代侏罗纪泥岩、砂岩和第四纪近代沉积物构成。保护区所在区域岩层破碎，经长期河流切割和风化剥蚀作用，海岸线曲折，港汊、岛屿众多，形成典型的溺谷型海湾。茅尾海区域地势平坦，由钦江河河水与海水共同作用形成的平滩，呈现出大面积泥质、沙质滩涂，滩涂西北高东南低，潮沟密布交错，具有典型的潮沟地貌景观；七十二泾由众多岛屿组成，为基岩溺谷型海岸，金鼓江、大风江区域是典型的海汊地形。

保护区地处低纬度地区，属南亚热带季风气候，具有南亚热带向热带过渡性质的海洋季风特点，受海洋气候影响较大。年平均气温22~23.4℃，7月平均气温28~29℃，1月平均气温13~15℃，极端最高气温37.5℃，极端最低气温-1.8℃。雨量充沛，年平均降雨量2 075.7~2 106.5 mm，雨季出现在4~9月；年平均蒸发量1 655.8~1 706.5 mm。风害威胁较严重，每年出现7~10级的台风或大风2~3次，成为该地区主要的自然灾害。

保护区海域的潮汐类型为不规则全日潮，平均高潮位3.95 m，平均低潮位1.45 m，最大潮差5.52 m，平均潮差2.5 m。海水年平均温度23.1℃，平均含盐度28.2 ‰。主要入海河流有茅岭江、钦江和大风江。

保护区土壤成土母质主要是花岗岩和砂页岩，在地带性气候的作用下，陆岸形成典型浅海赤红壤；沿海岸线地带主要分布有固定滨海沙土和半固定滨海沙土；在潮汐带局部分布有肥力较高的滨海红树林沼泽土。

（2）社区概况

茅尾海保护区内无社区分布，周边涉及钦南区康熙岭、龙门、尖山、大番坡、犀牛脚、那丽、东场等7个乡镇以及钦州港，共45个行政村，总人口约18万人，其中汉族人口占58%，壮族占42%。

保护区周边社区经济结构主要由农业和渔业组成，其中渔业生产以浅海捕捞和海水养殖为主，而海水养殖已成为当地居民经济收入的重要来源。

（3）野生维管束植物

保护区已知野生维管束植物82科228属294种，其中红树植物13科16属16种，包括红树植物8科10属10种，半红树植物5科6属6种，红树林总面积2 145.1 hm²。

保护区主要的植被类型有秋茄、桐花树、白骨壤、海漆、黄槿、无瓣海桑（Sonneratia apetala）、老鼠簕等群系。

（4）野生动物

保护区已知有野生脊椎动物30目84科216种，其中鱼类11目39科87种，两栖类1目5科7种，爬行类1目7科16种，鸟类15目31科103种，兽类2目2科3种。其中，国家Ⅰ级重点保护野生动物有黑鹳（Ciconia nigra），国家Ⅱ级重点保护野生动物有青鼬、江豚、黑翅鸢、黑鸢（鸢）、草原鹞、鹊鹞、松雀鹰、灰脸鵟鹰、红隼、猛隼、海鸬鹚、褐翅鸦鹃、小鸦鹃、红角鸮、海龟等，中澳、中日保护候鸟保护协定 33 种。

保护区已知分布有底栖动物 186 种，其中环节动物 35 种，软体动物 60 种，节肢动物 79 种，棘皮动物 12 种；有浮游动物 82 种，其中桡足类 29 种，水母类 28 种，此外还有介形类等。

（5）其他重要资源

茅尾海保护区及周边景观资源十分丰富，自然风光旖旎，渔家风情浓郁独特，海滩、海岛、海上森林等旅游资源伏击，人文底蕴丰富。主要的景观有"七十二泾"、红树林景观、鸟类和水禽景观等。

（6）主要保护对象与保护价值

茅尾海保护区的主要保护对象是红树林湿地生态系统及其生物多样性。

保护区湿地位于亚洲东北部与东南亚、南洋群岛和澳大利亚之间的候鸟迁徙通道上，是沿太平洋西海岸迁徙候鸟的必经地，也是众多留鸟、水禽的理想栖息地，生态区位重要。

保护区七十二泾片区分布的红树林湿地，是我国面积最大、最具典型性的岛群红树林、特有的岩滩红树林生物群落，具有较高的科学研究和生态旅游价值。

（7）保护管理机构能力

茅尾海保护区的管理机构是茅尾海红树林自治区级自然保护区管理处，内设办公室、保护科、科研宣教科、多种经营开发科、茅尾海派出所等职能部门，下设七十二泾保护管理站、大风江保护管理站、坚心围保护管理站以及康熙岭实验站等。

保护区由于成立时间较短，其建设尚处于初级阶段，保护设施设备缺乏，管理粗放，技术手段落后，保护执法环节薄弱，管护成效有待提高。

（8）保护区功能分区

根据自治区环境保护厅 2014 年 9 月发布的公示，保护区划分核心区、缓冲区和实验区，面积分别为 1 293.3 hm$^2$、1 166.0 hm$^2$ 和 1 004.7 hm$^2$。保护区范围与功能分区见图 3-49a、图 3-49b、图 3-49c、图 3-49d。

## 3.3 野生动物类型自然保护区

### 3.3.1 合浦儒艮自然保护区

合浦儒艮自然保护区始建于 1986 年，1992 年晋升为国家级保护区，由环保部门管理，兼属海洋和海岸生态系统类型。保护区地处合浦县境内，东起山口镇英罗港，西至沙田镇海域，海岸线全长 43 km，其界线为：地理坐标（21°30.00′、109°38.50′）、（21°30.00′、109°46.50′）、（21°18.00′、109°34.50′）、（21°18.00′、109°44.00′）4 点连线内的海域，总共 35 000 hm$^2$。

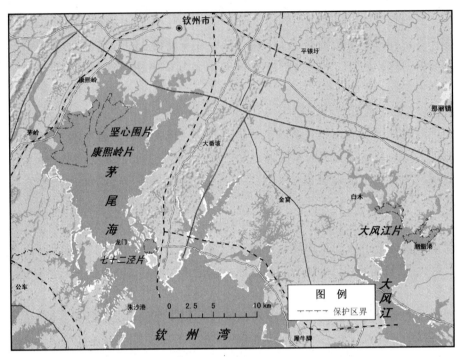

图 3-49a 茅尾海红树林自然保护区各片区位置图

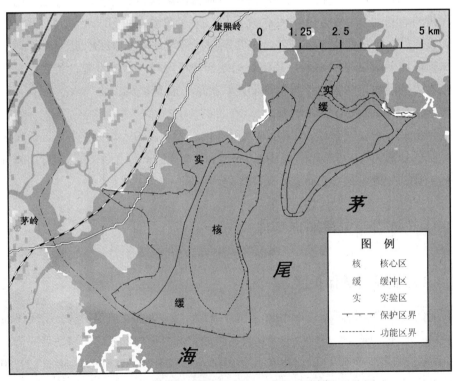

图 3-49b 茅尾海红树林自然保护区康熙岭—坚心围片图

图 3-49c 茅尾海红树林自然保护区七十二泾片图

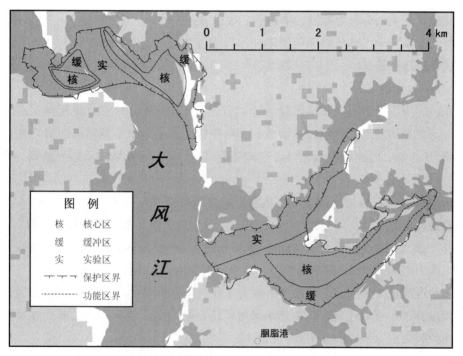

图 3-49d 茅尾海红树林自然保护区大风江片图

（1）自然环境

保护区所在海域海底地形复杂，深槽与沙脊并列，属强流型海岸地区，受潮流、破浪的侵蚀，沿岸海底的地貌主要有潮间浅滩、潮流深槽、潮流沙脊和海底平原几种类型。

保护区属南亚热带海洋性季风气候，冬无严寒，夏无酷暑，春秋季短。多年平均日照时数为 1 766.7 h，年平均气温为 22.9℃，全年无霜冻。≥0℃年均积温 8 181℃，≥10℃年均积温变化范围 7 800～8 300℃。多年平均降雨量为 1 573.4 mm，变化范围

1 300～2 500 mm，夏季雨量占全年的 83.4%。年均蒸发量 1 491.6 mm，变化范围 1 021.2～2 521.2 mm。年平均相对湿度为79.9%。冬季盛行东北风，夏季盛行西南风，年平均风速 3.7 m/s。主要灾害性天气有台风、偏北大风、西南大风、暴雨、海雾、低温阴雨等。其中台风的影响比较大，平均每年为 2～3 次。

保护区水源补给为综合补给，流出状况为永久性流出，积水状况为永久性积水。大部分区域潮汐属不规则半日潮，仅英罗港口附近为不规则全日潮。最高潮位 4.33 m，最低朝位-2.75 m，平均高潮位 1.62 m，平均低潮位-0.91 m。多年平均潮差 2.53 m，最大潮差 6.25 m。海水水质 pH 值8.15，为弱碱性；矿化度 7.20g/L，为咸水；透明度 2.0 m，透明度等级为浑浊；总氮 0.031 mg/L；总磷 0.001 9 mg/L，营养程度为贫营养；化学需氧量 0.79 mg/L；水质等级为第一类海水水质（国家海水水质标准），主要污染因子为阴离子表面活性剂和石油类。

海洋底质类型分布为粗砂、中粗砂、细中砂、中砂、砂-粉砂-黏土、黏土质砂等 6 种类型。其中黏土质砂分布于英罗港—沙田港外侧的潮间带、低潮带及潮下带，此底质最适合海草生长。

（2）社区概况

保护区周边分布的主要城镇有 7 个，分别为东面广东省廉江市车板镇、遂溪县界炮镇（原北潭镇与原界炮镇合并而成）和草潭镇（原下六镇与草潭镇两镇合为新的草潭镇）3 个镇，西面为广西北海市合浦县山口镇、沙田镇及铁山港区兴港镇、营盘镇 4 个镇。

2010 年年末，保护区周边 7 个镇总户数为 86 573 户，总人口为 412 239 人，人口最多的为广东省遂溪县界炮镇（79 857 人），最少为广西北海市合浦县沙田镇（19 008 人）。7 个镇土地总面积约为 593 km²，人口密度为 695 人/km²，人口密度最高的为广西北海市铁山港区兴港镇 2 279 人/km²，最少的为合浦县沙田镇 528 人/km²。

保护区周边 7 个镇的主要经济来源为工业、农业和渔业。工业多为乡镇民营企业，农业则以种植木薯、红薯、花生和水果等经济作物为主，渔业生产主要是近海捕捞、滩涂作业和海水养殖等渔业生产。

据统计，2010 年保护区周边 7 个镇（不含遂溪县界炮镇）工农业总产值达 60.1 亿元，其中，合浦县沙田镇最低，为 0.9 亿元，铁山港区兴港镇最高，约为 21.1 亿元。7 个镇人均收入在 3 518～6 156 元，人均收入最高的是与保护区毗邻的合浦县沙田镇，该镇有 6 个村委会，其中沙田、海战村委 2 个为纯渔村，其余 4 个为半渔半农村。

保护区所在地沙田镇距北海市区 120 km，距合浦县城 92 km，交通便利，陆上沙田镇至山口镇通二级公路，一级公路正在建设中，山口镇有高速公路通往南宁、北海和广东，海上沙田港有通往北海港、钦州港、防城港及区外海南省各港口的运输航线。保护区周边乡镇、村庄均有电网供电，移动通信、网络信号覆盖整个保护区，通信条件较为发达。

（3）野生植物

保护区为浅海水域湿地，主要的植被类型为海草床。保护区及其附近有 5 个海草床，分别为英罗港、九合井底、榕根山、淀洲沙的沙背和下龙尾海草床，各海草床面积为 10～40 hm² 不等，总面积约为 100 hm²。海草的覆盖率在 19.9%～67.1%，平均 38.8%，海草的平均生物量为 18.4 g/m²（以干重计），茎枝的平均密度为 1 312～1 418 ind/m²。目前，在上述 5 个海草床中发现至少存在 4 种海草，即喜盐草（*Halophila ovalis*）、矮大叶藻（*Zostera japonica*）、二药藻（*Halodule uninervis*）和贝克喜盐草（*Halophila beccarii*），以喜盐草、矮大叶藻为优势种，这些草种均为儒艮的主要食物。

保护区内的红树林主要分布于榕根山附近滩涂，面积约 5 hm²。红树植物种类以红树科的秋茄（*Kandelia candel*）和紫金科的桐花树（*Aegiceras corniculatum*）为优势种。

（4）水生动物

儒艮（*Dugong dugon*）属海牛目（Sirenia）儒艮科（Dugongidae），是国家Ⅰ级重点保护野生动物，也是我国 43 种濒临灭绝的脊椎动物之一。在中国仅儒艮科 1 属 1 种，是唯一的草食性海洋哺乳动物，是热带和亚热带物种。广西北海市合浦县沙田镇海域是我国历史上儒艮主要活动海域和栖息地之一。从调查资料来看，历史上这片海域儒艮资源非常丰富：1958—1962 年共捕获儒艮 216 头，1976 年捕捉儒艮 23 头，自 1978—1994 年 6 月底这 17 年间儒艮活动出现次数 56 头次。但自 2003 年至今的科学考察中，未发现儒艮实体，且通过采访问卷调查，2000 年以后当地没有人看到儒艮死亡个体或实体。考虑到目前海草分布的现状，儒艮在沙田及周边海域长期存活的可能性较小，但仍需要进行专门调查来核实。

中华白海豚（*Sousa chinesis*）是国家Ⅰ级重点保护野生动物，在北部湾沿岸活动较频繁。2011—2012 年对保护区进行调查考察期间，共发现识别中华白海豚个体 36 头，经过照相识别法计算保护区内中华白海豚数量为 90 头（95%CI：77～137 头），经发现曲线模拟法为 121 头，结果表明保护区内中华白海豚数量有显著增加。特别值得一提的是，该区域分布的中华白海豚经 mtDNA 控制区序列的测定和比例分析，表明其与中国其他水域（福建厦门、长江和浙江乐清沿岸）的中华白海豚之间已有显著的遗传差异和分化。

江豚（*Neophocaena phocaenoides*）是鼠海豚科在我国分布的唯一物种，属国家Ⅱ级保护野生动物。在保护区内及北海冠头岭海域多次发现江豚的踪迹。2011—2012 年，共发现江豚 6 次，平均群大小为 2.17 头，5 次在 2 头以下，仅 1 次达到 6 头。江豚主要分布在保护区西南侧水域。

海龟（*Chelonia mydas*）是国家Ⅱ级保护野生动物。保护区海域时有海龟出现，2000 年 4 月渔民捕捞作业时曾误捕一只海龟，重 125 kg，体长 1.2 m，宽 0.5 m。

文昌鱼是一类终生具有发达脊索、背神经管和咽鳃裂等特征的脊索动物，在脊椎动物起源与演化研究中占有极其重要的位置，是国家Ⅱ级保护野生动物。2011—2012

年，在保护区海域内 3 个采样点泥样中共采获 17 条白氏文昌鱼。

中华鲎（*Tachypleus tridentatus*）是广西重点保护野生动物，近年来种群及数量急剧减少。2011—2012 年对保护区海域鲎（*Tachypleus* spp.）进行了调查，其中 2011 年 4 月在沙田镇一晒场上发现圆尾鲎（*Carcinoscorpius rotundicauda*）352 只，中华鲎 280 只；2012 年 4 月，又在同一地方统计了曝晒的一批鲎，其中圆尾鲎 258 只，中华鲎 188 只。

保护区及其邻近海域有软体动物 215 种，隶属于 3 纲 13 目 65 科 130 属。其中：瓣鳃纲 7 目 30 科 73 属 117 种，以帘蛤目种类最多，共 11 科 37 属 66 种；腹足纲 3 目 32 科 53 属 88 种，以中腹足目种类最多，有 16 科 25 属 45 种；头足纲 3 目 3 科 4 属 10 种。软体动物所属目、科、属、种占北部湾北部软体动物所属目、科、属及种的比例分别为 6.85%、69.89%、59.90% 及 50.23%，可见保护区及其邻近海域软体动物是北部湾软体动物的重要组成部分。

根据 2010 年 12 月至 2012 年 4 月调查，保护区及其邻近海域有虾蟹类 93 种，隶属于 2 目 19 科 46 属。种数最多的科为对虾科和沙蟹科。

保护区及其邻近海域有鱼类 178 种，隶属于 14 目 61 科 114 属。种数最多的类别为鲈形目鱼类，达 97 种；其次为鲉形目，16 种。

根据 2012 年完成的广西湿地资源调查结果，保护区已知湿地鸟类 59 种，隶属 6 目 14 科，其中国家 I 级重点保护 1 种，即黑鹳（*Ciconia nigra*），国家 II 级重点保护 1 种，即白琵鹭（*Platalea leucorodia*）。

（5）主要保护对象与保护价值

保护区的主要保护对象为儒艮、中华白海豚及其栖息地，江豚、中华鲎、海龟、文昌鱼等珍稀海洋动物，以及海草床、红树林等海洋生态系统。

保护区的海草床是我国目前尚存连片分布面积最大的喜盐草、矮大叶藻海草床，不仅是儒艮的觅食场所，还是许多海洋生物的栖息地和繁殖场所，是浅海水域食物网的重要组成部分，同时具有净化水质、固定泥沙、防止海岸线侵蚀的作用。保护区的红树林生态系统构成海滩的保护屏障，在保护浅海和滩涂湿地、减少海岸带被侵蚀、稳定海岸线起着非常重要的作用。

此外，保护区在水生生物资源和栖息生境中的优势使得其成为很好的科研和文化教育基地。

（6）保护管理机构能力

保护区管理机构为广西壮族自治区合浦儒艮国家级自然保护区管理站，隶属于广西壮族自治区环境保护厅，为全额拨款正科级事业单位，核定编制 10 人。保护区管理站设站长室、办公室、生态研究室，人员编制结构为行政管理人员 4 人、技术人员 6 人，另聘用 20 名技术人员。

保护区建有沙田管护站管护楼及其辅助工程、保护区海上灯浮标和灯桩、瞭望塔等基础设施，购置有巡逻快艇、公务执法艇、交通及宣传用车，以及海底声纳仪、摄像机、照相器材、望远镜、GPS 定位仪等管护和科研仪器设备，建设了宣传教育基地、设立了户外宣传牌等，基础设施较齐全。

1996 年以来，保护区管理站逐年加大保护区日常管护及巡查执法力度。制订了《广西合浦儒艮国家级自然保护区管理站管理办法》以及《儒艮保护区管理站的职责》、《儒艮保护区沙田管护站工作制度》等规章制度。保护区每年均定期开展儒艮、中华白海豚、海草等生物资源调查及保护区海水环境质量的调查，先后与中科院南海研究所、南京师范大学、北京大学、香港鲸豚保护组织、广西合浦山口红树林保护区等科研机构、院校和保护区建立了长期稳定的关系。为使海草资源得到可持续利用，保护区及邻近的海草床已被联合国环境规划署/全球环境资金会（UNEP/GEF）列为"UNEP/GEF 合浦海草示范区"，并承担了"扭转南中国海环境退化趋势 —— 中国海草研究专题和广西合浦海草保护与管理示范区专题"项目。此外，保护区还参加了联合国开发计划署/全球环境资金会（UNDP/GEF）"中国南部沿海生物多样性管理"（SCCBD）项目。合作与交流不断加强。保护区在北海市区及保护区附近乡镇设置 22 块宣传牌，并定期到保护区周围社区及学校开展宣传教育。近年来，保护区与中央电视台、自治区及地方多家新闻媒体多次合作开展保护儒艮的宣传活动，大大提高了保护区周边居民的保护珍稀海洋生物的意识。

（7）保护区功能分区

根据原国家环保局关于《广西合浦儒艮自然保护区总体规划（1996—2010 年）》（广西合浦儒艮国家级自然保护区管理站，1996）的复函，保护区核心区 132 km$^2$，缓冲区 110 km$^2$，实验区 108 km$^2$。保护区位置与功能分区见图 3-50。

## 3.3.2 金钟山黑颈长尾雉自然保护区

金钟山黑颈长尾雉自然保护区建于 1982 年，由林业部门管理，2002 年被明确为自治区级自然保护区，2008 年晋升为国家级自然保护区。保护区地跨隆林、西林两县，地理坐标为东经 104°46′13″ ～ 105°00′06″，北纬 24°32′44″ ～ 24°43′07″，总面积 20 924.4 hm$^2$，其中隆林县境内面积 17 389.2 hm$^2$，西林县境内面积 3 535.2 hm$^2$。

（1）自然环境

保护区位于云贵高原南缘，与贵州省兴义市沧江乡相望，广泛发育三叠纪地层，尤以三叠纪中纪的板纳组和兰木组分布最广，区内及相邻地区均未见前寒武纪岩层出露，并普遍缺失侏罗纪和白垩纪地层。保护区在大地构造单元上属于喜马拉雅运动隆起带，由于新构造运动隆起，使金钟山一带地势较高，属山原中山山地地貌，1 200 m 以上面积约占 85%，最高点金钟山顶峰海拔 1 836 m。山体坡度一般在 25°以上，整体地势东南高，西北低。

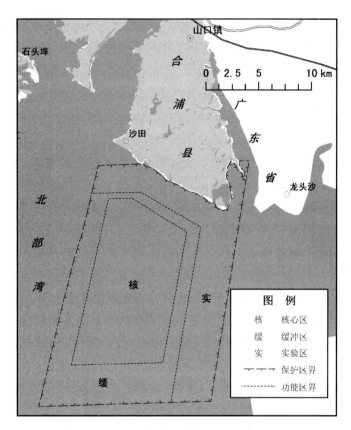

图 3-50　合浦儒艮自然保护区图

保护区属中亚热带季风气候区，由于常受北部湾和孟加拉湾海洋气候气流调节，其海洋性特征较明显，境内全年气候温和。年均气温 17.1℃，7 月平均气温 23.4℃，1 月平均气温 8.3℃，≥10℃活动积温年均为 5 800.9℃，年日照时数 1 569.3 h。年均降水量 1 262.8 mm，干湿季节分明，相对湿度年均 82%，无霜期年均 329 d。

保护区地处南盘江河谷，区内共有大小河流 28 条，金钟山山脉为南北分水岭，北侧为南盘江水系，南侧为右江水系。

保护区成土母岩主要是砂页岩和砂岩，土壤类型自下向上依次分布有山地红壤、山地黄红壤、山地黄壤和山地灌丛草甸土。

（2）社区概况

保护区内涉及隆林县的金钟山乡和猪场乡、西林县的古障镇和马蚌乡，4 个行政村，共 17 个自然屯，有 839 户，人口 4 051 人，其中壮族 2 366 人，苗族 1 149 人。其中，核心区有 84 户 410 人，缓冲区 131 户 575 人，实验区 624 户 3 066 人。

保护区周边涉及广西隆林、西林和贵州兴义等 3 县的 6 个乡镇，人口共计 6.7 万人，有汉、苗、壮、仡佬等多个民族。人均耕地 0.14 hm²，人均山地 0.36 hm²，周边乡镇无工矿企业，林业收入是周边乡村居民的主要收入来源之一。

（3）野生维管束植物

保护区已知野生维管束植物 1 487 种，国家Ⅰ级重点保护野生植物有贵州苏铁（隆林苏铁）、伯乐树等，国家Ⅱ级重点保护野生植物有中华桫椤（*Alsophila costularis*）、金毛狗脊、柄翅果、任豆、榉树、红椿、马尾树、香果树、喜树等 9 种，以及兰科植物 22 属 53 种。

保护区是隆林苏铁的模式标本采集地，隆林苏铁天然成片分布面积有 876.3 hm$^2$，总株数达 4.2 万～5.3 万株，形成了明显的苏铁群落。

（4）陆生野生脊椎动物

保护区已知陆生野生脊椎动物 389 种，国家Ⅰ级重点保护野生动物有云豹、黑颈长尾雉、金雕、林麝、蟒蛇等 5 种，国家Ⅱ级重点保护野生动物有猕猴、中国穿山甲、大灵猫、小灵猫、斑林狸、中华鬣羚、中华斑羚、原鸡、白鹇、白腹锦鸡、鸳鸯、黑冠鹃隼、黑翅鸢、蛇雕、白腹鹞、白尾鹞、凤头鹰、褐耳鹰、赤腹鹰、松雀鹰、雀鹰、苍鹰、灰脸鵟鹰、普通鵟、白腹隼雕、白腿小隼、红隼、燕隼、游隼、针尾绿鸠（*Treron apicauda*）、红翅绿鸠（*Treron sieboldii*）、褐翅鸦鹃、小鸦鹃、草鸮、领角鸮、雕鸮、褐渔鸮、灰林鸮、领鸺鹠、斑头鸺鹠、灰喉针尾雨燕（*Hirundapus cochinchinensis*）、长尾阔嘴鸟、蓝背八色鸫、仙八色鸫、山瑞鳖、地龟、虎纹蛙等，广西重点保护野生动物有 89 种。

保护区是世界濒危雉类黑颈长尾雉的理想原生场所，该物种在保护区内的分布数量占广西总种群数量的 40%，占全球黑颈长尾雉种群数量的 5% 以上。

保护区内发现的针尾绿鸠、长尾山椒鸟（*Pericrocotus ethologus*）、宝兴歌鸫（*Turdus mupinensis*）、绿背山雀（*Parus monticolus*）、长嘴捕蛛鸟（*Arachnothera longirostris*）、苍眉蝗莺（*Locustella fasciolata*）、双团棘胸蛙（*Quasipaa yunnanensis*）等 7 种动物为广西动物分布新记录种。

（5）主要保护对象与保护价值

保护区主要保护对象是黑颈长尾雉和野生苏铁植物及其栖息环境、水源涵养林。

保护区位于天生桥水库上游，是天生桥水库安全的重要保障。

（6）保护管理机构能力

保护区与金钟山林场实行"两块牌子一套人马"的管理方式，现有职工 130 人，其中在编职工 86 人，聘用护林员 44 人。保护区管理局内设财务科、科研科、保护管理科、派出所、生产经营科、办公室等职能科室，下辖松绎坪、金钟山山顶、龙保河口等 3 个保护管理站，坡西、尾谷、卫山、河口、田房、保安山、遥林寨、道蒙、吊达、龙保等 10 个管理点以及河口和落驼 2 个检查站。

保护区已建管理局办公大楼、管理站和管护点，购置管护与监测设施设备，保护管理的基础设施设备正得到逐步完善，保护管理能力正在不断提高。同时保护区还制定了一系列的管理制度，社区共管共建工作逐步加强，保护管理成效显著。

（7）保护区功能分区

根据环境保护部 2008 年发布的面积范围及功能分区（环函[2008]1 号），保护区分为核心区、缓冲区和实验区等 3 个功能区，面积分别为 8 404.3 hm²、4 292.4 hm² 和 8 227.7 hm²。保护区位置与功能分区见图 3-51。

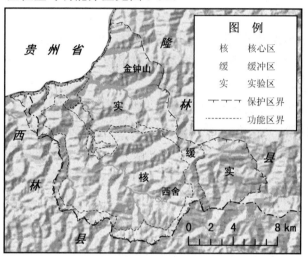

图 3-51　金钟山自然保护区图

### 3.3.3　崇左白头叶猴自然保护区

崇左白头叶猴自然保护区前身为自治区人民政府 1980 年批建的崇左（板利）珍贵动物保护站和 1981 年批建的扶绥（岜盆）珍贵动物保护站，由林业部门管理，2002 年被明确为两处自治区级自然保护区，2005 年整合为崇左白头叶猴自治区级自然保护区，2010 年进行范围调整，2012 年晋升为国家级自然保护区。保护区位于崇左市江州区和扶绥县，地理坐标为东经 107°16′53″～107°59′46″、北纬 22°10′43″～22°36′55″，总面积 25 578 hm²，由间断分布的 4 片石山组成，其中岜盆片 4 094.9 hm²、大陵片 1 556 hm²、驮逐片 17 075.9 hm²、板利片 2 851.2 hm²。

（1）自然环境

保护区地层出露主要为上古生界，地处桂西南峰林石山和丘陵州、左江峰林石山台地区、崇左（现江州）—扶绥峰林石山和丘陵小区，属典型的喀斯特地貌。峰丛海拔一般为 400 m 左右，峰林海拔 200～300 m，谷底海拔 100 m 左右。保护区属北热带湿润季风气候区，年平均气温 22.0～22.3℃，年降水 1 200 mm 左右，相对湿度 78%～79%，是广西湿度较低的地区之一。同时，保护区处于十万大山的背风坡，气候比较干热，特别是河谷地区。

保护区位于左江中游，地跨左江南北，分布有左江一级支流 5 条，包括板崇河、水口河、响水河、汪庄河和客兰河；二级支流中流域面积在 10 km² 以上的有 17 条。

主要河流年径流总量为 $6.48×10^8$~$18.56×10^8$ m$^3$，是广西海参流值较低的地区之一。

保护区土壤类型主要有黑色石灰土、棕色石灰土、复钙红黏土和红色石灰土、赤红壤等 4 类。

（2）社区概况

根据 2012 年调查和统计，保护区实验区内有江州区左洲镇的广何村、太平镇的马安村等 2 个行政村，共 93 户 394 人（2012 年统计），其中劳动力 215 人。居民纯收入 3 300 元，人均耕地 0.17 hm$^2$，人均有粮 210 kg，收入来源主要是种植甘蔗和外出务工。

保护区周边涉及江州区和扶绥县共 10 个乡镇，包括江州区的左洲、驮卢、太平、濑湍、罗白和板利等 6 个乡镇，扶绥县的山圩、东门、渠黎和岜盆等 4 个乡镇，直接与保护区相邻的有 29 个行政村、93 个自然屯、14 770 户、56 274 人（2012 年统计），壮族人口占 80% 以上，人均纯收入 4 028 元。

（3）野生维管束植物

已知野生维管束植物 144 科 503 属 848 种，其中国家 I 级重点保护野生植物有叉叶苏铁、石山苏铁等，国家 II 级重点保护野生植物有七指蕨（*Helminthostachys zeylanica*）、蚬木、香樟、任豆、海南椴、东京桐等，列入 CITES 附录物种 12 种，中国特有种子植物 3 属 3 种，金花茶组植物 6 种，白头叶猴的食物源植物约 102 种。

（4）陆生野生脊椎动物

已知陆生野生脊椎动物 5 纲 34 目 97 科 381 种，其中国家 I 级重点保护野生动物有云豹、黑叶猴、白头叶猴、林麝、蟒蛇等，国家 II 级重点保护野生动物有猕猴、金猫、大灵猫、小灵猫、巨松鼠、原鸡、蛇雕、凤头鹰、褐耳鹰、雀鹰、普通鵟、红隼、燕隼、红翅绿鸠、皇鸠（*Ducula badia*）、褐翅鸦鹃、小鸦鹃、领角鸮、雕鸮、灰林鸮、斑头鸺鹠、鹰鸮、冠斑犀鸟、长尾阔嘴鸟、大壁虎、虎纹蛙等，列入 CITES 附录物种 20 种。白头叶猴作为保护区的主要保护对象，历史上仅分布于左江以南、明江以北不足 200 km$^2$ 的范围。据 2010 年同步调查结果，白头叶猴实际分布范围约 100 km$^2$，白头叶猴种群数量为 120 群 937 只（含独猴 16 只）。其中，在本保护区分布在多个孤立的片区，范围面积为 80 多 km$^2$，白头叶猴种群数量为 110 群 858 只（含独猴 16 只），比 2003 年调查统计的 530 只增加 328 只。

（5）主要保护对象与保护价值

主要保护对象是白头叶猴等珍稀濒危动物及其栖息地、苏铁植物等珍稀野生植物及其原生地、典型的喀斯特地貌和脆弱的石灰岩生态系统。

保护区地处中国 3 个植物特有现象中心之一的桂西南—滇东南地区和中国生物多样性保护优先区之一的桂西南山地区，具有重要的科研价值和全球保护意义。

（6）保护管理机构能力

保护区实行管理局—管理站—管理点三级管理体系，人员编制为 23 人，到 2012 年年底共有正式职工 15 人，聘用专职或兼职管护员 28 人。保护区现有专业技术人员

第 3 章 自然保护区概述

只有 5 人，技术力量薄弱。另外，在大陵片、驮逐片还没有管理机构。

客观上，保护区分多个孤立的片区，边界长，周边耕地、村屯多，人为活动非常频繁。因此，对目前这样的管理机构来说，是远远不能胜任的，机构能力建设任务艰巨。

（7）保护区功能分区

根据 2012 年环境保护部发布的面积范围及功能区划（环函[2012]206 号），保护区分为核心区、缓冲区和实验区等 3 个功能区，面积分别为 10 093.3 hm²、6 950.7 hm² 和 8 534.0 hm²。保护区位置与功能分区见图 3-52a、图 3-52b、图 3-52c、图 3-52d、图 3-52e。

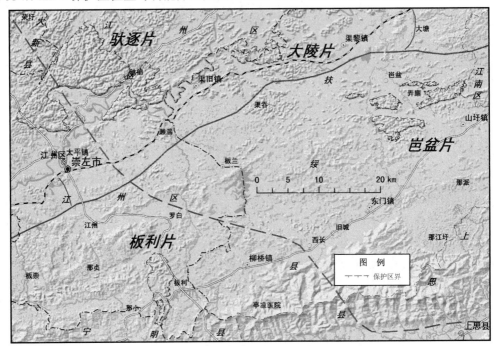

图 3-52a　崇左白头叶猴自然保护区各片区位置图

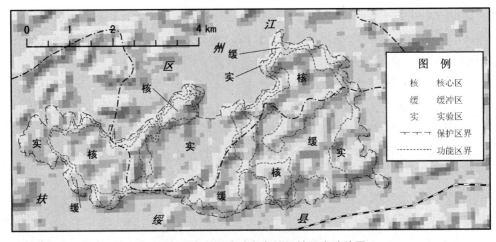

图 3-52b　崇左白头叶猴自然保护区大陵片图

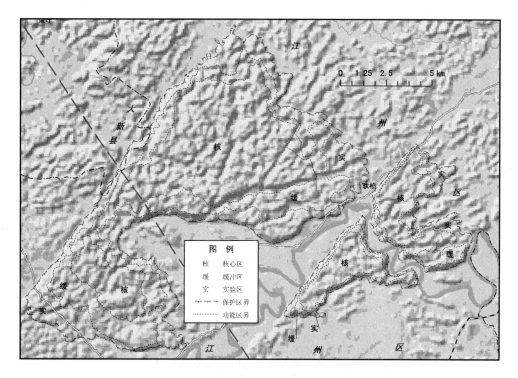

图 3-52c　崇左白头叶猴自然保护区驮逐片图

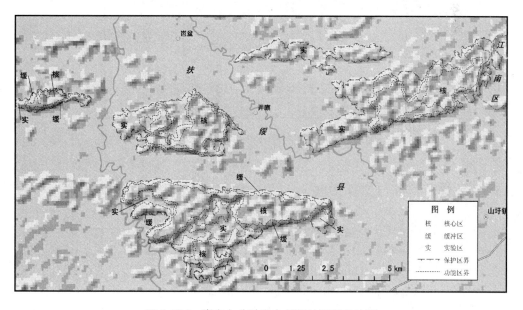

图 3-52d　崇左白头叶猴自然保护区岜盆片图

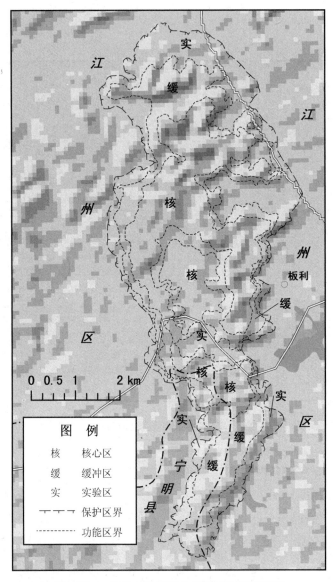

图 3-52e　崇左白头叶猴自然保护区板利片图

### 3.3.4　大桂山鳄蜥自然保护区

　　大桂山鳄蜥自然保护区建于 2005 年，是由林业部门管理的自治区级自然保护区，2013 年晋升为国家级自然保护区。保护区位于贺州市八步区境内，属广西国有大桂山林场范围，总面积 3 780.0 hm²，由 2 个片区组成，其中北娄片面积 1 809.3 hm²，地理坐标为东经 111°48′56″～111°53′07″、北纬 24°04′26″～24°07′53″，七星冲片面积 1 970.7 hm²，地理坐标为东经 111°35′54″～111°40′22″、北纬 24°04′20″～24°07′58″。

（1）自然环境

大桂山地质发育于古生代加里东褶皱带上。到中生代特别是燕山运动以后，这块古地层逐渐抬升、褶皱、断裂，形成现代的常态侵蚀山地。构造上属古生代变质岩褶皱隆起背斜区，轴向为东北西南向，属于粤桂隆起的一部分。其西北面和东南面两翼分别为连塘和信都向斜盆地。背斜山脉主体骨架为寒武纪变质砂页岩构成。其东侧被断裂带（即现代的贺梧公路谷地）和贺江平行自北向南切穿，断层谷地及贺江两岸的寒武纪地层不存在，完全为泥盆纪地层岩系所取代。贺江东岸的北娄片，则以增山顶为主体的下泥盆纪紫红色砂岩隆起小区，轴向为西北东南，向斜两翼为寒武纪变质砂页岩系。

大桂山鳄蜥自然保护区以低山地貌为主，局部为中山，山势起伏，沟谷深切。七星冲片西北高，东南低，最高峰为大桂顶，海拔 1 068.9 m，向东南逐渐降为低山，最低处海拔 200 m，相对高差 869 m；北娄片由东北向西南倾斜，最高峰为增山顶，海拔 1 024 m，最低处德胜冲，海拔 210 m，相对高差 814 m。

保护区属湿润亚热带季风气候，热量丰足，雨量充沛。多年平均气温 19.3℃，极端高温 39.7℃，极端低温−2.4℃，≥10℃的年积温 6 243℃，多年平均降水量 2 056 mm，年蒸发量 1 257 mm，平均相对湿度 82.2%。

发源于或流经保护区的大小溪流众多，最后汇集成主要溪流共 23 条。北娄片有溪流 12 条，主要是德胜冲、清水尾、大石冲、双冲、东界冲，七星冲片有溪流 11 条，主要是深蓬冲、大碰冲、七星冲。保护区境内溪流的特点是河面不宽，但落差大，水量充沛，瀑布、深潭多见。

保护区内主要成土母岩为砂岩、砂页岩，其次是紫色岩和花岗岩。土类以山地红壤为主，大致分布在 900 m 以下，间有山地黄壤一般在 900 m 以上。

（2）社区概况

保护区地跨贺州市八步区仁义、步头、信都、灵峰等 4 个乡镇。涉及大桂山林场的东叶、六排、北娄、和平 4 个营林分场，保护区内没有居民点，保护区周边涉及上述 4 个乡镇的 5 个行政村的 37 个村民小组。

据 2012 年年底统计，保护区周边社区人口 5 034 人，其中瑶族 760 人，汉族 4 274 人。有水田 171.6 hm²、旱地 53.2 hm²，粮食产量 1 457.9 t，人均产量 289.6 kg。松蛾村人均收入最高，为 4 700 元，赖竹村最低，为 2 180 元。周边社区已通电、通公路，移动信号覆盖各个村。保护区周边村屯集中、人口较多的村屯均设有完全小学或教学点，学龄儿童入学率 100%。保护区周边乡镇设有卫生院，行政村设有农村合作医疗卫生点。

（3）野生维管束植物

保护区森林群落呈现出山地地带性典型的植被类型——南坡为季风常绿阔叶林，偏北向坡为典型常绿阔叶林。保护区天然植被分为 5 个植被型组、8 个植被型、32 个群系。已知维管束植物共有 176 科 660 属 1 384 种，国家Ⅱ级重点保护野生植物有桫椤、金毛狗脊、凹叶厚朴、香樟、闽楠、任豆、花榈木、红椿、紫荆木、海南石梓（*Gmelina hainanensis*）等，广西重点保护野生植物有脉叶罗汉松、观光木、沉水樟（*Cinnamomum micranthum*）、锯叶竹节树、小叶红豆、白桂木、巴戟天以及花叶开唇兰（*Anoectochilus roxburghii*）等 21 种兰科植物。

（4）陆生野生脊椎动物

保护区已知有陆生野生脊椎动物 269 种，隶属于 4 纲 29 目 85 科 197 属。国家 Ⅰ 级重点保护野生动物有鳄蜥、蟒蛇、林麝等，国家 Ⅱ 级重点保护野生动物有猕猴、中国穿山甲、金猫、小灵猫、斑林狸、水獭、水鹿、中华鬣羚、白鹇、红腹锦鸡、鸳鸯、黑冠鹃隼（凤头鹃隼）、黑翅鸢、黑鸢、蛇雕、凤头鹰、松雀鹰、苍鹰、白腿小隼、红隼、灰背隼、厚嘴绿鸠、褐翅鸦鹃、小鸦鹃、草鸮、领鸺鹠、斑头鸺鹠、山瑞鳖、大鲵、细痣瑶螈、虎纹蛙等。

鳄蜥属国家 Ⅰ 级重点保护野生动物，是全球性濒危物种，已被列入 CITES 附录和 IUCN 名录，是第四纪冰川后期残留在我国华南地区的原始爬行动物，素有"活化石"之称，在分类地位上极其特殊，为蜥蜴目的独科独属独种，在爬行纲动物的起源和演变、蜥蜴目各科分类等方面的研究上有着重要的学术价值。根据 2012 年调查，保护区鳄蜥种群数量为 360～406 只。

（5）其他重要自然资源

保护区已知鱼类 3 目 10 科 22 属 25 种，以山区溪流型鱼类为主。其中，细鳊（*Rasborunus formosae*）被列入《中国濒危动物红皮书》的濒危等级、世界自然保护联盟（IUCN）种的易危等级，长臀鮠（*Cranoglanis bouderius*）被列入《中国濒危动物红皮书》易危等级。

保护区昆虫物种多样性丰富，已知昆虫 17 目 159 科 888 属 1 371 种。昆虫区系以东洋区成分为主，占全部种类的 71.2%，广布种成分占 28%，地方种很少，仅占 0.8%。

保护区所在的大桂山林区森林茂密，山水如画，集森林、奇峰、雾海、垂岩、飞瀑、天然矿泉水于一体。八步区是少数民族聚居区，那里有迷人的瑶族风情、还有历史悠久的古镇等人文景观。

（6）主要保护对象与保护区价值

保护区以鳄蜥及其栖息地为主要保护对象。

大桂山保护区是南亚热带向中亚热带过渡地区，属重要的生态系统交错地带，同时属于广西生物多样性保护优先区域大桂山—大瑶山组成部分，区位重要。保护区地处我国鳄蜥分布区的中心位置，是各分布区鳄蜥基因交流的重要区域，具有极高的保护价值。

（7）保护管理机构能力

广西大桂山鳄蜥国家级自然保护区管理局事业编制 20 名，业务和行政上直属自治区林业厅，级别为副处级。管理局实行"管理局—管理站—管护点"三级管理。管理局内设办公室、计财科、科研经营科、资源保护科等 4 个职能科室。资源保护科下设北娄、七星冲 2 个管理站。

目前管理局现有工作人员 33 人，其中在职在编职工 18 人，聘请巡护员 15 名。

（8）保护区功能分区

根据 2013 年环境保护部《关于发布河北大海陀等 28 处国家级自然保护区面积、范围及功能区划的通知》（环函[2013]161 号），保护区核心区面积为 1 795.5 hm²，缓冲区面积为 1 721.4 hm²，实验区面积为 263.1 hm²。保护区范围和功能分区见图 3-53。

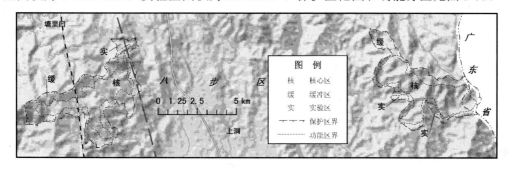

图 3-53　大桂山鳄蜥自然保护区图

### 3.3.5　邦亮长臂猿自然保护区

邦亮长臂猿自然保护区始建于 2009 年，原保护区名称为邦亮东部黑冠长臂猿自然保护区，是隶属林业部门管理的自治区级自然保护区，2011 年保护区更名为邦亮长臂猿自然保护区（桂政函[2011]49 号），2013 年晋升为国家级保护区。保护区地处靖西县境内，与越南社会主义共和国交界，位于东经 106°22′29″～106°31′4″、北纬 22°52′30″～22°58′50″之间，总面积 6 530 hm²。

（1）自然环境

本区在下古生代以浅海沉积为主，加里东运动后，其地壳曾一度上升，泥盆纪开始又遭受海侵，直到三叠纪的印支运动才全部上升为陆地。此后经历了燕山运动、喜马拉雅运动，本区开始发育山原地貌。保护区出露地层主要为中泥盆统东岗岭阶、上泥盆统、榴江组、下石炭统岩关阶、下石炭统大圹阶和晚古生代基性侵入岩。保护区地质构造包括褶皱和断层，前者主要有岳圩向斜、龙邦背斜、大屯褶皱，后者主要有地州正断层、惠泽正断层、大屯正断层。保护区属桂西南峰丛峰林石山和丘陵州，靖西石山山原山地区，睦边—靖西石山山原小区。第一级地貌类型为峰丛洼地、峰林谷地地貌组合，第二级地貌有峰丛、峰林、溶蚀洼地、溶蚀谷地、河谷等，第三级地貌为洞穴、河流阶地与河漫滩、倒石堆等，第四级地貌为石芽、溶沟、石芽劣地等微地貌。地势大体上是西部和北部高，东部和南部低。海拔高度一般在 500～1 000 m，相对高度 300～500 m，最高峰位于保护区西部腾茂村古星屯东南侧，海拔 971 m，最低处位于邦亮村与越南交界处，海拔 560 m。

保护区属北热带季风气候类型。受东南季风影响明显，夏季炎热，冬季温暖，无霜期平均为 359 d，多年平均年日照 1 521.8 h，年平均日照百分率为 34.1%，年均气温为 18.3～21.5℃，最冷月（1 月）平均气温为 9.9～13.2℃，最热月（7 月）平均气温为 24.0～27.6℃，年较差为 13.7～15.4℃，显示出夏凉冬暖的气候效应，≥0℃的年活动积温为 6 677.3～7 863.1℃，年均降雨量为 1 656.3 mm，年均蒸发量 1 462.1 mm，年均相对湿度 80%。

保护区地表水系不甚发育，主要为难滩河、个宝河和其龙河，受断层等地质构造控制影响，自北西向南东方向径流。地下水类型主要是碳酸盐岩溶水，其次是基岩裂隙水，孔隙水分布面积小且水量少。碳酸盐岩溶水赋存、运行在碳酸盐岩组的管道溶洞、裂隙溶洞中，以暗河和大泉形式的集中径流、排泄为主，以小泉形式的分散径流、排泄为次。保护区内有大泉出露的地方多在实验区，而大部分地区特别是核心区地下水以浅层岩溶水和壤中水为主，主要由降水直接补给，因此，在旱季或干旱年份，降水偏少或长期无降水时，地表就会严重缺水。

保护区水平地带性土壤属于赤红壤和红壤土壤带，非地带性土壤主要包括山地黄壤、紫色土、潮土、黑色石灰土和棕色石灰土。

（2）社区概况

据 2009 年统计，保护区范围涉及靖西县岳圩镇、壬庄乡、龙邦镇等 3 个乡（镇）的 14 个行政村 86 个村民小组（屯）。

保护区内分布有壬庄乡龙井村的弄拉、弄念、弄欣、弄陇及壬庄乡腾茂村的弄堂、弄力共 6 个村民小组 185 户 879 人，均为壮族。主要粮食作物为水稻、玉米和薯类，人均耕地面积为 0.04 hm$^2$，人均产粮 297 kg。区内农民人均收入为 1 930 元，相当于全县农民人均收入的 73.86%。总的来说，区内耕地旱地偏多，群众粮食自给率较低，收入水平低。保护区内 6 个村民小组都接通了农村电网和程控电话，基本覆盖了无线网络，但部分偏远区域无信号。龙井村的扣律屯尚不能通公路。

保护区周边分布有岳圩镇大兴村 6 个村民小组，壬庄乡 11 个村 68 个村民小组，龙邦镇 2 个村 6 个村民小组，共有家庭数 5 483 户，人口总计 24 470 人，均为壮族。人均耕地面积为 0.05 hm$^2$，人均粮食产量 311 kg，农民人均纯收入为 2 131 元。保护区周边除腾茂村茶柳屯外皆通有各种等级的公路。所有村屯皆通过了农村电网改造，除少数几个屯外，皆通有程控电话，无线电信号基本能覆盖周边范围的村屯。

（3）野生维管束植物

保护区已知野生维管束植物 1 059 种，其中蕨类植物 20 科 43 属 103 种，裸子植物 3 科 4 属 4 种，被子植物 126 科 534 属 952 种。就仅有 65 km$^2$ 的保护区面积而言，其植物多样性极高。有国家 I 级重点保护野生植物云南穗花杉、单座苣苔等，国家 II 级重点保护野生植物金毛狗脊、华南五针松、短叶黄杉、地枫皮、香樟、蚬木、海南椴、任豆、蒜头果、紫荆木、董棕等，广西重点保护野生植物 106 种，其中包括 102 种为兰科植物，5 种稀有濒危植物，30 种广西特有种。

（4）陆生野生脊椎动物

保护区已知陆生野生脊椎动物 322 种，其中哺乳类 52 种，鸟类 212 种，爬行类 42 种，两栖类 16 种，有国家 I 级重点保护野生动物熊猴、黑叶猴、东黑冠长臂猿、金钱豹、林麝、蟒蛇等，国家 II 级重点保护野生动物有短尾猴、猕猴、中国穿山甲、豺、大灵猫、小灵猫、斑林狸、水獭、黑熊、中华鬣羚、巨松鼠、原鸡、白鹇、黑冠鹃隼、凤头蜂鹰、黑翅鸢、蛇雕、凤头鹰、褐耳鹰、松雀鹰、雀鹰、白腹隼雕、鹰雕、红隼、燕隼、游隼、褐翅鸦鹃、小鸦鹃、栗鸮、黄嘴角鸮、领角鸮、雕鸮、褐林鸮、领鸺鹠、斑头鸺鹠、长尾阔嘴鸟、银胸丝冠鸟（*Serilophus lunatus*）、仙八色鸫、大壁虎、虎纹蛙等，广西重点保护野生动物 65 种，列入 2010 年 IUCN 世界濒危动物红皮书名录有 17 种，列入 CITES 公约附录 I、II、III 共 44 种。值得注意的是，在只有 65 km² 的范围出现灵长类动物就达 5 种，分别为东黑冠长臂猿、黑叶猴、猕猴、熊猴和短尾猴。

保护区是东黑冠长臂猿在我国唯一的分布地，与相邻的越南重庆长臂猿国家级自然保护区共同组成该物种在世界唯一的栖息地，东黑冠长臂猿种群数量约 110 只，其中邦亮保护区内分布有 3 群，数量 20～30 只。

（5）其他重要自然资源

保护区已知昆虫 15 目 120 科 509 属 696 种，其中 12 科 81 属 171 种为广西新记录，另有 9 属 91 种尚未定名。保护区近 800 种昆虫，占整个广西昆虫总数的将近 16%。昆虫珍稀种类包括金裳凤蝶（*Troides aeacus*）、泛叶虫脩（*Phyllium celebicum*）等。

保护区已知真菌 126 种，隶属于子囊菌门、担子菌门的 6 纲 14 目 41 科 73 属。担子菌 106 种，子囊菌 20 种。其中食用菌 50 种，药用菌 48 种，木腐菌 38 种，毒菌 8 种。在该区的大型真菌中，以多孔菌科（Polyporaceae）、灵芝科（Ganodermataceae）、红菇科（Russulaceae）、炭角菌科（Xylariaceae）的种类及数量占优势，计 54 种。

（6）主要保护对象与保护价值

主要保护对象是东黑冠长臂猿及其生境、北热带岩溶山地季雨林生态系统。

保护区地处国际生物多样性热点地区 Indo-Burma 范围内，其保护的喀斯特生物多样性是其重要的组成部分。同时该保护区地处我国生物多样性保护优先地区和我国 3 个植物特有现象中心，具有重要的保护价值。

保护区位于中越边境地区，是亚洲大陆和中南半岛生物交流的重要通道，地处大湄公河次区域经济廊道范围内，在国际生物廊道和区域网络建设中占重要地位，在国防安全和生态安全方面也具有重要的战略意义。

（7）保护管理机构能力

保护区成立了保护区管理处，实行管理处、管理站二级垂直管理体制，下设办公室、计划财务科、社区事务科、保护宣教科等职能部门和 3 个管理站。目前，通过公开竞聘、综合考核、择优录用安排了保护管理人员 6 人，其中行政人员 2 人，科技人员 4 人,聘用人员 10 人。

保护区边界已划定,界线清楚。土地全部为集体所有。保护区已和当地社区签订了共管协议,不存在纠纷。

保护区依照《森林法》、《野生动物保护法》、《自然保护区条例》、《森林和野生动物类型自然保护区管理办法》等法律法规,先后出台了保护区管理处内部管理规章制度、保护区工作人员管理责任制量化考评办法、保护区森林防火制度;颁发了东黑冠长臂猿保护规定和关于广西邦亮长臂猿自治区级自然保护区的通告。采取工程保护措施与非工程保护措施结合、区内保护与区外保护结合、专职保护与兼职保护结合、保护区与联防组织保护结合、法律法规与乡规民约结合的方式实施保护。

保护区积极与相关利益群体合作,与一些保护机构[如野生动植物保护国际(FFI)、香港嘉道理农场暨植物园和探险协会、云南大理学院以及广西林业勘测设计院等]进行合作,开展参与式巡护、资源调查、栖息地恢复、社区共建、环境教育等方面的活动。

（8）保护区功能分区

根据 2014 年环境保护部《关于发布山西灵空山等 24 处国家级自然保护区面积、范围及功能区划的通知》(环函[2014]64 号),保护区总面积 6 530 hm²,分为核心区、缓冲区和实验区 3 个功能区,面积分别为 2 506 hm²,1 113 hm² 和 2 911 hm²。保护区范围和功能分区见图 3-54。

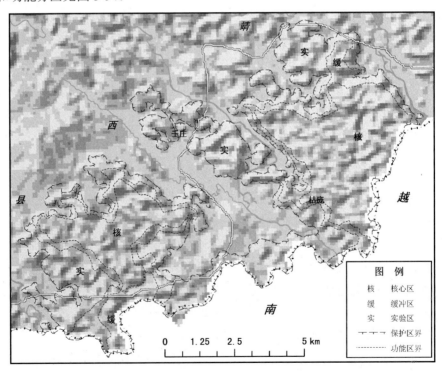

图 3-54　邦亮长臂猿自然保护区图

### 3.3.6　恩城自然保护区

恩城自然保护区前身为1980年建立的大新珍贵动物保护站,由林业部门管理,1982年自治区人民政府批准为动植物自然保护区,2002年被明确为自治区级自然保护区,2010年自治区人民政府确定了保护区范围和功能分区（桂政函[2010]218号）,确定的总面积25 819.6 hm²,2012年调整范围和功能区划（桂政函[2012]35号）,总面积不变。2013 年晋升为国家级自然保护区。保护区地处大新县境内,地理坐标为东经106°58′16″～107°15′36″,北纬22°36′29″～22°50′5″,总面积25 819.6 hm²,由间断分布的恩城榄圩片、雷平片、堪圩安民片 3 个片区组成。其中,恩城榄圩片区面积21 486.6 hm²,雷平片区面积2 010.0 hm²,堪圩安民片区面积2 323.0 hm²。

（1）自然环境

保护区地质古老,断裂构造为主,构造性东西向,历次造山运动对保护区地质构造影响较小,在古生代早期为浅海,中晚期上升为陆地,末期产生皱褶,形成主要山脉,上古生代再次成为浅海环境,晚二叠纪再次上升为陆地。

保护区地处云南东部高原向东南的延续部分,在广西地貌区划中属桂西石灰岩高地向东南延伸区域,地势自西北向东南呈阶梯形态。海拔一般300～600 m,那岭乡陇贺村"山陇进"为最高峰,海拔 768 m。地貌主要以低山、喀斯特峰丛、洼地、谷地为主,地下河系统、伏流、洞穴系统、河谷、峡谷、隘谷等广布。

保护区多年平均气温为 21.3℃,最冷月（1 月）平均气温 12.9℃,极端最低气温−2.2℃,最热月（7 月）平均气温 27.6℃,极端最高气温 39.8℃,年平均降水量为1 362 mm。

保护区海拔 300 m 以下山地分布砂页岩赤红壤与第四纪红土,海拔 300 m 以下石山坡积裙零星分布棕色石灰土,海拔300～600 m 山地分布砂页岩红壤,海拔 600 m 以下山地分布砂页岩黄红壤,恩城河为中心水系的近河床、水库的低洼区域分布沼泽性水稻土,石灰岩山地土壤以淋溶棕色石灰土占优势。

保护区水系均属于左江水系,主要河流桃城河（63.99 km）流经保护区部分为恩城河段,长 9.8 km,年平均流量17.25 m³/s;地下水丰富且分布不均,以碳酸盐岩溶水和基岩裂隙水为主,主要发源于桃城镇东北侧峰丛洼地,汇水面积 33 km²,枯期流量100～110 m³/s,暗河通道、溶洞和串珠状漏斗非常发育,年水位变幅2～6 m。

（2）社区概况

保护区地跨大新县桃城镇、恩城乡、那岭乡、雷平镇、堪圩乡和榄圩乡等 6 个乡镇的 34 个村（居）委会。

2010年年末,保护区内涉及 5 个乡镇13 个行政村共 46 个村民小组,2 390 户 10 087人,全部分布于缓冲区与实验区。保护区内有耕地 1 343.7 hm²,种植水稻、玉米、甘蔗为主,粮食产量 4 220 t。

保护区周边涉及 6 个乡镇 30 个行政村 134 个村屯，9 279 户 38 154 人，有耕地 5 511.5 hm²，粮食产量 8 666 t。

保护区内和周边的村屯所均已通路、通电，安装了固定电话。

（3）野生维管束植物

保护区地处北热带雨林、季雨林区域，植物区系成分以热带性质为主，嗜钙或耐钙植物占优势，具有热带雨林的特征。保护区天然植被划分为 4 个植被型组，7 个植被型和 24 个群系。人工植被主要按用途划分，可分为 4 个植被型和 13 个群系。已知野生维管束植物 190 科 648 属 1 007 种。国家Ⅰ级重点保护野生植物有石山苏铁，国家Ⅱ级重点保护野生植物有桫椤、金毛狗脊、地枫皮、香樟、海南风吹楠、蚬木、海南椴、任豆、蒜头果、董棕等 10 种。

（4）陆生野生脊椎动物

保护区已知陆生野生脊椎动物 4 纲 24 目 79 科 261 种，国家Ⅰ级重点保护野生动物有黑叶猴、林麝、蟒蛇等，国家Ⅱ级重点保护野生动物有猕猴、中国穿山甲、小灵猫、斑林狸、青鼬、中华鬣羚、原鸡、黑冠鹃隼、凤头蜂鹰、黑翅鸢、蛇雕、凤头鹰、松雀鹰、雀鹰、苍鹰、普通鵟、白腿小隼、红隼、燕隼、褐翅鸦鹃、小鸦鹃、草鸮、领鸺鹠、斑头鸺鹠、虎纹蛙等，广西重点保护野生动物有黑眶蟾蜍、眼镜蛇、眼镜王蛇等 70 多种。

（5）其他重要自然资源

保护区景观资源十分丰富，恩城河段"山水画廊"美韵天成的水域景观与葱茏苍翠的喀斯特峰丛相映成趣，壮、瑶等少数民族风情独特。保护区旅游资源分布相对集中，是广西德天跨国大瀑布旅游圈中的重要节点。

（6）主要保护对象与保护价值

保护区的主要保护对象是北热带喀斯特森林生态系统、黑叶猴等珍稀濒危野生动植物及其生境。

保护区位于北回归线以南，毗邻中越边境，处于亚洲大陆与中南半岛生物交流的重要通道，是国际生物多样性研究的重点地区。

保护区曾经是全球黑叶猴集中分布区，也是我国现存的几处黑叶猴栖息地之一，在研究物种遗传、进化等方面具有重要科学价值，有助于研究整个亚洲叶猴的分类以及扩散机理等问题。

（7）保护管理机构能力

保护区管理处内设综合事务办公室、计划财务股、派出所、资源管理股、科研宣教股和社区事务股，下设恩城、雷平、新球 3 个管理站，以及恩城、那义、那廉、下禁、维新、新吉、品现和那院等 8 个保护管理点。

管理处编制 10 人，实际在岗 7 人，其中管理处 2 人，管理站 1 人，聘用 4 人。在岗人员中，大专以上文化 3 人，中专 1 人，高中文化 3 人。保护区先后制定了岗位管理和巡护管理等一系列规章制度。

（8）保护区功能分区

根据 2014 年环境保护部《关于发布山西灵空山等 24 处国家级自然保护区面积、范围及功能区划的通知》（环函[2014]64 号），保护区核心区面积 7 810.2 hm²，缓冲区面积 5 401.8 hm²，实验区面积 12 607.6 hm²。保护区位置与功能分区见图 3-55。

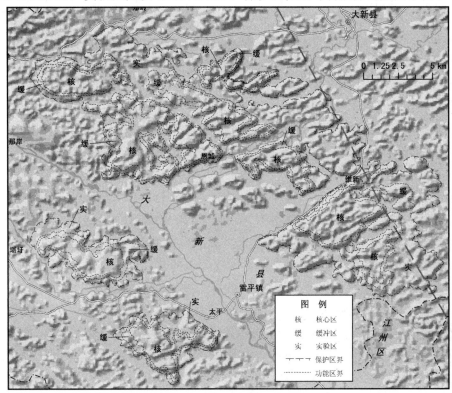

图 3-55　恩城自然保护区图

### 3.3.7　王子山雉类自然保护区

王子山雉类自然保护区前身为 1982 年建立的花贡水源林区和猫街林区，由林业部门管理，2002 年分别明确为县级自然保护区，2005 年合并晋升自治区级保护区，并更名为王子山雉类自然保护区。保护区位于西林县境内，是广西最西端的一处自然保护区，总面积 32 209 hm²。其中，猫街片位于东经 104°33′50″～104°42′29″、北纬 24°21′08″～24°29′43″之间，面积 14 455.1 hm²；花贡片位于东经 104°48′36″～105°03′44″、北纬 24°20′10″～24°38′00″之间，面积 17 753.9 hm²。

（1）自然环境

保护区位于云贵高原的东南边缘，地处都阳山脉和六韶山脉分支的起点，出露的地层仅有三叠系的砂岩、页岩。境内大地构造在加东运动后期塑造成形，经印支运动作用上升为陆地，其后又受喜马拉雅运动作用，继续上升，地表自新生代以来长期处于剥蚀状态。属典型的中山地貌，最高峰为西部的王子山（1 883 m），最低为古障镇周洞村（834 m），形成南北两侧高山屏障，西部高东南低的山谷槽地形。保护区内海拔超过1 000 m的山峰共有121座，其中猫街片40座，花贡片81座。

保护区属南亚热带季风气候区与中亚热带山原谷地气候区的过渡带，干湿季节明显，多年平均气温19.1℃，最热月均温25.4℃，最冷月均温10.2℃，≥10℃的活动积温为5 903～6 582℃。多年平均降水量为1 156.4 mm，多年平均蒸发量为1 376.2 mm，相对湿度79%。多年平均日照时数为1 680.1 h，无霜期为350 d以上。

保护区内的主要河流有清水江、古障河、花贡沟，属珠江流域的红水河水系和右江水系，保护区内其他比较大的河沟还有披芽沟、落夹沟、龙窝沟、那哈沟和妈蒿沟等。

保护区海拔800～1 200 m为山地黄红壤，1 200 m以上为山地黄壤。在居民点附近还分布有棕泥土、水稻土。

（2）社区概况

保护区地跨古障、者夯、八达等3个乡镇17个行政村，保护区内分布有12个行政村的45个自然屯。据2002年年底统计，保护区内共有居民1 652户，人口7 105人，其中壮族4 793人，苗族1 046人，瑶族832人，汉族434人。保护区周边有居民1 348户，人口5 583人，有壮族、苗族、瑶族、汉族等民族。

保护区内群众主要经济来源为以粮食和林果为主的种植业和养殖业。

（3）野生维管束植物

保护区内已知野生维管束植物172科644属1 161种，其中国家Ⅰ级重点保护野生植物有贵州苏铁，国家Ⅱ级重点保护野生植物有桫椤、金毛狗脊、篦子三尖杉、香樟、任豆、花榈木、红椿、马尾树、柄翅果、榉树等。其中桫椤有相对连片的集中分布，成为群落主要成分之一。

保护区兰科植物丰富，有12属24种，分别是硬叶兰、建兰、多花兰（*Cymbidium floribundum*）、春兰、虎头兰（*Cymbidium grandiflorum*）、寒兰、墨兰、兜唇石斛（*Endorbium aphyllum*）、重唇石斛（*Dendorbium hercoglossum*）、蟹爪石斛（*Dendorbium lindleyi*）、石斛（*Dendorbium nobile*）、铁皮石斛（*Dendorbium officinale*）、白芨、黄花白芨（*Bletilla ochracea*）、毛葶玉凤花（*Habenaria ciliolaris*）、坡参（*Habenaria linguella*）、竹叶兰、毛葶珊瑚兰（*Galeola lindleyana*）、青天葵（*Nervilia fordii*）、麻栗坡兜兰（*Paphiopedilum malipoense*）、滇桂阔蕊兰（*Peristylus parishii*）、海南蝶兰（*Phalaenopsis hainanensis*）、细叶石仙桃（*Pholidota cantonensis*）、朱兰（*Pogonia japonica*）。

（4）陆生野生脊椎动物

保护区已知陆生野生脊椎动物318种，隶属于4纲30目89科。其中国家Ⅰ级重点保护野生动物有黑颈长尾雉、林麝、白肩雕、金雕、蟒蛇、鼋等，国家Ⅱ级重点保护野生动物有猕猴、中国穿山甲、大灵猫、小灵猫、斑林狸、小爪水獭、水獭、中华鬣羚、中华斑羚、原鸡、白鹇、红腹锦鸡、黑冠鹃隼、蛇雕、凤头鹰、赤腹鹰、松雀鹰、雀鹰、普通鵟、白腹隼雕、白腿小隼、红隼、燕隼、红翅绿鸠、褐翅鸦鹃、小鸦鹃、草鸮、领角鸮、雕鸮、褐渔鸮、灰林鸮、领鸺鹠、斑头鸺鹠、长尾阔嘴鸟、仙八色鸫、山瑞鳖、大鲵、虎纹蛙等。

保护区是黑颈长尾雉的主要分布区之一，是广西野生雉类种类数最多保护区之一。

另外，白喉林鹟虽未列入国家重点保护野生动物名录，但它却是全球性濒危鸟类，数量十分稀少，在国际上备受关注。另外，双团棘胸蛙和灰喉鸦雀为首次在广西发现。

（5）主要保护对象与保护价值

保护区主要保护对象是黑颈长尾雉等野生雉类及其栖息地及广西西部重要的南亚热带中山森林生态系统。

保护区位于中国动物地理区的华南区、西南区和华中区 3 个分区的交界处，动物区系十分独特而且具有明显的区系过渡特征，独特的地理位置使其成为各种珍稀物种从云南高原地区向广西丘陵迁移的重要通道。

（6）保护管理机构能力

保护区没有成立独立的管理机构，由古障林场和八达林场代管，实行"一套人马两块牌子"的管理模式。

（7）保护区功能分区

根据原自治区林业局 2004 年批准的《广西王子山雉类自然保护区总体规划》（广西林业勘测设计院，2004），保护区分为核心区、缓冲区和实验区等 3 个功能区，面积分别为 9 219.4 hm$^2$、11 963.3 hm$^2$、11 028.3 hm$^2$。保护区位置与功能分区见图 3-56。

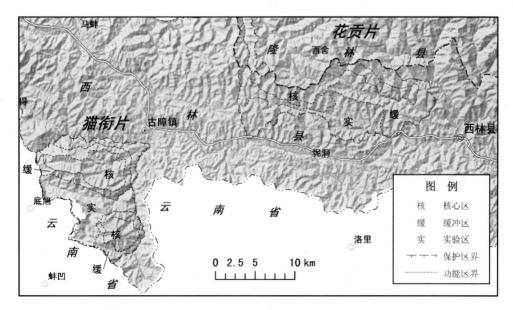

图 3-56　王子山雉类自然保护区图

### 3.3.8 拉沟自然保护区

拉沟自然保护区前身为 1982 年建立的拉沟林区，由林业部门管理，2002 年被明确为县级自然保护区，2011 年晋升为自治区级保护区。保护区位于鹿寨县境内，地理坐标为东经 109°56′50″～110°10′21″、北纬 24°31′43″～24°42′48″，总面积 11 500.0 hm²，其中国有林地面积 4 998.7 hm²，集体林地面积 6 501.3 hm²。

（1）自然环境

保护区地处架桥岭山脉，是广西陆地起源较古老的地区之一，古生代志留纪末期的加里东地壳运动使其成为坳陷地带，晚古生代为海浸，印支运动后长期成为陆地，经中生代侏罗纪末至白垩纪期间的燕山运动，地貌轮廓基本确定。保护区出露地层有寒武系、泥盆系、石炭系、第四系等，以泥盆系和石炭系分布最广。地貌类型为中山和低山地貌，中山山峰海拔多在 1 000～1 200 m，低山山峰海拔多在 800 m 以下。最高峰为保护区东部的古报尾，海拔 1 240.8 m，亦为鹿寨县最高峰，最低处位于保护区西部关江村古尝河，海拔 143.0 m，相对高差 1 097.6 m。

保护区地跨中亚热带和南亚热带两个气候带，具有明显的山地气候特征。年平均气温 20.3℃，≥10℃的年活动积温 6 614.7℃。年均降雨量 1 511 mm，年均蒸发量 1 690 mm，年均相对湿度 75%。年平均日照量 1 600 h，多年平均无霜期 316 d。

保护区属珠江流域西江水系，发源于或流经保护区且集水面积在 50 km² 以上的河流就有古尝河、牛河、拉沟河、木龙河、长田河等 6 条。保护区是柳江重要支流洛清江的重要水源地，境内河流中，除公敢河、大借河经荔浦河汇入漓江外，其余大部分河流皆经洛清江汇入柳江。

拉沟保护区土壤随海拔升高逐渐从红壤向黄壤演变。

（2）社区概况

保护区地跨拉沟乡的关江、木龙、大坪 3 个行政村和兴坪林场，以及陇耸河、和尚江、公敢等 3 片国有林区。保护区范围内无常住居民点分布，仅在和尚江林区分布有一处和尚江茶场，有临时性生产人员 13 人。

保护区周边涉及拉沟乡和寨沙镇的 4 个行政村，共有 24 个村民小组，738 户，2 700 人，其中瑶族 1 931 人，壮族 609 人。

（3）野生维管束植物

保护区已知野生维管束植物 186 科 657 属 1 078 种。有国家 II 级重点保护野生植物桫椤、金毛狗脊、福建柏、香樟、金荞麦、任豆、喜树等，广西重点保护野生植物包括兰科植物 20 属 31 种以及观光木、沉水樟、小叶红豆、白桂木、白辛树等。

（4）陆生野生脊椎动物

保护区已知陆生野生脊椎动物 276 种，分别隶属于 4 纲 26 目 79 科。其中，两栖类 18 种，爬行类 51 种，鸟类 164 种，兽类 43 种。有国家 I 级重点保护野生动物白颈长尾雉、林麝、蟒蛇等，国家Ⅱ级重点保护野生动物有猕猴、中国穿山甲、大灵猫、小灵猫、斑林狸、中华鬣羚、白鹇、凤头蜂鹰、黑翅鸢、黑鸢（鸢）、蛇雕、鹊鹞、凤头鹰、褐耳鹰、日本松雀鹰、松雀鹰、雀鹰、普通鵟、白腹隼雕、红隼、燕隼、褐翅鸦鹃、小鸦鹃、草鸮、黄嘴角鸮、领角鸮、灰林鸮、领鸺鹠、斑头鸺鹠、山瑞鳖、地龟、虎纹蛙等，广西重点保护野生动物78种。

保护区的白颈长尾雉种群是我国白颈长尾雉分布最南部的种群，也是残存于该物种分布区南部边缘的边缘种群。

（5）主要保护对象与保护价值

保护区主要保护对象是以白颈长尾雉为主的野生雉类和亚热带原生性常绿阔叶林。

保护区是桂中重要的水源涵养区，发源于或流经保护区且集水面积在 50 km² 以上的河流有古尝河、牛河、拉沟河、木龙河、长田河等 6 条。保护好保护区的森林，对于保障鹿寨县乃至柳州市的饮用水安全都具有重要的意义。

（6）保护管理机构能力

保护区没有专门的保护管理机构，保护区与鹿寨县重点公益林管理办公室实行"两块牌子一套人马"的管理模式。目前，该办公室为林业局管理的全额拨款事业单位，核定事业编制人员 12 名，现有工作人员 10 人。

（7）保护区功能分区

根据自治区人民政府 2011 年关于建立广西拉沟自治区级自然保护区的批复（桂政函[2011]211 号），保护区分为核心区、缓冲区和实验区等 3 个功能区，面积分别为 4 265.5 hm²、3 028.8 hm² 和 4 205.7 hm²。保护区位置与功能分区见图 3-57。

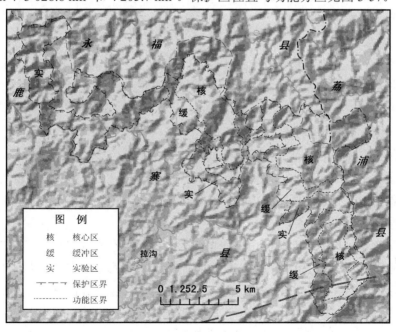

图 3-57　拉沟自然保护区图

### 3.3.9 泗涧山大鲵自然保护区

泗涧山大鲵自然保护区建立于 2004 年，属水产部门管理的自治区级自然保护区。保护区位于融水苗族自治县境内，地理坐标为东经 108°54′13″～109°01′45″、北纬 25°07′28″～25°15′11″，总面积 10 384.0 hm²，其中国有林地面积 3 299.0 hm²，集体林地面积 7 085.0 hm²。

（1）自然环境

保护区地形复杂，域内崇山峻岭，峰峦叠嶂，为中等-深切割中山地貌，北北走向。山顶、山脊多为尖棱状，河谷为"V"形河谷，沟壑纵横，小河溪流星罗棋布，河流比降大，跌水现象多，常见单叠和多叠瀑布。

保护区属珠江水系西江流域，境内雨量充沛，溪流众多，水量丰富。发源于保护区的民洞河是融水县贝江河的一级支流，年径流量占贝江河年径流量的 58%。

保护区地带性土壤为红壤，海拔自下而上依次有山地红壤、山地红黄壤、山地黄壤。

（2）社区概况

根据 2011 年统计，保护区范围包括泗涧山采育场以及怀宝镇的久东村、民洞村、中寨村和思英采育场沙江分厂，总人口有 3 387 人。其中，核心区有人口 1 186 人，缓冲区有 1 785 人，实验区 416 人。

（3）野生维管束植物

保护区已知野生维管束植物 33 科 70 属，约 200 种，有国家 II 级重点保护野生植物金毛狗脊、桫椤等 22 种。

（4）野生脊椎动物

保护区仅野生脊椎动物就有 5 纲 18 目 39 科 142 种。保护区国家 I 级重点保护野生动物有熊猴、豹、林麝、蟒蛇、鼋等，国家 II 级重点保护野生动物大鲵、鸳鸯、水鹿等 44 种。

（5）主要保护对象与保护价值

保护区主要保护对象是大鲵及其栖息地。

保护区是融江流域的水源涵养林区之一，是贝江河的主要发源地，是广西境内大鲵野生种群自然分布的重要区域，具有重要的科研价值和保护意义。

（6）保护管理机构能力

保护区管理机构为广西泗涧山大鲵自治区级自然保护区管理中心，为全额拨款的正科级事业单位，行政上由融水县人民政府管辖。保护区现有编制 7 人，工作人员 7 人，其中科技人员 3 人。2005 年，农业部中央预算内农业投资资金 437 万元用于保护区的基础设施建设，建成保护站 1 个，监测站点 3 个，界碑 3 块，界桩 197 个，购置救护工作车 1 辆以及水生野生动物救护设备 1 套，保护区的基础设施相对完善。保护区的巡护管理工作和保护区管理的宣传教育活动正常开展，管理工作水平不断提高。

（7）保护区功能分区

根据自治区水产畜牧局 2004 年批准的《广西泗涧山大鲵自然保护区总体规划》（广西水产研究所，2004），以及自治区人民政府（桂政函[2004]185 号）批复，保护区分为核心区、缓冲区和实验区 3 个功能区，面积分别为 3 159.0 hm²、4 337.0 hm²、2 888.0 hm²。保护区位置示意见图 3-58。

图 3-58　泗涧山大鲵自然保护区图

## 3.3.10　古修自然保护区

古修自然保护区前身为 1982 年建立的长坪白竹古修林区，由林业部门管理，2002年被明确为县级自然保护区，2007 年晋升为自治区级保护区。保护区位于蒙山县境内，地理坐标为东经 110°30′24″～110°41′29″、北纬 24°10′52″～24°17′41″，总面积8 546.0 hm²。

（1）自然环境

古修自然保护区出露的地层仅有寒武纪、泥盆纪和少许的第四纪，其地质史上经历了早古生代志留纪的加里东运动和中生代早起中三叠纪的印支运动，地质起源古老。古修自然保护区地貌类型以低山地貌为主，中山和丘陵地貌较少。保护区山峰海拔多在 600～900 m，最高峰为保护区中部的俣俣山，海拔 1 100.1 m，最低处位于保护区西南端的茶山水库，海拔 156 m，相对高差 944.1 m。

保护区属亚热带季风气候，年平均气温 19.2℃，≥10℃的年活动积温 6 899.5℃。年均降雨量 1 838.7 mm，年平均蒸发量 1 361.7 mm，年平均相对湿度 85%。

保护区属珠江水系西江流域。发源于保护区的溪流流程在 5 km 以上的河流有茶山河、以孟冲、古苏冲、瓦冲、西岸河、南垌冲、六兰冲、白水冲、苦竹冲等 9 条。

保护区的土壤类型主要有红壤、黄壤以及少量的紫色土和水稻土。保护区地带性土壤为红壤。

（2）社区概况

保护区地跨蒙山县的西河、蒙山和长坪 3 个乡镇 6 个行政村以及国营白竹林场。

保护区内有 3 个行政村的 7 个村民小组，共有人口 81 人，其中瑶族有 52 人。保护区核心区内有 1 个居民点，总人口 19 人，耕地 0.8 hm²；缓冲区内没有居民点，耕地 2.7 hm²；实验区内有居民点 7 个，62 人，耕地 29.1 hm²。

保护区周边对保护区影响较大的社区有 6 个行政村，13 个村民小组，1 153 人，其中瑶族 503 人，占 43.63%，汉族 651 人，占 56.37%。

（3）野生维管束植物

保护区已知野生维管束植物 181 科 564 属 1 008 种，其中蕨类植物 26 科 49 属 66 种，裸子植物 5 科 6 属 7 种，被子植物 150 科 509 属 935 种。有国家 II 级重点保护野生植物桫椤、金毛狗脊、苏铁蕨、凹叶厚朴、香樟、花榈木等，其他珍稀濒危植物有罗汉松、观光木、齿瓣石斛（*Dendrobium devonianum*）等 24 种。保护区被子植物区系组成丰富，地理成分复杂，热带性质较强烈。

（4）陆生野生脊椎动物

保护区已知陆生野生脊椎动物 208 种，分别隶属于 4 纲 25 目 82 科。其中，两栖类 21 种，爬行类 41 种，鸟类 115 种，兽类 31 种。有国家 I 级重点保护野生动物云豹、鳄蜥、林麝、蟒蛇等 4 种，国家 II 级重点保护野生动物有猕猴、中国穿山甲、大灵猫、小灵猫、斑林狸、中华斑羚、白鹇、红腹锦鸡、鸳鸯、黑冠鹃隼、黑翅鸢、黑鸢（鸢）、蛇雕、松雀鹰、苍鹰、红隼、灰背隼、褐翅鸦鹃、小鸦鹃、草鸮、褐林鸮、领鸺鹠、斑头鸺鹠、山瑞鳖、大鲵、细痣瑶螈、虎纹蛙等，有广西重点保护野生动物 85 种。

（5）主要保护对象与保护价值

保护区主要保护对象是鳄蜥等珍稀濒危野生动植物和野生雉类种群及其栖息地。

保护区是国家 I 级重点保护野生动物鳄蜥的重要栖息地，也是联系鳄蜥多个分布区的纽带。保护区位于南亚热带和中亚热带的交错地带，具有重要的科学研究价值，同时保护区也是下游蒙山县乃至西江流域的重要水源地。

（6）保护管理机构能力

保护区于 2002 年设立了蒙山县古修自然保护区管理站，为全额拨款的事业单位，定编 4 人。保护区现有工作人员 4 人。

（7）保护区功能分区

根据原自治区林业局 2007 年批准的《广西古修自然保护区总体规划（2007—2016 年》》（广西林业勘测设计院，2006），保护区分为核心区、缓冲区和实验区等 3 个功能区，面积分别为 2 300.0 hm²、1 520.0 hm²、4 726.0 hm²。保护区位置与功能分区见图 3-59。

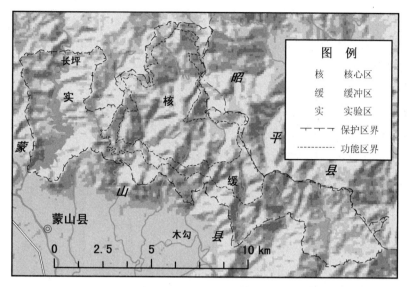

图 3-59　古修自然保护区图

### 3.3.11　三锁自然保护区

三锁自然保护区前身为 1982 年建立的以鸟类为主要保护对象的三锁林区，也称三锁鸟类保护区，由林业部门管理。根据《广西自然保护区》（广西壮族自治区林业厅，1993）的描述以及《广西壮族自治区自然保护区发展规划（1998—2010）》（广西壮族自治区环保局等，1998），三锁鸟类保护区包括融安县大坡乡禄局村和泗顶乡寿局村的部分山地，面积约 5 000 hm²，2002 年被明确为县级自然保护区，2012 年开展面积和界线确定。保护区位于融安县内，地理坐标为东经 111°50′36″～111°56′18″、北纬 24°19′29″～24°27′37″，总面积为 7 384.9 hm²。

（1）自然环境

保护区地处天平山西侧支脉，属中山和低山地貌。主要山峰有黑石界、风门坳、十二瓣、盖王山、木吉岭、大都山，最高峰海拔为 1 291 m，最低海拔为版那村河口（232 m），整个地势由东南向西北倾斜。保护区地处中亚热带季风湿润气候，气候温和湿润，雨量充沛。保护区多年平均气温为 19℃，≥10℃年活动积温为 6 069.8℃，历年平均降雨量 1 942.5 mm。

保护区属珠江水系，境内雨量充沛，溪流众多。发源于保护区的主要河流有禄局河和寿局河，河流总长度达 25 km。

保护区土壤由砂页岩发育而成的红壤和黄壤，红壤主要分布于海拔 800 m 以下的山地，黄壤主要分布于 800 m 以上的山地。

（2）社区概况

根据 2012 年统计，保护区内涉及大坡乡和泗顶镇 2 个乡镇 4 个行政村，共有 1 182

户，6 245 人。

保护区周边社区涉及泗顶镇等 4 个乡镇 9 个行政村，共计有 2 857 户 11 600 人。

（3）野生维管束植物

保护区野生植物资源丰富，有荷木、罗浮栲（*Castanopsis fabri*）、吊皮锥（*Castanopsis kawakamii*）、细枝栲（*Castanopsis carlesii*）、光叶水青冈、杜仲（*Eucommia ulmoides*）、百合（*Lilium brownii* var. *viridulum*）等，其中国家重点保护野生植物有伯乐树、观光木、福建柏、任豆等，广西重点保护野生植物有穗花杉等。

（4）陆生野生脊椎动物

保护区陆生野生脊椎动物资源丰富，主要有中华鹧鸪、灰胸竹鸡、山斑鸠、画眉、大灵猫、小灵猫、果子狸、野猪、金环蛇、银环蛇、泽蛙、沼蛙等多种。其中，国家Ⅰ级重点保护野生动物有白颈长尾雉、蟒蛇等，国家Ⅱ级重点保护有黑熊、红腹角雉、白鹇、红腹锦鸡、红隼、褐翅鸦鹃、小鸦鹃等，广西重点保护有泽蛙、金环蛇、银环蛇、眼镜蛇、眼镜王蛇等。保护区估计保存有黑熊 3～5 头，是黑熊在广西仅存的 14 个分布区之一。

（5）主要保护对象与保护价值

保护区主要保护对象是白颈长尾雉、红腹角雉等珍稀濒危鸟类。

保护区也是融安县乃至浔江流域的重要水源地之一。

（6）保护管理机构能力

保护区没有独立的管理机构，保护管理工作由大坡林业工作站兼管。

（7）保护区功能分区

三锁自然保护区未进行总体规划和功能分区，保护区位置示意见图 3-60。

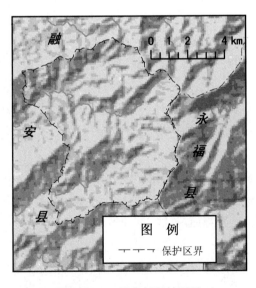

图 3-60　三锁自然保护区图

### 3.3.12 建新自然保护区

建新自然保护区前身为 1982 年建立的江底建新林区，位于龙胜县境内，由林业部门管理，2002 年被明确为自治区级自然保护区，2012 年完成保护区面积与界线确定。保护区地理坐标为东经 110°9′33″～110°15′39″、北纬 25°47′11″～25°53′30″，总面积 5 115.0 hm$^2$。

（1）自然环境

保护区地处桂北山地，属越城岭支脉，是广西陆地起源最古老的地区之一，早古生代寒武纪仍被海水所淹覆。保护区出露地层的有泥盆系、奥陶系、寒武系、上元古界震旦系和丹州群，其中以上元古界震旦系分布最广。地貌类型为中山和低山地貌。保护区内海拔超过 1 000 m 的中山地貌有 17 座，其中最高峰福平包海拔 1 916.4 m。

保护区地处中亚热带季风湿润气候，气候温和湿润，雨量充沛。保护区多年平均气温为 18℃，≥0℃年平均积温为 6 608℃，≥10℃年平均积温为 5 658.7℃。历年平均降雨量 1 544 mm，年平均日照时数为 1 247 h，年平均无霜期 317 d。

保护区属珠江水系浔江流域。发源于保护区宽度在 10 m 以上的河流有 6 条。

保护区分布有红壤土、黄壤土、黄棕壤土、水稻土等 4 个土壤类别。水平地带性土壤为红壤土。

（2）社区概况

保护区涉及江底乡、泗水乡、和平乡共计 3 乡 5 个村约 14 个村民小组（2010 年统计），土地权属全部为集体土地。保护区内有江底乡建新村和泥塘村 2 个行政村的居民点，包括建新村的黄家寨、岩山底、横江、半河、大平江 5 个村民小组，泥塘村黄泥坳 1 个村民小组，共涉及 92 户 473 人，以汉族为主，有少量瑶族，全部分布于实验区内。

保护区周边涉及江底、泗水、和平 3 个乡镇 10 个行政村 51 个村民小组，1 416 户，6 211 人。民族组成为瑶族和汉族，以瑶族为主。

（3）野生维管束植物

保护区已知野生维管束植物有 186 科 575 属 1 025 种，其中蕨类植物 40 科 84 属 176 种，裸子植物 8 科 11 属 13 种，被子植物 138 科 480 属 836 种。有国家 I 级重点保护野生植物南方红豆杉、银杉、伯乐树等，国家 II 级重点保护野生植物有黑桫椤、桫椤、金毛狗脊、福建柏、华南五针松、香樟、闽楠、胡豆莲、野大豆、半枫荷、马尾树、喜树等，广西重点保护野生植物有宽叶粗榧（*Cephalotaxus latifolia*）、穗花杉、沉水樟等 30 种。

（4）陆生野生脊椎动物

建新自然保护区有陆生野生脊椎动物 4 纲 27 目 80 科 231 种。其中，哺乳类 9 目 20 科 35 种，鸟类 13 目 43 科 139 种，爬行类 3 目 10 科 35 种，两栖类 2 目 7 科 23 种。

国家Ⅰ级重点保护野生动物有豹、白颈长尾雉、林麝、蟒蛇等，国家Ⅱ级重点保护野生动物有猕猴、藏酋猴、中国穿山甲、大灵猫、小灵猫、斑林狸、水獭、青鼬、黑熊、水鹿、中华鬣羚、红腹角雉、白鹇、红腹锦鸡、黑冠鹃隼、蛇雕、凤头鹰、松雀鹰、红隼、褐翅鸦鹃、小鸦鹃、草鸮、领角鸮、领鸺鹠、斑头鸺鹠、仙八色鸫、虎纹蛙等，广西重点保护野生动物有 68 种，列入《濒危野生动植物国际贸易公约》（CITES）附录Ⅰ禁止国际贸易的野生动物 6 种，列入 CITES 附录Ⅱ严格限制国际贸易的野生动物 24 种，有中国特有种 14 种。

（5）主要保护对象与保护价值

保护区主要保护对象是迁徙候鸟、白颈长尾雉等珍稀濒危野生动植物以及亚热带常绿阔叶林和中山落叶常绿阔叶混交林。

保护区东南部的才喜界，是越城岭山脉地势最低的区域，是候鸟沿越城岭山脉、经湘桂走廊南北迁徙的重要通道之一，每年 5 月和 9 月，大量的鹳形目鹭科、鹤形目三趾鹑科等鸟类共计 8 目 11 科 57 种通过保护区迁徙，其中有国家Ⅱ级重点保护野生动物仙八色鸫和小鸦鹃。保护区是白颈长尾雉、红腹角雉等珍稀濒危野生动植物的重要栖息地，保护价值重大。

保护区是龙胜县乃至浔江流域的重要水源地之一。

（6）保护管理机构能力

保护区没有独立的管理机构，人员编制和经费来源不足。目前，保护区和江底乡林业工作站实行"一套人马，两块牌子"的管理模式。

（7）保护区功能分区

根据自治区人民政府 2012 年批准的自然保护区面积和界线确定方案（桂政函[2012]206 号），保护区分为核心区、季节性核心区、缓冲区和实验区 4 个功能区，面积分别为 1 148.7 hm²、715.6 hm²、837.5 hm²、2 413.2 hm²。保护区位置与功能分区见图 3-61。

### 3.3.13 涠洲岛自然保护区

涠洲岛自然保护区始建于 1982 年，原为涠洲岛鸟类保护区，由林业部门管理，2002 年被明确为自治区级自然保护区，兼属海洋与海岸生态系统类型，2010 年完成面积和界线调整，2014 年进行功能区调整。保护区地处北海市正南面北部湾海面，位于东经 109°04′54″～109°13′08″、北纬 20°54′12″～21°04′14″，总面积 2 382.1 hm²，其中涠洲岛 2 193.1 hm²、斜阳岛 189.0 hm²。

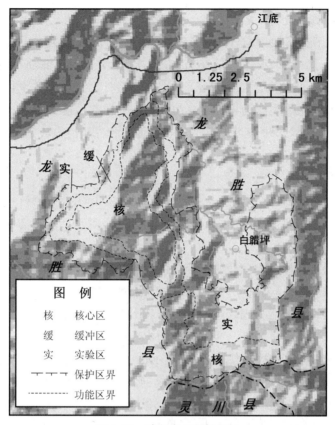

图 3-61　建新自然保护区图

（1）自然环境

保护区是我国最大的第四纪火山岩海岛，火山喷发年代主要为早—中更新世和晚更新世末期。早—中更新世溢流玄武岩是发生在保护区海域内规模最大的一次火山喷发活动。保护区内地貌类型有火山地貌、流水地貌、海蚀地貌、海积地貌、珊瑚岸礁地貌、海积—冲积地貌、重力地貌、人工地貌等 8 种类型。其中，海蚀地貌、海积地貌、珊瑚礁地貌等较为明显。保护区内海拔最高点位于斜阳岛羊尾岭，海拔 140.9 m。

保护区属南亚热带海洋性气候，其特点是季风盛行、冬无严寒、夏无酷暑、高温多雨、干湿分明，夏秋之间台风暴雨较为频繁。保护区年平均气温 23.1℃，最热月 7月，平均气温 31.3℃，最冷月 1 月，平均气温 15.2℃，极端最高气温 35.8℃，极端最低气温 2.9℃。年均日照时数 2 089 h。年均降雨量 1 379.5 mm。降雨集中于 6—9 月，期间降雨量占全年降雨量的 68.1%，其中又以 8 月降雨量最多，达 325.8 mm，占全年降雨量的 25.1%。保护区年均有 6～7 个暴雨日，主要集中在夏季出现，尤以 6—8 月最多，占全年暴雨日数的 68%～70%。平均相对湿度 82%，冬季受偏北风影响较多，夏季受西南季风影响为主。每年 5—11 月受台风影响，其中 7—9 月最为严重。因受海洋和冷空气影响，12 月至翌年 4 月多雾，年平均雾日为 17.7 d。

保护区淡水资源匮乏，地表无常年性河流，仅在岛的西北部有 1 座小型水库（西角水库）。另有山塘 15 处，总库容为 5.3 万 m³。地下水主要为火山岩孔洞裂隙水和松散岩类空隙承压水，淡水水体厚度 261 m 左右，均为透镜体。涠洲岛最高潮位 5.57 m，最低潮位-0.05 m，平均高潮位 3.83 m，平均低潮位 1.32 m，平均潮位 2.58 m。

保护区分布的土壤主要为第三纪喜山期火山喷发的橄榄粗玄岩发育成的砖红壤，另有少量棕红壤土类。保护区土层较为深厚，保水和保肥能力较强，具有供肥能力强、耕性好、适种广等特点。

（2）社区概况

根据 2010 年统计，保护区涉及北海市海城区涠洲镇的 11 个村（居）民委员会，人口 13 472 人，全部为汉族，人口密度 565 人/km²，其中，劳动力 7 204 人，外出劳力 1 236 人。

保护区范围内各村屯均已开通程控电话，移动通信信号覆盖保护区整个区域，对外联络便利。保护区内居民饮用水由涠洲镇自来水厂统一供水。生产生活用电由涠洲火力发电厂输送。生活能源则以南油终端处理厂生产的液化气为主。群众生产生活方便，生活质量和生活水平较高。为了加强保护森林资源和自然环境，地方政府和林业部门加大了新能源建设和推广使用力度，到 2007 年年末，保护区内共建设有沼气池 463 座，其中盛塘村 238 座，沼气池入户率达 34.3%。

保护区对外交通主要联系方式为海上运输，每天有 3～4 趟客运交通船往返于北海市与涠洲岛。在涠洲岛两侧分别有东航道和西航道，均为天然航道，其中西航道可满足 50 万 t 级油轮乘潮进港。涠洲岛港区现有 2 000 t 级客货码头座，500 t 级客货运码头 2 座，南海西部公司 5 000 t 级油气码头 1 座，高岭 2 000 t 级滚装码头和客轮码头各 1 座，6 万 t 单点系泊码头 1 座。

保护区内各村屯均有公路相连接，且多为水泥路面，路况良好，涠洲岛上交通便利。

（3）维管束植物

根据 2013 年调查，保护区有维管束植物 311 种（含变种、亚种、栽培变种和变型），隶属于 84 科 239 属，其中蕨类植物 7 科 7 属 10 种，裸子植物 2 科 2 属 2 种，被子植物 75 科 230 属 299 种。在被子植物中，双子叶植物有 62 科 181 属 237 种，单子叶植物有 13 科 49 属 62 种。保护区境内分布的野生中国特有植物有赤山蚂蟥（*Desmodium rubrum*）、海南鼠李（*Rhamnus hainanensis*）、三叶崖爬藤（*Tetrastigma hemsleyanum*）、海南杯冠藤（*Cynanchum insulanum*）等 4 种，国家Ⅱ级重点保护野生植物有水蕨。

保护区人工栽培的香蕉和木麻黄占据着岛上大部分的生存空间。有归化、入侵的植物 17 种，占保护区植物总种数的 5.5%，栽培植物 57 种，占保护区植物总种数的 18.3%，其中很多是外来物种。

保护区植物资源种类贫乏，外来植物占优势，仙人掌登陆涠洲岛的历史较为悠久，在岛上分布极为广泛，普遍生长于路旁、林下、沙滩上以及海岸悬崖上。普遍分布的外来入侵物种还有鬼针草（*Bidens pilosa*）、紫茉莉（*Mirabilis jalapa*）、猩猩草（*Euphorbia heterophylla*）、银合欢（*Leucaena leuocephala*）、银胶菊（*Parthenium hysterophorus*）、马缨丹（*Lantana camara*）。值得注意的是，紫茉莉、猩猩草在涠洲岛上表现出很强的入侵性，而在广西各地，除专门栽培之外，几乎不见有逸为野生者。

另外，植物热带性质强烈，在野生种子植物总属数中，热带性质属占绝对优势。

（4）陆生野生脊椎动物

根据 2013 年调查，保护区已知陆生野生脊椎动物 4 纲 22 目 66 科 220 种，其中，两栖类 1 目 4 科 7 种，爬行类 2 目 7 科 16 种，鸟类 16 目 52 科 188 种，兽类 3 目 3 科 9 种。保护区有国家 I 级重点保护野生动物黑鹳、中华秋沙鸭（*Mergus squamatus*），国家 II 级重点保护野生动物有黑脸琵鹭、白琵鹭、黄嘴白鹭（*Egretta eulophotes*）、黑鸢、鹊鹞、凤头鹰、松雀鹰、雀鹰、灰脸鵟鹰、普通鵟、红隼、斑嘴鹈鹕、褐鲣鸟（*Sula leucogaster*）、海鸬鹚、褐翅鸦鹃、小鸦鹃、黄嘴角鸮、领角鸮、雕鸮、鹰鸮、东方角鸮（红角鸮）、仙八色鸫、虎纹蛙等。由于保护区位于西太平洋沿岸候鸟迁徙的重要路线上，在这些国家重点保护野生动物中，又几乎为鸟类，其中以旅鸟为主，少量冬候鸟，繁殖鸟只有褐翅鸦鹃和小鸦鹃。保护区有 13 种鸟类被 IUCN 列为受威胁物种，其中濒危物种有 3 种。保护区另有黑眶蟾蜍、沼水蛙、黑卷尾等广西重点保护野生动物 46 种。

在保护区 188 种鸟类中，迁徙候鸟有 174 种，占鸟类总数的 92.6%，留鸟仅有 14 种，占 7.4%。在候鸟中，旅鸟最多，有 117 种，占该区鸟类种数的 62.2%；冬候鸟 48 种，占 25.5；夏候鸟 9 种，占 4.8%。另外，在保护区 188 种鸟类中，列入中日候鸟保护鸟类的有 95 种，占总数的 50.5%，中澳候鸟保护鸟类 32 种，占总数的 17.0%。

（5）其他重要自然资源

保护区景观资源较丰富，自然景观包括火山景观、珊瑚礁资源、海滨沙滩资源和候鸟资源，以及宗教文化等人文景观。涠洲岛在中国最美的十大海岛中列居第二，被专家誉为"水火雕出的作品"。

（6）主要保护对象与保护价值

主要保护对象是迁徙候鸟和海岛生态系统。保护区地处亚洲东北部与东南亚、南洋群岛和澳大利亚之间的候鸟迁徙通道上，是沿太平洋海岸迁飞候鸟的重要中途停歇地。特别是候鸟作为涠洲岛野生动物的主体，充分说明保护区是众多迁徙鸟类的重要停歇地和越冬地，而这些鸟类都是往来于亚洲大陆与东南亚和澳大利亚之间的候鸟，如此众多的国际迁徙鸟类，进一步表明了该保护区在国际鸟类保护中的重要意义。

保护区内的沼泽湿地生态系统、木麻黄海岸防护林生态系统、农田生态系统等组成了独特的海岛生态系统。保护区内淡水资源缺乏，人为干扰强烈，导致这一海岛生态系统非常脆弱，亟须加以保护，特别是保护区北部的木麻黄林生态系统和沼泽湿地生态系统，它们为保护区过境的迁徙候鸟提供唯一的栖息地和食物，具有十分重要的保护价值，同时在防风固沙、改善环境等发面亦发挥不可替代的作用。

（7）保护管理机构能力

保护区管理处现有职工 7 人，其中管理人员 3 人，技术人员 1 人，护林员 4 人；现有大学文化程度 2 人，高中文化程度 1 人，初中文化程度 4 人。

保护区开展了主要保护对象和保护区法律法规的宣传和教育，使得保护区内居民以及旅客更好地了解保护区。保护区现有野生动物监测设备相对齐全，基本上可以满足候鸟迁徙期间的监测工作，但是受制于专业人员缺乏，候鸟监测与环志主要依靠外部高等院校和科研院所进行。保护区野外巡护工作已经逐步规范，特别是在候鸟迁徙期间的野外巡护更加频繁。保护区长期以来十分重视科研工作，协助广西大学、广西林业勘测设计院、野生动植物保护国际（FFI）、广西红树林研究中心等单位进行多项考察和研究。保护区正在进行的牛角坑湿地恢复工程已经取得了突破性的进展，湿地恢复区常年可见小白鹭（白鹭，*Egretta garzetta*）、牛背鹭（*Bubulcus ibis*）等鹭科鸟类栖息和取食，同时该区域也为迁徙水鸟提供了停歇地和觅食地。目前，保护区正在考虑扩大湿地恢复面积，营造更多适宜候鸟栖息的区域。

（8）保护区功能分区

根据自治区人民政府《关于调整广西涠洲岛自治区级自然保护区功能区的批复》（桂政函[2014]72 号），保护区分为核心区和实验区 2 个功能区，面积分别为 238.5 hm$^2$ 和 2 143.6 hm$^2$。其中实验区已开发了旅游。保护区位置与功能分区见图 3-62。

### 3.3.14 龙虎山自然保护区

龙虎山自然保护区前身为自治区卫生厅于 1980 年批准建立的底隆天然药物保护区，1982 年改名为龙虎山自然保护区，1987 年由隆安县卫生局管理改为隆安县林业局管理，1991 年批准列为自治区级自然保护区，2002 年自治区人民政府进一步明确为林业部门管理，2004 年完成面积和范围确定。保护区地处隆安县境内，地理坐标为东经 107°27′～107°41′、北纬 22°56′～23°00′，总面积 2 255.7 hm$^2$。

（1）自然环境

保护区位于西大明山山脉的北坡，是桂西南石灰岩山地东北边缘的部分，地质构造复杂，地层古老，主要由泥盆系的中泥盆统和石炭系的下石炭统地层组成，峰丛深切园洼地，槽谷地形，山峰海拔多在 300～500 m，最高峰龙山主峰海拔 551.1 m，谷地海拔 200 m 左右，相对高差 100～300 m，山岭与谷地、洼地纵横交错，地形起伏明显，复杂多变。

保护区属南亚热带气候区，年平均温度 21.8℃，夏季平均气温 29.2℃，最冷月（1月）平均气温 13.2℃，最热月（7月）平均气温 33.2℃。年均降雨量 1 500 mm，年平均蒸发量 1 654.2 mm，年均日照时数 1 531.8 h。

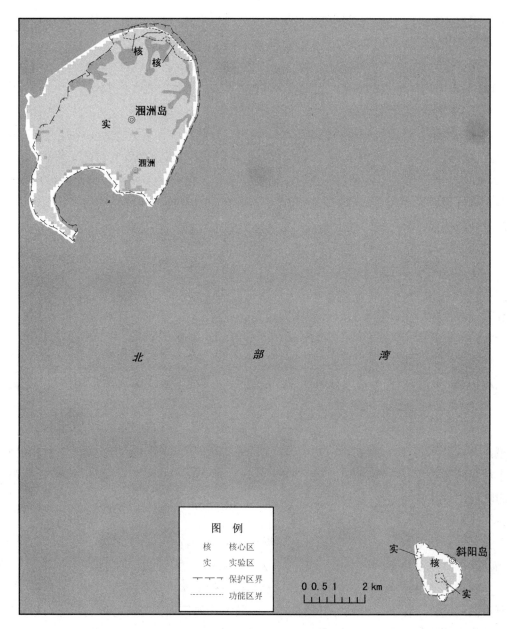

图 3-62　涠洲岛自然保护区图

保护区内渌水江发源于西大明山，与大新、天等两县的地下河系在屏山乡附近汇成地表水流，由西南向东北方向流经保护区后流入右江。

保护区土壤成土母质为石灰岩风化物，形成的土壤类型以棕色石灰土为主，黑色石灰土兼而有之。棕色石灰土位于山谷，黑色石灰土大多积聚在岩石裂缝中。

（2）社区概况

保护区范围涉及隆安县 2 个乡镇 3 个自然村 25 个自然屯。

根据 2003 年统计，保护区的实验区有 3 个自然屯 48 户 254 人，人均耕地 0.02 hm$^2$，人均收入 450 元，人均粮食 105.3 kg。核心区和缓冲区无居民。

保护区周边 25 个自然屯的土地总面积为 3 592.4 hm$^2$，总户数 1 071 户，合计人口 5 373 人，人均耕地 0.09 hm$^2$，人均收入 1 237.7 元，人均有粮 225.7 kg。

（3）野生维管束植物

保护区已知野生维管束植物 926 种，每平方公里有维管束植物约 40 种。国家 I 级重点保护野生植物有石山苏铁，国家 II 级重点保护野生植物有金毛狗脊、香樟、蒜头果、蚬木、任豆等，广西重点保护野生植物有毛瓣金花茶（*Camellia pubipetala*）、金丝李、蝴蝶果、肥牛树等。保护区拥有较丰富的典型岩溶植物和特有植物，其植物区系热带性质明显。

（4）陆生野生脊椎动物

保护区已知陆生野生脊椎动物 215 种，其中哺乳类 35 种，鸟类 132 种，爬行类 39 种，两栖类 10 种，有国家 I 级重点保护野生动物熊猴、黑叶猴、林麝、蟒蛇等，国家 II 级重点保护野生动物有猕猴、中国穿山甲、大灵猫、小灵猫、斑林狸、水獭、白鹇、鸳鸯、黑冠鹃隼（凤头鹃隼）、黑鸢（鸢）、蛇雕、松雀鹰、红隼、灰背隼、、褐翅鸦鹃、小鸦鹃、草鸮、斑头鸺鹠、冠斑犀鸟、大壁虎、山瑞鳖、虎纹蛙等，广西重点保护野生动物 89 种。其中野生猕猴群的种群数量约 3 000 只，数量之多居广西各分布点之首。

（5）其他重要自然资源

保护区景观资源较丰富，地文景观主要有龙山、虎山、仙女峰等，喀斯特地貌典型，溶洞、石景等；水域景观包括渌江水、瀑布和虎突泉等；生物景观尤以猕猴群和中药草园为特色，并被誉为中国四大猴山之一。此外，保护区还保存有聚落石山门等遗址遗迹、壮乡风雨桥等建筑设施。

（6）主要保护对象与保护价值

主要保护对象是野生猕猴等野生动物及其生境、石山苏铁和毛瓣金花茶等野生植物及其栖息地以及喀斯特生态系统。

保护区药用植物丰富，达 713 种，对其进行保护和合理的开发利用具有重要的科研价值。此外，保护区猕猴种群数量在广西最大，如何保护与可持续利用这一资源也是极具价值的科研课题。

保护区已建成广西最大的可供游人观赏的半饲养的猕猴种群，观猴、戏猴具有一定知名度，在生态旅游和环境教育方面具有重要的管理示范意义。

（7）保护管理机构能力

保护区管理处下设办公室、财务科、派出所等部门。根据 2003 年调查结果，管理处大专以上学历职工已近 20%，专业技术人员 5 人。

（8）保护区功能分区

根据原自治区林业局批准的《广西龙虎山自治区级自然保护区总体规划（2005—

2015 年)》（广西林业勘测设计院，2004），保护区分为核心区、缓冲区和实验区 3 个功能区，面积分别为 824.5 hm²，472.4 hm² 和 958.8 hm²。保护区位置与功能分区见图 3-63。

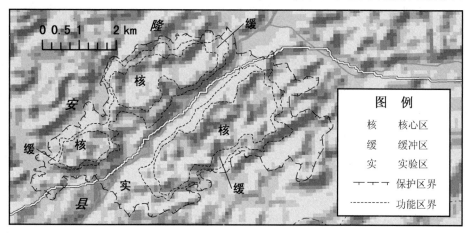

图 3-63　龙虎山自然保护区图

### 3.3.15　红水河来宾段珍稀鱼类自然保护区

红水河来宾段珍稀鱼类自然保护区建于 2005 年，属水产部门管理的自治区级自然保护区，2006 年进行了范围调整，2012 年进行了功能区调整。保护区地处来宾市兴宾区境内，河段总长度为 44.5 km，水域面积约为 582 hm²，分两段，其中西段为西起上滩（E 109°02′39″、N 23°40′08″）东至召平出口下三门（E 109°08′35″、N 23°42′02″），东段为西起红河农场渡口下行 1.8 km 处（E 109°23′55″、N 23°43′38″）东至三江口（E 109°31′54″、N 23°47′53″）。

（1）自然环境

保护区处于广西山字形构造盾地部分，湘桂赣褶皱带与华夏褶皱带的接界处，为来宾短轴褶断区。属岩溶溶蚀地形，南、北略高中部较低，红水河自西北到东南横穿境内中部，河床迂回曲折，红水河谷阶地海拔高一般 70～100 m。河谷谷坡具不对称阶地，河谷结构复杂。地貌表现为一级阶地，并发育有沙洲、河心漫滩。红水河下游地形河况复杂，沿河保持较高程度的自然流态，水域环境具较高的生境多样性。

保护区属南亚热带季风气候区。年平均气温为 20.7℃，最冷月（1 月）平均气温为 10.9℃，最热月（7 月）平均气温为 28.6℃。年平均降雨量为 1 353.7 mm，年平均蒸发量为 1 712.1 mm。

据迁江水文站资料，红水河多年平均径流量 2 112.16 m³/s。洪水季节一般为每年 5—8 月，最大洪水多发生在 7—8 月。枯水期一般为 1—2 月。最小流量为 1989 年的 179 m³/s。蓄水量 54 000 万 m³。多年平均悬移质含沙量 0.67 kg/m³，最大 7.68 kg/m³，最小 0.006 kg/m³。

保护区丰水位 57.2 m，枯水位 52.9 m，平水位 55.0 m；地表水 pH 值 7.1，呈中性；矿化度低，小于 0.1g/L，为淡水；透明度 1 m，透明度等级为浑浊；总氮 1.59 mg/L，总磷 0.03 mg/L，营养程度为富营养。地下水 pH 值 7.2，呈中性，矿化度小于 0.4g/L。

（2）社区概况

保护区所辖区桥巩电站以下至石龙三江口共有 8 个乡镇，包括兴宾区的迁江镇、桥巩乡、兴宾区、城厢乡、正龙乡、大湾乡、高安乡和象州县的石龙镇。社区粮食作物主要是水稻、玉米、大豆，经济作物主要是甘蔗、麻类、桑蚕、瓜类、油料、烟叶、木薯、红瓜子。

历史上及至今天，乐滩以下迁江镇至红河口的下游江段，是红水河全流域的主要渔业功能区，盛产多种大中型经济鱼类，是广西青鱼、草鱼、斑鳠、卷口鱼、唇鲮、长臀鮠、白甲鱼、鲮鱼的主要采集地，是广西草鱼、青鱼的亲鱼主要供应地。来宾市红水河渔民人口总数 4 227 人，其中专业渔民 1 344 人，兼业渔民 2 883 人，共有渔船 336 艘。

（3）野生植物

红水河下游浮游植物共 7 门 61 属，其中蓝藻门 11 属，裸藻门 3 属、甲藻门 3 属、金藻门 1 属、绿藻门 26 属、硅藻门 16 属、红藻门 1 属。常见种类有：颤藻（*Oscillatoria* spp.）、微囊藻（*Microcystis* spp.）、转板藻（*Mougeotia* spp.）、水绵（*Spirogyra* spp.）、盘星藻（*Pediastrum* spp.）、直链藻（*Melosira* spp.）、小环藻（*Cyclotella* spp.）、舟形藻（*Navicula* spp.）、桥穹藻（*Cymbella* spp.）、隐藻（*Cryptomonas* spp.）、角甲藻（*Ceratium* spp.）、奥杜藻（*Audouinella* spp.）。浮游植物现存生物量的平均值为：个体数为 328 387 个/L，重量为 0.562 9 mg/L，优势种类为硅藻（*diatom* spp.），其数量和重量分别占浮游植物的 90.5% 和 93.9%，硅藻类的小环藻为优势种群。按照"养鱼水质肥度的生物量等级"标准，河段属于贫营养型水质。

由于红水河河水流速大，底质多为卵石、砾石硬质底的环境，着生丰富的硅藻、卵形藻（*Cocconeis* spp.）、针杆藻（*Synedra* spp.）、异极藻（*Gomphonema* spp.）、桥穹藻和绿藻类（*Chlorophyta* spp.）的刚毛藻（*Cladophora* spp.）、毛枝藻（*Stigeoclonium* spp.）、鞘藻（*Oedogonium* spp.）等藻类，组成了急流型浮游植物种群，属江河急流型浮游植物类型。

保护区共采集到水生维管束植物 12 种，分属 9 科 11 属。

（4）野生动物

根据中科院水工程生态研究所于 2009 年 11 月和 2010 年 6 月的调查结果，已知浮游动物 74 属 148 种。其中原生动物种类 69 种，轮虫 56 种，枝角类 13 种，桡足类 10 种。调查水域各监测点浮游动物种类组成中原生动物、轮虫种类占绝对优势，枝角类、桡足类种类较少，为典型的河流生境群落结构。此外，已发现底栖动物种类 24 种，其中环节动物 4 种，软体动物 11 种，节肢动物 9 种。

保护区已知鱼类 102 种，隶属于 5 目 17 科 73 属。常见的鱼类主要有青鱼（*Mylopharyngodon piceus*）、草鱼（*Ctenopharynodon idellus*）、赤眼鳟（*Spualiobarbus curriculus*）、南方拟鳘（*Pseudohemiculter dispar*）、鳘（*Hemiculter leucisculus*）、鲢（*Hypophthalmichthys molitrix*）、鳙（*Aristichthys nobilis*）、倒刺鲃（*Spinibarbus denticulatus*）、东方墨头鱼（*Garra orientalis*）、四须盘鮈（*Discogobio tetrabarbatus*）、鲤（*Cyprinus carpio*）、唇鲮（*Semilabeo notabilis*）、卷口鱼（*Ptychidio jordani*）、鲇（*Silurus asotus*）、长臀鮠（*Cranoglanis bouderius*）、黄颡鱼（*Pelteobagrus fulvidraco*）、斑鳠（*Mystus guttatus*）、大眼鳜（*Siniperca kneri*）、溪吻鰕虎鱼（*Rhinogobius duospilus*）、李氏吻鰕虎鱼（*Rhinogobius leavelli*）、鲮（*Cirrhinus molitorella*）、鳊（*Parabramispekinensis*）。其中，青鱼、草鱼、赤眼鳟、唇鲮、卷口鱼、鲇、长臀鮠、斑鳠、大眼鳜、鲮、鳊等为当地的主要捕捞对象。泉水鱼（*Pseudogyrincheilus procheilus*）、巴马副原吸鳅（*Paraprotomyzon bamaensis*）、长尾鮡（*Pareuchiloglanis longicauda*）为红水河特有鱼类。

红水河鱼类属华南区。就起源来说，除洄游种和移入种外，红水河下游鱼类由热带平原复合体、江河平原鱼类区系复合体、中印山区鱼类区系复合体、上第三纪鱼类区系复合体、北方平原鱼类区系复合体等 5 个区系复合体组成。

两栖类 8 种，隶属于 1 目 4 科；爬行类 8 种，隶属于 2 目 3 科；鸟类 17 种，隶属于 6 目 8 科。国家Ⅱ级重点保护野生动物有虎纹蛙、花鳗鲡（*Anguilla marmorata*）等。

（5）其他重要自然资源

鱼类产卵场分布较多，红水河下游来宾域内规模较大的主要鱼类产卵场共有13处：王滩、里兰滩底、十五滩、沉香滩、南蛇滩、唐渠码头、桥巩、定子滩、来宾码头、老城厢、蓬莱洲、大步和衣滩。在此江段产卵规模较大的鱼类种群有：青鱼、草鱼、鲢鱼、鳙鱼、鲮鱼、斑鳠、长臀鮠、岩鲮（*Semilabeo tabilispeters*）、白甲鱼（*Onychostoma sima*）、卷口鱼、鲤鱼、赤眼鳟等。

（6）主要保护对象与保护价值

主要保护对象包括大步、定子滩鱼类产卵场及红水河下游水域生态系统；花鳗鲡、单纹似鳡（*Luciocypinus langsoni*）、大眼卷口鱼（*Ptychidio macrops*）、暗色唇鲮（*Semilabeo obscurus*）、乌原鲤（*Procypris merus*）、长臀鮠、鳡（*Luciobrama macrocephalus*）及其栖息地，红水河特有的鱼类泉水鱼、巴马副原吸鳅、长尾鮡及其栖息地；"四大家鱼"及斑鳠、倒刺鲃、卷口鱼、龟鳖类等珍贵水生野生动物及其原产地。

红水河下游江段是整个广西乃至珠江流域名贵珍稀鱼类斑鳠、长臀鮠主要的栖息地及产卵繁殖场所。红水河岩滩以上青鱼鲜见，而兴宾江段青鱼数量尚多，该江段是广西大型经济鱼类青鱼仅存不多的贮源地。

保护区是红水河梯级水电站开发后留下不多的自然流态的河段，其多样化的生态位适合多种鱼类越冬、栖息和索饵，是不可多得的理想的鱼类原良种及鱼类自然资源研究基地。

（7）保护管理机构能力

保护区的管理机构为广西红水河来宾段珍稀鱼类自治区级自然保护区管理处（正科级），与来宾市渔政渔港监督管理站合署办公，按"一套人马，两块牌子"的模式管理，渔政站编制为 11 人。管理处内设机构有办公室、大湾管理站、城厢管理站和良江鱼类增殖站，救护站设在大湾管理站内。2009 年，农业部中央预算内农业投资资金 408 万元用于保护区的基础设施建设，已完成基础建设投入运行，并购置救护工作车一辆以及水生野生动物救护设备一套。保护区水域目前已完成区界的勘界工作，设界碑 10 块。保护区的巡护管理工作和保护区管理的宣传教育活动正常开展，管理工作水平不断提高。

（8）保护区功能分区

根据自治区人民政府 2012 年批准的《广西红水河来宾段珍稀鱼类自治区级自然保护区功能区划》（桂政函[2012]261 号），保护区包括季节性核心区一处，河段全长 7.5 km，面积 90.17 hm²，在丰、平水期（4—9 月）作为核心区管理，在枯水期（10 月至次年 3 月）作为实验区管理，不划分缓冲区；实验区三处，河段全长 37 km，面积 491.83 hm²。保护区位置与功能分区见图 3-64。

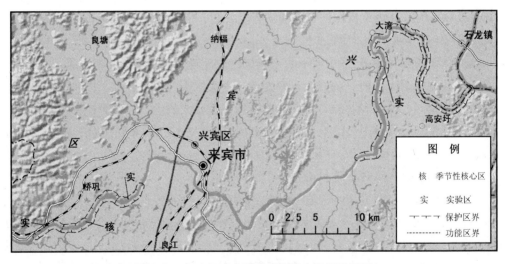

图 3-64　红水河来宾段珍稀鱼类自然保护区图

### 3.3.16　左江佛耳丽蚌自然保护区

左江佛耳丽蚌自然保护区建于 2005 年，属水产部门管理的自治区级自然保护区。保护区地处崇左市江州区和龙州县境内，河段长 54.5 km，其中，江州区河段长 12 km，水域面积 120 hm²，西起先锋电站坝下坐标为东经 107°15′38.3″、北纬 22°21′34.2″，向北沿左江下游到东经 107°19′51.6″、北纬 22°23′55.3″；龙州县境内水口河河段长 42.5 km，水域面积 297.4 hm²，西起东经 106°37′39.2″、北纬 22°27′1.1″，向东南沿水口河下游到东经 106°42′1.2″、北纬 22°23′48.6″，继续沿下游由东经 106°45′47.8″、北纬 22°21′59.3″，到其下游东经 106°49′39.2″、北纬 22°20′54.1″，总面积 417.4 hm²。

（1）自然环境

保护区地质构造经历了元古代—早古生代的地槽发展阶段，晚古生代—中三叠世的准台地发展阶段，晚三叠世—第四纪的陆缘活动带发展阶段，形成了现今所见到的主要地质构造形式，即江州区以岩溶、丘陵、台地、平地兼有的地质构造形式和龙州县以岩溶地貌为主的地质构造形式。保护区河段两岸地貌可分为低山、丘陵、台地、溶蚀侵蚀谷地盆等几种类型。

保护区属南亚热带季风气候，年平均气温 21.1℃，变化范围 21～22.2℃，极端最高气温 41.2℃，极端最低气温−3℃，≥10℃年均积温 7 324.6℃。年平均降雨量 1 252.3 mm，年平均蒸发量为 1 652.2 mm。

保护区涉及的主要河流有水口河、平而河、左江、明江、黑水河等 5 条，同属珠江流域西江水系，总集雨面积约 37 044 km²。

保护区平水位 83.0 m，枯水位 80.0 m，丰水位 93.0 m；地表水平均 pH 值 7.5，呈弱碱性；矿化度小于 1g/L，为淡水；透明度 2.0 m，透明度等级为浑浊；总氮 1.06 mg/L，总磷 0.03 mg/L，营养程度为中营养；化学需氧量 7.84 mg/L。地下水 pH 值 7.2，呈中性；矿化度小于 0.10g/L。

保护区河流两岸分布的土壤为潴育型水稻土、冲积土或砖红壤性土壤。

（2）社区概况

保护区涉及龙州县的水口镇、下冻镇、龙州镇和江州区的太平镇。

（3）野生植物

保护区有浮游植物 8 门 78 属，其中蓝藻 12 属，绿藻 32 属，硅藻 21 属，裸藻 4 属，甲藻 4 属，黄藻 2 属，金藻 2 属，红藻 1 属。

水生维管束植物包括 2 门 14 科 19 种，其中蕨类植物 2 科 2 种，被子植物 12 科 17 种。按植物生活型划分，有湿生和挺水植物 12 种，漂浮植物 4 种，浮叶植物 1 种，沉水植物 2 种。分布水域面积最大的是密齿苦草（*Vallisneria denseserrulata*），其次是水蓼（*Polygonum hydropiper*）、稗草（*Echinochloa crusgalli*）和喜旱莲子草（*Alternanthera philoxeroides*）。

（4）野生动物

保护区浮游动物有 12 科 20 种，以刺盖异尾轮虫（*Trichocerca capucina*）、锥肢镖水蚤（*Mongolodiaptomus birulai*）数量最多。

底栖动物包括 3 门 7 纲 51 种，其中软体动物 26 种（单壳类 14 种属、双壳类 12 种），水生昆虫 14 种，环节动物 6 种，其他动物 5 种。有国家Ⅱ级保护动物佛耳丽蚌

（*Lamprotula mansuyi*），广西重点保护野生动物多瘤丽蚌（*Lamprotula polysticta*）和背瘤丽蚌（*Lamprotula leai*）等。其中，佛耳丽蚌物种濒危程度高，地区分布狭窄，除越南左江上缘部分河段稍有分布外，中国仅在广西的左、右江上游以及清水河分布，又以左江上游、水口河上游最丰，栖息地保存较完整。

鱼类包括 2 纲 7 目 20 科 81 属 112 种，有我国唯一一种软骨鱼类赤魟（*Dasyatis akajei*）1 种，其余 111 种为硬骨鱼类。硬骨鱼类中，鲤形目最多，为 84 种，其次为鲈形目 13 种，鲇形目 11 种。在 112 种鱼类中，洄游鱼类 1 种，即鳗鲡（*Anguilla japonica*）。

保护区已知两栖类 13 种，隶属于 1 目 5 科；爬行类 8 种，隶属于 2 目 3 科；鸟类 23 种，隶属于 5 目 5 科；兽类 1 科 2 种，属于食肉目。其中国家 I 级重点保护野生动物有鼋，国家 II 级重点保护野生动物有虎纹蛙，广西重点保护野生动物有苍鹭、绿鹭（*Butorides striatus*）、池鹭、董鸡（*Gallicrex cinerea*）、白胸翡翠（*Halcyon smyrnensis*）、蓝翡翠（*Halcyon pileata*）、舟山眼镜蛇（*Naja atra*）、黑眶蟾蜍、沼水蛙、泽陆蛙、斑腿泛树蛙（*Polypedates megacephalus*）、花姬蛙（*Microhyla pulchra*）、红颊獴（*Herpestes javanicus*）、食蟹獴（*Herpestes urva*）、滑鼠蛇、银环蛇等，IUCN 易危种有中华鳖（*Pelodiscus sinensis*）等。

（5）主要保护对象与保护价值

保护区主要保护对象是佛耳丽蚌、多瘤丽蚌、背瘤丽蚌和我国唯一的淡水软骨鱼类——赤魟及其生境。

保护区河床结构复杂多变，湾多滩多，水流湍急，水源丰沛，水质优良，生境稀有，在水生生态系统保护中有重要作用。

（6）保护管理机构能力

保护区的管理机构为左江佛耳丽蚌自然保护区管理处（正科级），与崇左市渔政渔港监督管理站合署办公，按"一套人马，两块牌子"的模式管理，渔政站编制为 11 人，其中管理人员 8 人，科技人员 3 人。管理处内设机构有办公室、大湾管理站，有专用车辆 1 辆，船（艇）2 艘；保护区水域目前已完成区界的勘界工作，设界碑 10 块。保护区的巡护管理工作和保护区管理的宣传教育活动正常开展，管理工作水平不断提高。

（7）保护区功能分区

根据广西壮族自治区水产畜牧局 2005 年（桂渔牧函[2005]183 号）批准的《广西左江佛耳丽蚌自然保护区总体规划（2005—2014 年）》（广西水产研究所，2005），保护区分核心区、缓冲区和实验区 3 个功能区，河段长度分别为 29.5 km、13.0 km 和 12.0 km，面积分别为 242.4 hm²、91 hm² 和 84 hm²。保护区位置与功能分区见图 3-65。

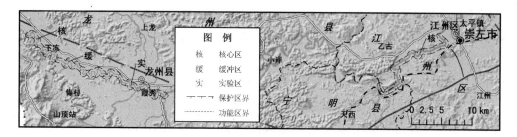

图 3-65　左江佛耳丽蚌自然保护区图

### 3.3.17　凌云洞穴鱼类自然保护区

凌云洞穴鱼类自然保护区建于 2008 年，属水产部门管理的自治区级自然保护区。保护区位于凌云县境内，由"1 线"和"6 点"组成，总面积 684 hm²。

"1 线"指地下河沿线，为保护区主体，地下河区域河段长 38 km，面积 660 hm²，位于凌云县地中部的水源洞地下河系沿线，包括逻楼镇、加尤镇及泗城镇的部分地区，为西南—东北走向，西南端点为泗城镇的水源洞（东经 106°34′39.9″、北纬 24°21′59.6″），东北端点为逻楼镇降村的高粱水井（东经 106°44′17.3″、北纬 24°27′34.4″）。

"6 点"指 6 个以点状分布的洞穴，为保护区的实验区，面积 24 hm²，分别位于玉洪瑶族乡八里村八里响水洞（东经 106°27′30.7″、北纬 24°31′58.1″）、逻楼镇洞新村卢家堡洞（东经 106°43′10.2″、北纬 24°20′35.5″）、安水村安水洞（东经 106°44′44.3″、北纬 24°22′22.3″）、祥福村祥福消水洞（东经 106°51′33.3″、北纬 24°22′45.2″）、陇郎村陇朗消水洞（东经 106°47′23.7″、北纬 24°23′24.8″）、加尤镇央里村海洞与风流洞（东经 106°38′10.1″、北纬 24°28′24.8″）。

（1）自然环境

保护区官仓—仓洋—水源洞一线居民群众较多，自然环境已受到不同程度的破坏，但植被破坏程度尚不属严重。官仓—杂福—降村沿线村屯较少，峡谷幽深，天然植被保存良好。

实验区 6 处点状分布的洞穴均已受到一定程度的人类活动影响，但自然环境尚好。其中，八里响水洞紧邻的穿山洞，满山翠竹婀娜多姿，景色迷人。

（2）社区概况

保护区共涉及凌云县泗城镇、逻楼镇、加尤镇 3 个镇，旦村、洋妹、官仓、伟八、杂福、降村、洞新、陇朗、祥福 10 个村。

根据 2006 年统计，泗城镇的旦村、洋妹、官仓村经济收入主要靠种养殖业和劳务输出，种植以水稻为主，冬种小麦用来饲养家畜家禽，养殖以养猪为主，人均年收入为 1 593 元；加尤镇的伟八、杂福村、逻楼镇降村为大石山区，经济收入主要靠种养殖业和劳务输出，种植以玉米为主，养殖以养猪为主，人均年收入为 1 107 元；逻楼镇洞新村经济收入主要靠种养殖业，种植业以玉米为主，养殖以饲养猪花和山羊为主，人均年收入为1 658元；逻楼镇祥福村经济收入主要靠种养殖业和劳务输出，种植以水稻为主，养殖以养猪为主，人均年收入为1 658元。

（3）主要洞穴鱼类

保护区已知有鸭嘴金线鲃（*Sinocyclocheilus anatirostri*）、凌云金线鲃（*Sinocyclocheilus lingyunensis*）、小眼金线鲃（*Sinocyclocheilus anophthalmus*）、凌云南鳅（*Schistura lingyunensis*）、凌云平鳅（*Oreonectes*）、凌云盲米虾（*Typhlocaridina lingyunensis*）等6种鱼虾，同时保护区也是这6种鱼虾的模式标本采集地。

（4）主要保护对象与保护区价值

保护区主要保护对象是鸭嘴金线鲃、凌云金线鲃等珍稀洞穴水生生物及其栖居的典型地下岩溶洞穴和岩溶地下河水域生态系统。

保护区保护了这些历经沧桑孑遗至今、分布极为狭窄的珍稀洞穴生物及典型的地下岩溶生态系统，保护价值极高，尤其是目前生存于其中的珍稀洞穴鱼虾自然资源在生物分类学、动物地理学、进化生物学、地质学、古生物学等众多的领域均具有极高的科学研究价值。

（5）保护管理机构能力

尚未建立专门的管理机构。

（6）保护区功能分区

根据广西壮族自治区水产畜牧兽医局2008年（桂渔牧函[2008]160号）批准的《广西凌云洞穴鱼类自治区级自然保护区总体规划（2008—2017年）》（广西水产研究所，2007），保护区的核心区面积280 hm²，缓冲区面积200 hm²，实验区面积204 hm²。保护区位置与功能分区见图3-66。

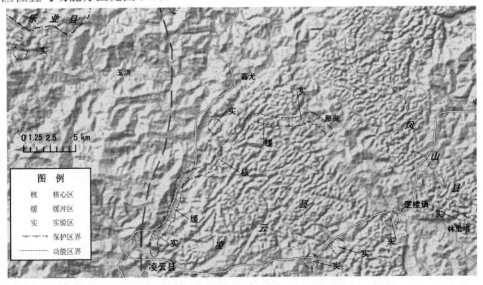

图3-66　凌云洞穴鱼类自然保护区图

### 3.3.18 那兰鹭鸟自然保护区

那兰鹭鸟自然保护区建于 2004 年，属市级保护区，位于南宁市良庆区南晓镇那兰村，呈小盆地形状，地理坐标为东经 108°35′～108°36′、北纬 22°69′～22°70′之间，总面积 346.7 hm²。

根据《南宁那兰村鹭鸟自然保护区总体规划》（广西林业科学研究院，2003），保护区已知维管束植物 109 科 255 属 336 种，鸟类有 12 目 28 科 69 种，兽类有 5 目 10 科 15 种。主要保护对象是鹭鸟及其栖息地。池鹭、白鹭、绿鹭、夜鹭等 4 种，鹭鸟在保护区营巢最早于 20 世纪 50 年代，每年的清明节后到冬至节期间，都有大批鹭鸟在夜晚集群迁徙而来，栖息、营巢于村旁、沟谷、水田和池塘边，最多时达上万只。那兰村往西约 6 km 处为凤亭河水库，成为鸟类重要的栖息地。

保护区的范围与那兰村的行政范围基本一致。根据 2003 年统计，那兰村共 62 户 358 人。那兰村 1999 年被原邕宁县委、县政府授予文明村，邕宁县首批环境治理示范村；2000 年评为邕宁县生态环境综合治理示范村；2001 年被评为县级文明村，保护鸟类示范村；2002 年被评为市级文明村、自治区级文明村，邕宁县生态环境综合治理示范村。

保护区主要由村民管理，2000 年 5 月 8 日开始实施《南晓镇那兰（白鹭村）坡村规民约》，2000 年 5 月 15 日发布《邕宁县南晓镇那兰（白鹭村）坡爱鸟公约》，那兰自然保护区的管理模式和效果是人与动物和谐相处的良好典范。

根据桂政函[2004]141 号文，保护区核心区面积 11.5 hm²，缓冲区面积 33 hm²，实验区面积 302.2 hm²。保护区大致位置见图 3-67。

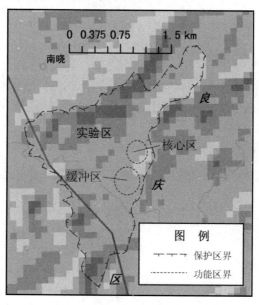

图 3-67  那兰鹭鸟自然保护区图

### 3.3.19　防城万鹤山鸟类自然保护区

防城万鹤山鸟类自然保护区建立于 1993 年，为县级保护区。保护区位于北部湾沿海，地处防城港市防城区附城乡鲤鱼江村，中心位置坐标为东经 108°18′55″、北纬 21°42′57″，总面积 78.5 hm²。

（1）自然环境

保护区地层为上二叠纪、下三叠纪砂岩和页岩，地层结构为印支期褶皱—那梭向斜，呈北东 60°方向延伸，丘陵地形，海拔一般 20～40 m，最高的八方大岭海拔 150.8 m。

保护区属湿热季风气候区，海洋风盛行，年均气温 21.8℃，最冷月平均气温 12.6℃，最热月平均气温 28.2℃，极端最高气温 38.4℃，极端最低气温-0.9℃，≥10℃的年积温为 8 100℃，年平均降雨量 2 900 mm 以上，年均相对湿地在 81%～83%。

流经保护区的河流有大王江、鲤鱼江和李子潭河，其中大王江、鲤鱼江汇入防城江后出海。

主要成土母质为砂页岩和滨海沉积物，土壤为砖红壤和滨海沉积土。

（2）社区概况

保护区内及周边人口共 2 781 人。

（3）野生动植物

鹭鸟各种营巢树木共 12 种，其中主要为马尾松（*Pinus massoniana*）和三叉苦（*Evodia lepta*），平均每株 8.3 巢，较多的达每株 10 巢。其中鹭鸟类有池鹭、白鹭、绿鹭、夜鹭（*Nycticorax nycticorax*）等 10 种，鹭鸟在保护区数量最多时超过 3 万只。

（4）主要保护对象

保护区主要保护对象是鹭鸟及其栖息地。

（5）保护管理机构能力

保护区尚未建立管理机构，目前由鲤鱼江村东风组的一家许姓农户管理，许家为保护区的鹭鸟保护付出了 4 代人的努力，曾于 2000 年获原国家环保总局等 9 个单位授予的"护鸟英模"嘉奖。

（6）保护区功能分区

根据《防城各族自治县人民政府关于设立万鹤山鹭鸟自然保护区的通告》（防城各族自治县人民政府，1993），保护区以万鹤山为中心，半径 500 m 范围内区域确定为县级鸟类自然保护区。保护区位置见图 3-68。

图 3-68　防城万鹤山鹭鸟自然保护区图

## 3.4　野生植物类型自然保护区

### 3.4.1　防城金花茶自然保护区

防城金花茶自然保护区的前身为原防城各族自治县城乡建设环境保护局于1984年在防城区那梭镇那梭村上岳建立的金花茶保护点，1986年广西壮族自治区人民政府批准建立自治区级自然保护区，为环保部门管理，1994年晋升为国家级自然保护区，2010年启动保护区范围调整工作。保护区位于防城港市防城区，地处十万大山南簏蓝山支脉，地理坐标为东经108°02′02″～108°12′52″、北纬21°43′52″～21°49′39″。保护区东西长18.6 km，南北宽10.8 km，总面积9 098.6 hm²。

（1）自然环境

保护区地质构造主要是印支期褶皱，地貌总体格局为南陡北缓的单斜地形，以山地、丘陵为主，地势起伏明显，沟壑纵横交错。雨水汇集冲刷形成了众多中小河流，主要有西南面的东山江和东北面的防城江。

保护区属十万大山南坡的山前丘陵地带，北热带季风气候类型，温暖湿润，光照充足，热量丰富，雨量充沛。年平均气温21.8℃，1月平均气温12.6℃，7月平均气温28.2℃。≥0℃年积温为8 100℃，最高达8 163.5℃。年平均降水量为2 900 mm，3—10月为多雨季节，总降雨量达2 700 mm以上，时有山洪，7—8月是全年雨量高峰月，平均降雨量都在400～500 mm，每年11月至次年2月平均降雨量都在100 mm以下，有时间歇出现秋旱或春旱。平均相对湿度为80%左右。

保护区内海拔跨幅大，土壤垂直分布明显，海拔300 m以下为砖红壤，300～800 m为山地红壤，800 m以上是山地黄壤。

（2）社区概况

保护区内分布有3个乡镇的8个行政村19个村民小组，人口数为1 875人，其中壮族占88.5%，汉族占11.5%。

社区经济以农林种植业为主，有耕地228.0 hm²，主要的粮食作物为水稻和玉米，并发展八角、肉桂为主的林果业。

（3）野生维管束植物

保护区有野生维管束植物 174 科 604 属 1 266 种，其中蕨类植物 26 科 50 属 83 种，裸子植物 5 科 5 属 8 种，被子植物 143 科 549 属 1 175 种，被子植物中双子叶植物 122 科 431 属 982 种，单子叶植物 21 科 118 属 193 种。国家 I 级重点保护野生植物有十万大山苏铁、狭叶坡垒等，国家 II 级重点保护有黑桫椤、金毛狗脊、香樟、格木、花榈木、半枫荷、紫荆木等。

此外，保护区还生长着众多其他珍稀濒危植物，例如被誉为"植物界大熊猫"和"茶族皇后"的金花茶组植物 3 种，即金花茶、显脉金花茶、东兴金花茶（*Camellia tunghinensis*），分布集中，居群大，特有性强，是该保护区最主要的保护对象。

（4）陆生野生脊椎动物

保护区已知有陆生野生脊椎动物 230 种，隶属于 4 纲 23 目 81 科，其中两栖纲 1 目 4 科 11 种，爬行纲 3 目 9 科 28 种，鸟纲 13 目 42 科 154 种，哺乳纲 6 目 16 科 37 种。保护区栖息有国家 I 级重点保护野生动物蟒蛇，国家 II 级重点保护有大灵猫、小灵猫、斑林狸、青鼬、原鸡、白鹇、黑冠鹃隼、黑翅鸢、黑鸢、蛇雕、凤头鹰、赤腹鹰、松雀鹰、雀鹰、红隼、红脚隼、燕隼、褐翅鸦鹃、小鸦鹃、草鸮、领角鸮、灰林鸮、领鸺鹠、斑头鸺鹠、仙八色鸫、虎纹蛙等。

（5）主要保护对象与保护价值

防城金花茶自然保护区的主要保护对象是金花茶及北热带森林生态系统。

金花茶金瓣玉蕊，蜡质金黄，晶莹光洁，鲜丽俏艳，是茶花族中唯一具有金黄色花瓣的品种，其观赏价值无与伦比，被称为"茶族皇后"，又因其是一种古老的原始植物，结果率极低，难以繁育，世界稀有，故又称为植物界的"大熊猫"，除少数种分布在越南外，绝大多数仅分布在我国广西，分布范围十分狭窄，因历史原因和人为因素的影响，目前已经越来越少。防城金花茶保护区内的金花茶组植物资源数量丰富，分布有金花茶、显脉金花茶、东兴金花茶等 3 种，总分布面积为 764.0 hm$^2$。因此，保护区的建立对保护金花茶物种种源及其生态环境，使金花茶资源得到恢复和发展，建立金花茶种质基因库、保护我国宝贵的金花茶种质资源具有非常重要的作用。

热带季雨林是保护区的地带性植被，在海拔 500 m 以下广泛分布，此外还分布有沟谷雨林、常绿阔叶林等植被，构成金花茶和其他珍稀濒危动植物赖以生存的森林生态系统。同时，良好的森林系统加强了森林植被的集水、蓄水功能，增强了对东山江、防城江的水源涵养作用。

（6）保护管理机构能力

保护区的管理机构是防城金花茶国家级自然保护区管理处，内设办公室、科研生产管理科、资源保护管理科等 3 个科室，下设上岳保护管理站。现有在职职工 17 人，其中专业技术人员 11 人，管理人员 5 人。

保护区经过 20 年的发展，建设了管理办公楼、金花茶种质基因库、金花茶育苗荫棚等基础设施，基本可满足保护管理的需要。管理处制订了各项管理规章制度和年度建设及管理计划。采取定期与不定期的方式进行保护区生态保护巡护检查工作和资源调查工作，在各区域和主要乡镇、交通线建立了保护区资源生态保护网络员制度。

（7）保护区功能分区

根据环保部公告（2011 年第 1 号）对申请调整广西防城金花茶国家级自然保护区进行公示，保护区分为核心区、缓冲区和实验区等 3 个功能区，面积分别为 1 479.1 hm²、3 459.2 hm² 和 4 160.3 hm²。保护区位置与功能分区见图 3-69。

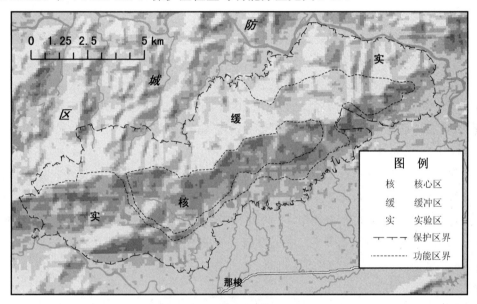

图 3-69　防城金花茶自然保护区图

## 3.4.2　雅长兰科植物自然保护区

雅长兰科植物自然保护区建于 2005 年，为林业部门管理的自治区级自然保护区，2009 年晋升为国家级保护区。保护区地处乐业县境内，位于东经 106°11′31″～106°27′04″、北纬 24°44′16″～24°53′58″之间，总面积 22 062.0 hm²。

（1）自然环境

保护区地势骨架为广西"山"字形构造前弧西翼和川滇"之"字形构造尾部的北侧及南岭纬向构造带西端三者相互复合部位，构成以乐业"S"形和北西向、北东向断裂交错为主要特征的构造骨架。保护区出露地层有二叠系、三叠系，根据其岩性、岩相及生物组合特征共划分为兰木组、百逢组、板纳组、茅口组、合山组、通操礁灰岩、逻楼组。

保护区所处大地质构造属于华南准地台右江再生地槽桂西拗陷西林区——百色断

裂带东侧，地处云贵高原东南缘，是云贵高原向广西丘陵过渡的山原地带。主要地貌类型为中山地貌和低山地貌。海拔 1 000 m 以上的山峰共有 89 座，其中 1 500 m 以上的有 19 座，各山体之间沟谷纵横，叠峰连绵，最高点为盘古王海拔 1 971 m，最低处位于一沟，海拔 400 m，保护区内相对高差 1 571 m。

保护区地处中亚热带季风气候区，深受季风环流和焚风效应的影响，夏季盛行海洋湿润气团，冬季盛行大陆寒冷气团。保护区内年平均气温 16.3℃，最高气温 38℃，最低气温 –3℃；年平均日照时数变动在 1 303.7～1 698.7 h；年平均降雨量变动在 940.8～1 216.9 mm，其变幅相对较稳定（0.16～0.17）。总的来说保护区内气候温和、夏无酷暑、冬无严寒。

保护区水系属于珠江流域的西江水系，县境内流域面积 10 km² 以上的各级河流共17 条，土山地区多为地表河，在岩溶石山地区多潜入地下，形成明暗交替出现的河流。境内河流的特点是落差大，呈树枝状分布，可利用灌溉和发电。保护区内主要河流为百康河，主流全长 35.5 km，总流域面积 307.5 km²，汇入南盘江处高程 320 m，天然落差 1 482 m，平均坡降 2.7‰，多年平均径流深 340 mm，枯水流量 0.8 m³/s，多年平均径流量 1.04 亿 m³。

保护区的土壤分布有山地红壤、山地黄壤、山地草甸土、石灰性土、褐红壤、水稻土等土壤类型。于西北部受焚风效应的影响，降水量较少，在海拔 500 m 以下的红水河河谷地带主要分布有褐红土，在海拔 500～1 000 m 主要分布山地红壤，在 1 000 m 以上为山地黄壤、山地草甸土，在石灰岩分布的部分地区发育有黑色石灰土和棕色石灰土。

（2）社区概况

保护区的范围涉及乐业县花坪、雅长和逻沙 3 个乡镇的 9 个行政村。其中保护区内分布有 8 个行政村的 27 个村民小组。

根据 2005 年数据，保护区内共有 612 户，人口 2 543 人。其中壮族 1 223 人，汉族 1 090 人，瑶族 230 人。核心区内没有居民；缓冲区内有 31 人，实验区内有 2 512 人。保护区周边共有 1 088 户，人口 4 518 人，其中壮族 2 562 人，汉族 1 579 人，瑶族 377 人。

保护区范围内 2005 年人均粮食产量 392 kg，粮食作物以玉米和水稻为主，最高的花坪镇南干村为 524 kg，最低的雅长乡新场村为 326 kg。经济作物主要有红薯和蔬菜。2005 年农民人均纯收入 1 100 元，最高的花坪镇南干村为 1 237 元，最低的是雅长乡百康村，只有 770 元。总的来说，保护区周边社区粮食基本能自给，但收入水平普遍不高。

（3）野生维管束植物

保护区已知野生维管束植物有 207 科 961 属 2 432 种。国家 I 级重点保护野生植物有叉孢苏铁、掌叶木等，国家 II 级保护植物有桫椤、金毛狗脊、短叶黄杉、福建柏、鹅掌楸、香樟、柄翅果、任豆、花榈木、榉树、蒜头果、红椿、马尾树、香果树等，广西重点保护和其他珍稀濒危野生植物岩生翠柏、云南观音座莲（*Angiopteris yunnanensis*）、拉雅松（*Pinus crassicorticea*）、黄枝油杉（*Keteleeria calcarea*）、油杉（*Keteleeria fortunei*）、鸡毛松、三尖杉（*Cephalotaxus fortunei*）、穗花杉、顶果木、火麻树、田林细子龙（*Amesiodendron tienlinense*）、喙核桃（*Annamocarya sinensis*）、兰科植物等多种。

保护区已知有兰科植物 44 属 115 种，以地生兰和附生兰为主。保护区内兰科植物不仅种类丰富，物种丰富度达 0.52 种/km$^2$，局部地区达 0.8 种/km$^2$，而且群集度高。莎叶兰（*Cymbidium cyperifolium*）野生居群和越南香荚兰（*Vanilla annamica*）野生居群是目前已知全球最大的野生居群。保护区内带叶兜兰（*Paphiopedilum hirsutissimum*）的数量达数十万株，分布之广、密度之大、数量之多在全国绝无仅有、非常罕见。同时，保护区是贵州地宝兰（*Geodorum eulophioides*）目前已知的唯一野外分布地。

另外，细叶云南松（*Pinus yunnanensis* var. *tenuifolia*）是云南松向东分布在南盘江谷地孕育成的一个生态型，在分类上定为一个变种，并成为该地区的特有种，保护区是细叶云南松的最主要分布区。

（4）陆生野生脊椎动物

保护区共有陆生野生脊椎动物 4 纲 28 目 91 科 320 种，其中两栖纲 1 目 5 科 18 种，爬行纲 3 目 12 科 42 种，鸟纲 15 目 52 科 206 种，哺乳纲 9 目 22 科 54 种。列为国家 I 级重点保护野生动物的有黑颈长尾雉、蟒蛇、金雕、豹、林麝等 5 种，列为国家 II 级保护动物的有猕猴、中国穿山甲、大灵猫、小灵猫、斑林狸、中华鬣羚、中华斑羚、红腹角雉、原鸡、白鹇、白腹锦鸡、黑冠鹃隼、黑翅鸢、秃鹫（*Aegypius monachus*）、蛇雕、凤头鹰、赤腹鹰、松雀鹰、雀鹰、白腹隼雕、红隼、燕隼、楔尾绿鸠（*Treron sphenurus*）、褐翅鸦鹃、小鸦鹃、草鸮、领角鸮、雕鸮、褐渔鸮、领鸺鹠、斑头鸺鹠、长尾阔嘴鸟、仙八色鸫、大壁虎、山瑞鳖、地龟、虎纹蛙等。列为广西重点保护野生动物 89 种。保护区还发现鸟类一种为广西新记录：灰蓝姬鹟（*Ficedula leucomelanura*）。

保护区黑颈长尾雉种群数量约占广西的 26.18%，是我国黑颈长尾雉种群数量相对较多的地方。

（5）其他重要自然资源

保护区已知大型真菌共有 182 种，隶属 82 属 40 科。其中担子菌 162 种，子囊菌 20 种；可供食用的大型真菌 76 种，药用菌 43 种，毒菌 12 种，腐生菌 35 种。

保护区昆虫种类繁多，资源丰富，已鉴定学名的昆虫 12 目 99 科 509 种。鳞翅目 18 科 107 属 160 种，是已知各目中种类最丰富的类群，其次是膜翅目（18 科 67 属 117 种），鞘翅目（30 科 64 属 108 种）。CITES 附录 II 物种有宽尾凤蝶（*Agehana elwesi*），保护区特有昆虫有乐业微翅蚱（*Alulatettix leyensis* sp. Nov.），珍稀昆虫包括新记录种赭珂卷蛾（*Costosa rhodantha*）、宽尾凤蝶、燕尾凤蝶等。大齿猛蚁属（*Odontomachus* spp.）

都是现时保护内的近胁物种。宽尾凤蝶等是树林整全性的指示物种。叶瘤股蚱（*Tuberfemurus laminatus*）只局限于原生林；梅氏刺翼蚱（*Scelimena melli*）、槽结粗角猛蚁（*Cerapachys sulcinodis*）、大齿猛蚁（*Odontomachus haematodus*）都只局限于原生林和成熟的次生林。

保护区景观资源丰富，包括变幻莫测、气象万千的天象景观，惊险壮观、世界罕见的天坑景观，类型多样的生物景观，独具特色的民俗与民居等。

（6）主要保护对象与保护价值

保护区主要保护对象是野生兰科植物资源、南亚热带中山常绿落叶阔叶混交林及垂直带谱的森林生态系统以及细叶云南松、野生雉类等珍稀濒危物种。

保护区是广西兰科植物的现代分布中心之一，具有很高的保护和科研价值，其种数分别占广西和中国总种数的33.1%和8.4%。保护区从石山到土山，从海拔400 m的南盘江河谷到海拔1 900多 m的盘古王山，几乎每座山都有兰科植物分布。特别是带叶兜兰、硬叶兜兰、长瓣兜兰等兜兰属植物和滇黔桂地区特有的云南石仙桃（*Pholidota yunnanensis*）、红头金石斛（*Flickingeria calocephala*）、贵州地宝兰、邱北冬惠兰（*Cymbidium qiubeiense*）等数量十分丰富。

保护区地处云贵高原东南边缘，是我国阶梯地势第二级（云贵高原）与第三级（广西丘陵）过渡的山原地区，也是热带向亚热带过渡的地区，以及亚热带常绿阔叶林带东部湿润区与西部半湿润区的交界地带，表现出板块（地貌）接触带、梯度联结带、干湿交替带等多种生态系统交错带的特征，属重要的生态系统交错地带，具有重要的科研保护价值和重要的生态功能保护价值。

（7）保护管理机构能力

保护区管理局为自治区林业厅直属、财政全额拨款的事业单位，管理人员和技术人员编制40名、工勤人员70名。现有专业技术人员25人，其中高级职称2名，中级职称14人，初级职称7人，其他人员2人。

早在保护区建立前的2004年，乐业县政府发布了《关于加强野生植物保护的通告》，国有雅长林场制定了《雅长林区野生兰科植物保护规定》，开始切实加强对保护区内的野生兰科植物的保护管理。

2008年开始研发兰花的组培快繁技术，已建兰花繁育中心一个，目前培育的兰花品种有20多个，能年产500万组培苗，已成功完成了1 000多丛药用石斛苗的组培和驯化。保护区管理局于2009年、2010年、2012年协助自治区人民政府、林业厅成功举办了3届广西国际兰花学术研讨会，极大地提升了保护区兰科植物资源繁育利用的国际影响力，促进保护区兰花甚至是广西兰花产业品牌的形成和发展。

2010年6月，经自治区人民政府同意，保护区增挂"广西雅长兰科植物研究中心"牌子，2012年产生了广西雅长兰科植物研究中心第一届学术委员会。

中国科学院植物研究所系统与进化植物学国家重点实验室、美国菲尔柴尔热带植物园（Fairchild Tropical Botanic Garden）在保护区建立了博士研究工作站；中国植物学会兰花分会在雅长保护区建立兰科植物研究基地；中国林业科学研究院热带林业实验中心把保护区定为兰花繁育研究点。此外，保护区还加强与美国佛罗里达国际大学、新加坡国家公园、香港嘉道理农场暨植物园、中国科学院华南植物研究所、北京大学、北京林业大学、南京大学、海南大学、广西大学、广西林业勘测设计院、广西植物研究所等科研院校的合作。

此外，保护区重视社区发展工作，开展社区铁皮石斛栽培技术培训，修建沼气池，扶持社区发展种桑养蚕、八角、花椒等项目，为没有通高压电的村屯（如南干村的播结屯）等拉通了高压电，融洽了区群关系。保护区每年至少召开一次保护区所在乡镇的乡、村干部座谈会。不定期地请电影队到保护区内及周边的村、屯放映，一方面慰问保护区群众，另一方面向保护区群众宣传护林防火、保护森林资源的政策和法律法规，平时还利用群众赶集圩日进行宣传教育，使林区群众不断提高保护意识。

（8）保护区功能分区

根据环境保护部 2009 年公布的保护区面积范围及功能分区（环函[2009]300 号），保护区分为核心区、缓冲区和实验区 3 个功能区，面积分别为 8 145 $hm^2$、5 415 $hm^2$ 和 8 502 $hm^2$，在实验区的黄猄洞等区域开发了生态旅游。保护区位置与功能分区见图 3-70。

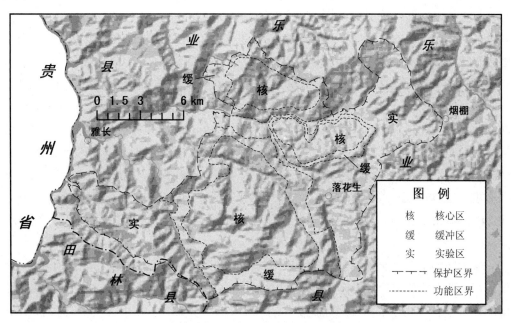

图 3-70 雅长兰科植物自然保护区图

### 3.4.3　元宝山自然保护区

元宝山自然保护区建于 1982 年，原为元宝山水源林区，由林业部门管理，2002 年被明确为自治区级自然保护区，2013 年晋升为国家级自然保护区。保护区地处融水苗族自治县，位于东经 109°07′48″～109°12′00″、北纬 25°19′12″～25°27′36″之间，总面积 4 220.7 hm²。

（1）自然环境

保护区地处扬子陆块东南缘、扬子准台地与华南褶皱系的交界过渡带，为华南最古老的地层分布区。出露的地层主要有中元古界四堡群、上元古界丹州群，此外还有震旦系和局部零星分布的新生界第四系地层。岩浆活动强烈，岩浆岩广布保护区，其中酸性侵入岩最为发育，规模较大，主要为四堡晚期花岗岩。

保护区在广西地貌区划上被划为九万山—元宝山变质岩山地区，属于侵蚀褶皱深切割中山地貌类型。地貌的主要特征为山势高，山体庞大，沟谷密集、纵横交错，谷狭坡陡。地势中部高，山脉近南北走向，山顶海拔多在 1 300 m 以上，最高峰是元宝山的无名峰，海拔 2 086.0 m，为广西第三高峰，其他主要山峰包括元宝峰（海拔 2 081.3 m）、蓝坪峰（海拔 2 064.0 m）。保护区最低海拔约 800.0 m。

保护区地处中亚热带季风气候区，热量丰足，雨量充沛，湿度大，气温和热量垂直差异大，山地气候特征明显。多年平均气温 16.0～19.0℃，极端最高气温 38.4℃，极端最低气温-8℃。1 月平均气温 4～8℃，7 月平均气温 24～27℃，≥10℃的年平均积温为 4 999.7～6 161.2℃，年无霜期 320 d；多年平均降雨量 2 151.2～2 277.8 mm，降雨量最多的年份可达 2 894.7～3 425.4 mm，是广西降雨量最多的地区之一。

保护区内溪河众多，是融水县境内主要河流的发源地。由于局域地势中部略高，顺应地形的变化，河流呈放射状，集水面积大于 50 km² 的河流主要有拱洞河、黄奈河、泗滩河、白云河、下坎河、民洞河、小细河、培秀河、香粉河 9 条，分别流入贝江和融江，最后汇入柳江；保护区及周边河流流域面积 1 522 km²，河流总长 373.2 km，河网密度 0.25 km/km²，略高于全县的河网密度（0.23 km/km²），是广西全境河流密度（0.144 km/km²）的 1.7 倍。水文特点是年径流量分配不均，河流体水质好，河流含沙量低。

保护区的地带性土壤为红壤，随着海拔的上升，依次分布山地红壤、山地红黄壤、山地黄壤、山地黄棕壤、山地草甸土。山地红壤主要分布于海拔 600 m 以下丘陵山地；山地红黄壤是山地红壤向山地黄壤变化的一个过渡性土壤，多分布在 600～800 m 的山坡地；山地黄壤是保护区分布最广、面积最大的一类土壤，分布在海拔 800～1 500 m 的中山山坡；山地黄壤分布于海拔 1 500～2 000 m 的区域；山地草甸土主要分布在保护区中山上部山顶或低洼平地。

（2）社区概况

根据 2010 年数据，保护区范围内无人居住。保护区周边涉及融水县 5 个乡 12 个行政村 2 511 户共 10 556 人，其中苗族人口 9 811 人，侗族人口 745 人。其中，四荣乡 2 个村 241 户 1 111 人，安太乡 3 个村 941 户 4 177 人，白云乡 1 个村 174 户 698 人，安陲乡 2 个村 590 户 2 286 人，香粉乡 4 个村 565 户 2 284 人。

保护区涉及的四荣乡农民人均纯收入 2 540 元，安太乡 2 489 元，白云乡 1 810 元，安陲乡 2 158 元，香粉乡 2 676 元，均低于全县农民人均纯收入。保护区内无耕地，保护区周边共有耕地 488.6 hm²，人均耕地面积为 0.05 hm²，人均粮食产量 171.7 kg。粮食作物主要为水稻。除安陲乡吉曼村高坪屯外，周边涉及各村屯均已通路和通电。保护区周边社区共建有沼气池 773 座，入户率为 30.8%，其中有 7 个屯无沼气池。保护区周边共有 11 所小学，8 所卫生室。

（3）野生维管束植物

保护区已知野生维管束植物 1 862 种，其中，国家 I 级重点保护野生植物有元宝山冷杉、南方红豆杉、伯乐树等，其中元宝山冷杉在此属全球唯一的分布地，目前种群数量不足 900 株，国家 II 级重点保护野生植物有金毛狗脊、柔毛油杉、华南五针松、福建柏、鹅掌楸、云南拟单性木兰、香樟、野大豆、花榈木、半枫荷、十齿花、红椿、马尾树、喜树等。保护区植物种类丰富，珍稀濒危保护植物物种多；区系成分古老；特有现象明显；热带性质较强，并具有较明显向温带性质过渡的特点；保护区保存着裸子植物 23 种，是广西裸子植物最为丰富的地区。

保护区是广西 3 个植物特有现象中心之一的九万山地区的组成部分，拥有中国特有属 18 属，地区特有或准特有种 115 种，采自该地区的植物模式标本 114 种，以当地命名的物种达 30 多种。

（4）陆生野生脊椎动物

保护区已知陆生野生脊椎动物 345 种，其中哺乳类 54 种，鸟类 205 种，爬行类 53 种，两栖类 33 种。保护区内分布有国家 I 级重点保护野生动物熊猴、云豹、林麝、蟒蛇、鼋等，国家 II 级重点保护野生动物有猕猴、藏酋猴、中国穿山甲、大灵猫、小灵猫、斑林狸、水獭、黑熊、中华鬣羚、白鹇、红腹锦鸡、小天鹅、黑冠鹃隼、凤头蜂鹰、蛇雕、草原鹞、鹊鹞、凤头鹰、褐耳鹰、赤腹鹰、松雀鹰、雀鹰、苍鹰、普通鵟、鹰雕、红隼、灰背隼、燕隼、褐翅鸦鹃、小鸦鹃、草鸮、领角鸮、褐林鸮、领鸺鹠、斑头鸺鹠、鹰鸮、仙八色鸫、山瑞鳖、地龟、大鲵、细痣瑶螈、虎纹蛙等。列入 IUCN 红色名录的种类共有 26 种，其中属全球极危物种有大鲵，濒危种有棘腹蛙、斑眼龟（Sacalia bealei）、林麝等 9 种；列入 CITES 附录的物种有 47 种，其中列入附录 I 的种类有黑熊、水獭、斑林猫、云豹 4 种，列入附录 II 的种类有大鲵、平胸龟、林麝等 37 种，列入附录 III 的种类有黄腹鼬（Mustela kathiah）、黄鼬（Mustela sibirica）、食蟹獴、果子狸、大灵猫、小灵猫 6 种。此外，发现候鸟（包括夏候鸟、冬候鸟和旅鸟）至少

107 种。

（5）其他重要自然资源

保护区已鉴定出的大型真菌种类有 219 种（含变种），隶属于子囊菌门、担子菌门的 24 目 47 科 122 属。其中担子菌 182 种，子囊菌 37 种。

保护区已鉴定学名的昆虫种类有 634 种，隶属 16 目 133 科 466 属。其中鳞翅目有 40 科 222 属 299 种，是已知各目中种类最丰富的类群。近年发现昆虫新种 8 种，属广西新记录种 2 种，拥有珍稀的昆虫种类较多，包括宽尾凤蝶、双叉犀金龟等 17 种。

（6）主要保护对象与保护价值

保护区主要保护对象是元宝山冷杉及其生境和中亚热带中山森林生态系统。保护区鸟类资源丰富，而且与邻近的摩天岭和滚贝老山构成我国鸟类迁徙的重要通道，因此保护区对鸟类的保护网络的构建具有重要意义。

保护区海拔 1 300～1 600 m 拥有华南五针松林、长苞铁杉林、福建柏林、短叶罗汉松林（小叶罗汉松）等类型，海拔 1 800 m 以上分布着元宝山冷杉、南方红豆杉、南方铁杉等，其中南方红豆杉在 1 800 m 左右形成连续分布，针叶林的这种分布格局在广西乃至全国都十分罕见，具有极高的科研价值。

（7）保护管理机构能力

保护区管理机构内设办公室、财务科、社区事务科、保护宣传科等职能部门，下设白坪、雨卜和高坪等 3 个管理站。保护区人员编制为 5 人，现有工作人员 16 人（其中长期聘请 11 人），其中行政人员 4 人，专业技术人员 4 人，工人 8 人。

保护区制定有《元宝山自然保护区管理暂行规定》以及其他一系列的规章和制度。保护区制定了岗位责任制，落实了护林员巡山护林制度，在珍稀树种分布地建立 3 个管护点，开展了古树名木挂牌。保护区管理处和融水县人民政府以及有关部门组织建立了广西元宝山自然保护区联合管理委员会，吸纳了一些环境保护意识高、热爱保护工作的行政村干部和村民，共同参与保护区的管理工作，在周边自然村聘请了 50 余名专业和临时灭火队员，与周边 12 个村签订联防协议，每个村聘请 2～3 名护林员，管理处派出所与乡（镇）派出所成立治安联防队，联手打击保护区违法犯罪行为。

近几年来，保护区加强了对周边群众的宣传，中央电视台第 10 频道、广西电视台、融水电视台、绿色时报、新民晚报、南国早报、广西日报、柳州日报等和县文联的同志先后到保护区考察、采访、录制节目。另外，保护区是柳州市生态林业科普基地。保护区定期开展职工培训活动，包括濒危植物保护培训、地理信息系统培训、猫科动物监测培训、防火培训等。

（8）保护区功能分区

根据 2014 年环境保护部《关于发布山西灵空山等 24 处国家级自然保护区面积、范围及功能区划的通知》（环函[2014]64 号），保护区分为核心区、缓冲区和实验区 3 个功能区，面积分别为 2 019.8 hm$^2$，1 100.4 hm$^2$ 和 1 100.5 hm$^2$。目前尚未开发生态旅游。保护区范围和功能分区见图 3-71。

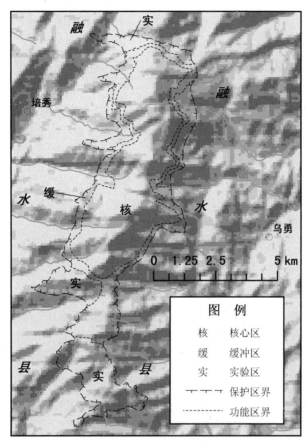

图 3-71　元宝山自然保护区图

## 3.4.4　银竹老山资源冷杉自然保护区

银竹老山资源冷杉自然保护区建立于 1982 年，原为银竹老山水源林区，由林业部门管理，2002 年被明确为自治区级自然保护区，根据《广西壮族自治区自然保护区发展规划（1998—2010 年）》（广西壮族自治区环保局等，1 998），保护面积为 28 670 hm²。保护区位于资源县，西面与湖南省城步苗族自治县交界，北面与湖南省新宁县接壤。2013 年开展保护区面积和界线确定并申请晋升国家级自然保护区，2014 年 2 月更为现名，确定保护区总面积 4 341.2 hm²，地理坐标为东经 110°32′31″～110°37′11″、北纬 26°15′5″～26°20′25″。

（1）自然环境

银竹老山资源冷杉自然保护区山地属南岭山地越城岭山脉的一部分，属雪峰山脉金紫山余脉。保护区山峦起伏，沟谷纵横，最高山峰二宝顶海拔 2 021 m。为中山地貌类型，山体上部平缓，下部陡险。

保护区属中亚热带季风湿润气候区，并具有明显的山地气候特征。气候温和，夏无酷暑，冬无严寒，年平均气温 16.4℃，雨量充沛，年平均降雨量 1 761 mm，雨季为3—8 月，平均相对湿度达 85%。

保护区土壤以加里东期入侵的花岗岩发育而成的黄棕壤为主。

（2）社区概况

银竹老山资源冷杉自然保护区内无居民分布，周边涉及梅溪乡和瓜里乡的 3 个自然村 10 个村民小组。社区经济以农业和林业为主，兼营畜牧养殖。

（3）野生维管束植物

银竹老山资源冷杉自然保护区已知有野生维管束植物 189 科 650 属 1 185 种，其中蕨类植物 34 科 64 属 95 种，裸子植物 6 科 9 属 13 种，被子植物 149 科 577 属 1 077种。有国家 I 级重点保护野生植物资源冷杉（*Abies beshanzuensis* var. *ziyuanensis*）、红豆杉、南方红豆杉、伯乐树等，国家 II 级重点保护野生植物有金毛狗脊、樟树、金荞麦、半枫荷、香果树等。保护区主要的植被类型为亚热带常绿落叶阔叶混交林。

（4）陆生野生脊椎动物

保护区已知分布有陆生野生脊椎动物 259 种，隶属于 5 纲 26 目 77 科，其中鱼类 1目 2 科 4 种，两栖类 2 目 7 科 27 种，爬行类 3 目 8 科 46 种，鸟类 13 目 45 科 151 种，哺乳类 7 目 15 科 31 种。有国家 I 级重点保护野生动物林麝和白颈长尾雉，国家 II 级重点保护野生动物有中国穿山甲、大灵猫、小灵猫、中华鬣羚、灰鹤、黑冠鹃隼、黑耳鸢、赤腹鹰、雀鹰、松雀鹰、普通鵟、蛇雕、燕隼、阿穆尔隼、白鹇、红腹锦鸡、红角鸮、领角鸮、长耳鸮、领鸺鹠、斑头鸺鹠、短耳鸮等。

（5）主要保护对象与保护价值

银竹老山保护区的主要保护对象是国家重点保护野生植物及濒危物种资源冷杉，亚热带常绿落叶阔叶林，国家重点保护野生动植物（如大鲵、红腹角雉、中华鬣羚、南方红豆杉等）种群，以及迁徙候鸟等。

资源冷杉仅分布于广西资源县的银竹老山和湖南新宁县的舜皇山，生于海拔1 500～1 800 m 的针阔混交林中，对研究我国南部植物区系的发生和演变，以及古气候、古地理特别是有关第四纪冰期气候具有重要的科学价值。资源冷杉现存植株多为老树，自我更新不良，为濒危物种，致危因素是生境破坏及其自身生物学特性的限制，因此加强对保护区生境的保护管理是提高资源冷杉保育成效的重要途径。资源冷杉常绿落叶阔叶混交林与广西相同海拔高的其他亚热带山地常绿落叶阔叶混交林相比，其特点是：①没有木兰科的常绿树种；②没有落叶的缺萼枫香、水青冈和各种安息香；③银荷木为长柄荷木所代替，各种杜鹃也罕见。这些特性对开展科学研究有着重要的意义。

（6）保护管理机构能力

至 2012 年，银竹老山保护区有人员编制 5 人，在编人数 5 人；职工 9 人，其中管理人员 1 人，科技人员 1 人，工人 7 人。

保护区管护基础设施缺乏，管护力量薄弱，加上经费投入少，导致保护区的保护管理成效不高。

（7）保护区功能分区

根据 2014 年自治区人民政府同意报送晋升国家级自然保护区申请材料之一的《广西银竹老山资源冷杉自治区级自然保护区总体规划（2014—2023 年）》（广西林业勘测设计院，2014），保护区划分为核心区、缓冲区和实验区，面积分别为 1 769.3 hm²、541.8 hm² 和 2 030.1 hm²，保护区位置与功能分区见图 3-72。

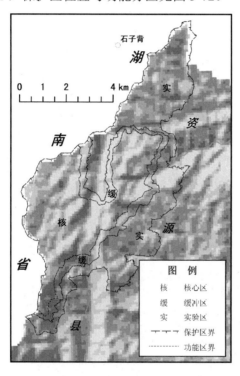

图 3-72　银竹老山资源冷杉自然保护区图

## 3.4.5　那佐苏铁自然保护区

那佐苏铁自然保护区建于 1982 年，原为那佐水源林区，2002 年被明确为林业部门管理的县级自然保护区，2005 年晋升为自治区级保护区。保护区位于西林县境内，地处东经 105°21′58″～105°34′45″、北纬 24°06′46″～24°13′39″之间，总面积 12 458.0 hm²。

（1）自然环境

保护区出露的地层为三叠系河口组、百逢组上段、百逢组下段的砂岩、页岩。北部有都阳山脉的金钟山支脉，南部有六韶山脉的杨梅山支脉，两大山脉呈东西走向，最高峰为安艾后背山（1 459 m），最低处为东南端的达下河口（390 m），形成南北两侧高山屏障、西部高东南低的山谷槽地形。

保护区属南亚热带季风气候区与中亚热带山原谷地气候区过渡带，夏无酷暑，冬无严寒，干湿季节明显，气温日较差大，昼暖夜寒。山高谷深，相对高差大，气候垂直差异明显。多年平均气温 19.1℃，最热月（7 月）平均气温 25.4℃，最冷月（1 月）平均气温 10.2℃，≥10℃年活动积温 5 903～6 582℃。年降水量 1 156.4 mm，年蒸发量 1 376.2 mm，相对湿度 79%。

保护区土壤由下而上分别为山地红壤、山地黄红壤和山地黄壤。

（2）社区概况

根据 2004 年调查统计，保护区地跨那佐、足别 2 个乡 7 个行政村，保护区内分布有 3 个行政村的 6 个自然屯，193 户 843 人。保护区周边共有 1 568 户，6 970 人，分属壮、苗、汉族，以壮族为多，占 55.4%。

（3）野生维管束植物

保护区已知维管束植物 161 科 563 属 906 种，其中野生维管束植物 149 科 491 属 752 种。珍稀濒危植物丰富，特色突出，苏铁植物分布相对集中，兰科植物比较丰富。

已知国家 I 级重点保护野生植物有叉孢苏铁，国家 II 级重点保护野生植物有金毛狗脊、香樟、任豆、花榈木、红椿，广西重点保护野生植物有脉叶罗汉松、观光木、顶果木、苏木、白桂木等。

（4）陆生野生脊椎动物

已知陆生野生脊椎动物 4 纲 28 目 88 科 304 种。其中，两栖类 20 种，爬行类 42 种，鸟类 188 种，兽类 54 种。国家 I 级重点保护野生动物有豹、白肩雕、黑颈长尾雉、鼋、蟒蛇 5 种，国家 II 级重点保护野生动物有猕猴、巨松鼠、中国穿山甲、斑林狸、大灵猫、小灵猫、小爪水獭、水獭、中华鬣羚、中华斑羚、黑冠鹃隼、蛇雕、凤头鹰、赤腹鹰、松雀鹰、雀鹰、普通鵟、白腹隼雕、白腿小隼、红隼、燕隼、原鸡、白鹇、白腹锦鸡、红翅绿鸠、褐翅鸦鹃、小鸦鹃、草鸮、领角鸮、雕鸮、褐渔鸮、灰林鸮、领鸺鹠、斑头鸺鹠、长尾阔嘴鸟、仙八色鸫、山瑞鳖、虎纹蛙等。其中鼋、白肩雕、黑颈长尾雉、仙八色鸫、豹为全球濒危物种，在 10 000 多 hm² 的保护区内保存有为数较多的全球濒危物种，实属难得。

（5）主要保护对象与保护价值

主要保护对象是苏铁植物，野生雉类等珍贵稀有野生动物及其栖息地，广西西部重要的南亚热带中山森林生态系统。

保护区的苏铁植物种质资源在广西乃至全国占有重要地位，分布面积约 300 hm²，植株约 14 000 株，是叉孢苏铁等珍稀濒危物种的主要分布区，具有重要的保护意义。

（6）保护管理机构能力

保护区管理处与国有西林县那佐林场实施"两块牌子一套人马"管理模式，管理处内设办公室、计划财务股、资源保护股、科研宣教股、社区事务股，下设未讪、白老、大谷地和达下4个管理站。

（7）保护区功能分区

根据原自治区林业局2004年批准的《广西那佐苏铁自然保护区总体规划（2005—2012年）》（广西林业勘测设计院，2004），保护区分为核心区、缓冲区和实验区等3个功能区，面积分别为5 988.7 hm²、5 151.7 hm²和1 317.6 hm²。保护区位置与功能分区见图3-73。

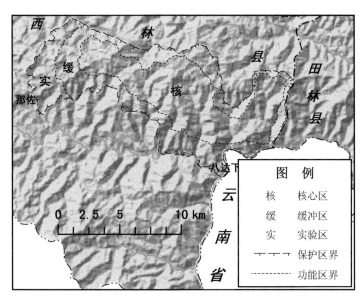

图3-73　那佐苏铁自然保护区图

## 3.5　地质遗迹类型自然保护区

### 3.5.1　桂林南边村国际泥盆—石炭系界线辅助层型剖面保护区

桂林南边村国际泥盆—石炭系界线辅助层型剖面保护区建立于1989年[国家科学技术委员会、地质矿产部、广西壮族自治区人民政府，（89）国科发高字445号]，位于灵川县定江镇境内，由国土部门管理。2014年开展保护面积和界线确定，总面积23.43 hm²，地理坐标为东经110°15′08″～110°15′26″，北纬25°19′43″～25°20′02″。

保护区地处峰丛谷地亚区和孤峰平原亚区，核心区位于峰丛谷地亚区。海拔高度为156～314 m。剖面大部分坐落在城门洞山西侧山腰，剖面北端有一段位于谷地，谷地海拔高度为156～200 m。剖面大致走向为南南西—北北东。

南边村泥盆系—石炭系界线剖面，在1988年5月被国际地质科学联合会、国际地层委员会泥盆系—石炭系界线工作组确定为国际泥盆系—石炭系界线辅助层型。而类似这种剖面，全世界仅有 3 处，另外两处分别是法国 Montagne Noire 的 La Serre 剖面和德国 Hasselbachtal 剖面。据专家研究（王成源，1994），三处剖面中，中国桂林南边村剖面最为理想，化石十分丰富，既有浮游型又有底栖型，形成多种化石带或组合带构成的生物地层面貌，具有广泛的地层对比价值，成为界线及点位的良好标志。该剖面出露完整，为距今 3.65 亿年前地史时期泥盆纪与石炭纪交界时期的沉积地层，化石包括牙形类、头足类、有孔虫、三叶虫、腕足类、腹足类等共 14 个门类。其中牙形类生物的演化十分完整，不仅有深水相的管刺动物群，也有浅水相的原颚刺动物群。不仅是区域或地带上同类遗迹的最佳代表，而且在国内、国际上也是罕见的，是目前世界上所发现唯一能反映牙形刺（*Siphonodella praesulcata-Siphonodella sulcata*）演化谱系的剖面。同时也是我国第一个获得国际承认的地层标准剖面，近年来，已有德国、法国、前苏联、日本、英国、澳大利亚、美国等 30 多个国家和地区上千位国际地学界的科学家以及国内大批专家、学者前来考察研究，在国际上享有盛誉。

保护区内除了开凿一条排洪渠道外，未见有大的人类工程活动，地形地貌保持较好。

保护区位于灵川县定江镇定江村委南边村，距离芦笛岩景区约 3 km，涉及人口 844 人，核心区涉及的人口为 293 人。保护区土地全部为集体土地。南边村南北均有村级水泥路通达，交通便利。

保护区以泥盆—石炭系地层界线剖面为主要保护对象，南边村泥盆系—石炭系界线剖面是全球地层研究中最具有代表性的典型剖面，在科学研究、教学、科普、旅游等方面均具有十分重要的价值。

目前，保护区尚未建立管理机构，保护管理工作由当地国土部门负责。

根据广西壮族自治区地质环境监测总站 2012 年开展的调查和勘测结果，保护区分核心区和缓冲区，面积分别为 6.01 hm² 和 17.42 hm²。保护区位置与功能分区见图 3-74。

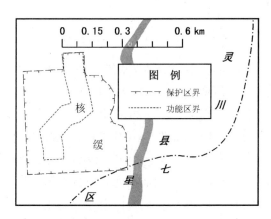

图 3-74　南边村国际泥盆—石炭系界线辅助层型剖面保护区图

### 3.5.2 横县六景泥盆系地层标准剖面保护区

横县六景泥盆系地层标准剖面保护区建立于 1983 年（广西壮族自治区人民政府，桂政发[1983]57 号），位于横县六景镇六景火车站附近，由国土部门管理。2014 年开展面积和界线确定，确定保护区总面积 20.993 hm$^2$，地理坐标为东经 108°52′33.4″～108°53′38.4″、北纬 22°52′44.1″～22°53′44.4″。

保护区属于横县邕宁砂页岩丘陵的一部分，海拔 200～400 m，坡度 20°～30°，土层一般不厚（特别是中生代以前的砂页岩组成的丘陵，土层较薄，风化壳含砾多）。剖面共分 6 段，相互之间并不相连，起点始于六景镇北面的霞义山，往南通过火车站再转向东南的谷闭村和那祖村，最后一段位于南柳高速南面边上，全长约 2.6 km，像一个大写的"L"，南北长 1.4 km，东西长约 1.8 km。

六景地区泥盆纪的研究已有较长历史，1928—1949 年，朱庭祜、乐森璕等对六景剖面作过部分研究，新中国成立至今，先后有赵金科、张文佑、王钰、侯佑堂、俞昌民、侯鸿飞、潘江、鲜思远、邝国敦、赵明特、陶业斌等中国科学院、中国地质科学院、广西区内地质队及地质研究所和各有关高等院校的地质学家分别对六景剖面做了许多研究工作。自 1956 年以来，有关六景剖面的研究文章不下数十篇。

当今世界上对海相泥盆系沉积类型的划分大致分为深水相和浅水相两大类。深水相的生物化石以浮游类型为主。由于浮游生物可以随水漂流和游动，分布面积广，有利于作世界性的对比。浅水相的生物化石则以底栖类型为主，化石丰富，如珊瑚、腕足类、层孔虫等，六景剖面则兼具以上两种类型剖面的特点，属过渡型泥盆系沉积类型。六景剖面反映了由开阔的前滨砂滩—炎热干燥环境下的潮坪—温暖潮湿条件下的浅水陆棚—碳酸盐台地—台缘斜坡的沉积演化序列，是解决深水相泥盆系和浅水相泥盆系之间地层对比的桥梁。泥盆纪共有 26 个牙形类化石带，而六景剖面就有 19 个。如此之多的牙形类带连续出现在同一条剖面上，这在世界上也很少见。六景剖面的那高岭组，是广西所有那高岭组地层发育最好、化石最丰富的代表性剖面。郁江组所夹化石，其数量之丰富和保存之精美在国内外都不多见。尤其是腕足类化石群，更是全国及世界著名。六景剖面兼具有多种类型剖面的特点，其中六景剖面的莫丁组（原未命名组）所夹的丰富的竹节石和菊石化石层，是解决浮游型泥盆系与底栖型泥盆系之间地层对比的关键化石层。六景剖面的沉积类型齐全多样，几乎涵盖了从滨海到深海的各种类型，岩性由粗到细，从砂砾岩到碳酸盐岩与硅质类都能见到，变化明显且界线清晰。剖面共划分为 8 个岩组，其中竟能见到 7 条岩组之间的接触界线，无需人工揭露，这在广西属唯一，在国内外也极为罕见，可以称为"教科书式"的地层标准剖面。

保护区范围涉及横县六景镇民塘、八联、龙口村委，大部分为集体土地。

保护区主要保护对象为泥盆系地质剖面、地形地貌以及古生物化石，是华南泥盆系著名的标准剖面之一。六景剖面沉积与化石类型之丰富，岩层发育之完整连续，加以保存之精美，在世界上是罕见的，它是国内外研究地层古生物学、地质学、沉积学、岩相古地理学和古生态的理想场所，备受中外学者和游人关注。

目前，保护区尚未建立管理机构，保护管理工作由当地国土部门负责。

根据广西壮族自治区地质环境监测总站 2012 年开展的调查和勘测结果，保护区分核心区和缓冲区，面积分别为 9.91 hm² 和 11.08 hm²。保护区位置与功能分区见图 3-75。

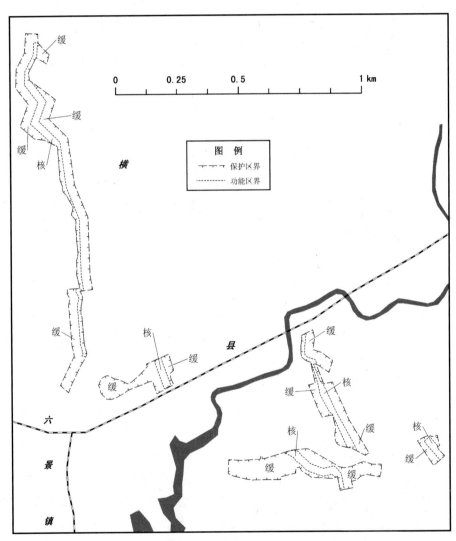

图 3-75　六景泥盆系地层标准剖面保护区图

### 3.5.3 象州县大乐泥盆系地层标准剖面保护区

象州县大乐泥盆系地层标准剖面保护区建立于1983年(广西壮族自治区人民政府,桂政发[1983]57号),地跨象州、金秀两县,由国土部门管理。2014年开展保护区面积和界线确定,总面积109.51 hm²,东起金秀县城西侧高山脚下,经大乐(或桐木),西至大乐、秀峰、马鞍山一带,其间各不相连,分为象州县的马鞍山、侣塘、石朋、落脉以及金秀县的河口等5段。其中,象州县片区范围地理坐标为东经109°55′33.7″～110°00′48.6″、北纬24°02′34.0″～24°06′08.8″,金秀县片区范围地理坐标为东经110°03′55″～110°05′59″、北纬24°08′22.3″～24°08′35.7″。

大乐剖面共划分15个岩组,301小层,建立了76个组合带(或化石带)。以广西石油地质大队1986年实测的大乐剖面为代表。

由于该剖面出露地层连续完整,代表性化石门类齐全,且交通方便,受到国内外专家和学者的关注。1973年,中国地质科学院侯鸿飞研究员将大乐剖面地层部分内容在国际泥盆纪地层委员会工作会议上介绍,引起国外地质学者的重视。1974年在柳州召开的华南泥盆系会议上将大乐剖面定为代表中国华南地区泥盆纪近岸浅海类型的地层,简称"象州型地层"。近年来常有国内外专家、学者到象州县大乐考察研究。

象州县境内的剖面段所在的地貌类型有构造剥蚀丘陵地貌和侵蚀堆积河流阶地地貌两种,金秀河口段为构造剥蚀低山丘陵地貌。

保护区范围涉及象州县大乐镇、罗秀镇和金秀县金秀镇等乡镇,古磨、多福、六回、同庚、侣塘等5个村民委员会。

保护区主要保护对象为泥盆系地层剖面和生物化石。大乐剖面为广西浅水型泥盆系的代表性剖面,是十分宝贵的地质遗迹。大乐剖面反映了由滨岸砂滩—炎热干燥环境下的潮坪—湿热条件下的潮坪—正常气候条件下的浅水碎屑陆棚—混积陆棚—碳酸盐台地的沉积相序演化序列。

1985年自治区人民政府开始在保护区埋设石碑,同时象州县人民政府对在保护区采石、采矿、建房等行为作了明确的禁止和限制规定,但仍存在石碑受到破坏和在保护区采石等现象。2003年后,自治区国土厅进一步加大了保护区的投入,加设标牌标桩。同时,广西地质环境监测总站、来宾市国土资源局和象州县国土资源局等单位也加强了对保护区的巡查工作。目前,保护区尚未建立管理机构,保护管理工作由当地国土部门负责。

根据广西壮族自治区地质环境监测总站2012年开展的调查和勘测结果,保护区分核心区和缓冲区,面积分别为31.62 hm²和77.89 hm²。保护区位置与功能分区见图3-76a、图3-76b、图3-76c和图3-76 d。

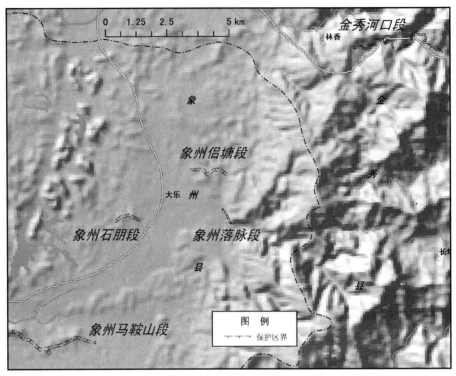

图 3-76a　大乐泥盆系地层标准剖面保护区各段位置图

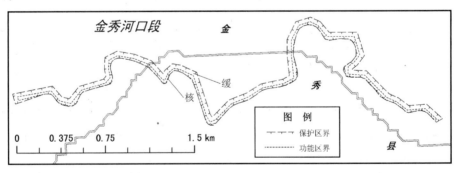

图 3-76b　大乐泥盆系地层标准剖面保护区河口段图

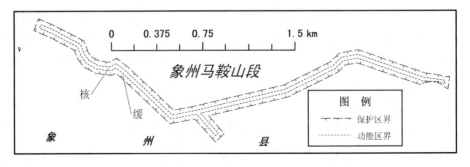

图 3-76c　大乐泥盆系地层标准剖面保护区马鞍山段图

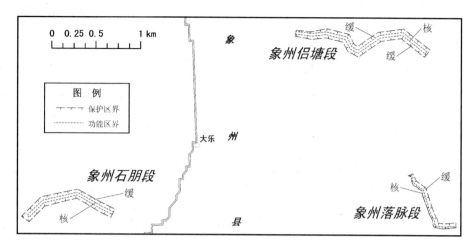

图 3-76d　大乐泥盆系地层标准剖面保护区侣塘、石朋、落脉段图

### 3.5.4　北流大风门泥盆系地层标准剖面保护区

北流大风门泥盆系地层标准剖面保护区建立于 1983 年(广西壮族自治区人民政府,桂政发[1983]57 号),由国土部门管理。2014 年开展保护区面积和界线确定,总面积 21.77 hm²。保护区位于北流市北流镇北郊约 4 km 处的大风门村一带,地理坐标为东经 110°20′49.8″~110°21′34.4″、北纬 22°43′34.6″~22°45′14.3″。

大风门一带为溶蚀堆积峰林盆地地貌,峰顶海拔高 110~429 m,谷地地面海拔高 100~120 m,相对高程多在 25~150 m,谷地宽 300~2 000 m 不等,谷底平缓,多为旱耕地。

大风门剖面共分 7 段,全长 2 969 m。北流大风门泥盆系剖面以黄猺山组和北流组发育完善,地层连续出露,层序清楚,沉积现象典型丰富,是我国华南地区底栖型泥盆系典型剖面之一,是浅海开阔台地边缘相典型剖面,也是大区域岩石地层单位对比的标准剖面,反映了由滨岸潮坪—浅水碎屑陆棚—碳酸盐台地的沉积演化序列。北流大风门剖面地层特点是:碳酸盐岩石中夹多层钙质砂岩;生物礁灰岩层数多、厚度大,时代跨度长;富含腕足类、珊瑚、层孔虫等化石,其中腕足类箕底贝化石个体大、数量多、分布广,属国内罕见。

保护区范围涉及北流市北流镇的中灵村、印塘村、新城村。保护区涉及土地大部分为集体土地,小部分为厂矿用地。

保护区主要保护对象为泥盆系地层剖面和生物化石。剖面属过渡型泥盆系沉积类型,是国内外研究古生物学、地质学、沉积学、岩相古地理学的理想场所。

1986 年完成保护区标志石碑埋设,但由于未设立专门管理机构,保护措施未能落到实处,保护区内局部仍有采石等破坏现象,部分标志严重受损。1999 年后,各级相关部门加大了保护区的资金投入,进行了剖面修复、重建和增加了标牌、标桩,采取了定期和不定期的巡查监测。目前，保护区的保护管理工作由当地国土部门负责，剖面总体保护良好。

根据广西自治区地质环境监测总站 2012 年开展的调查和勘测结果，保护区分核心区和缓冲区，面积分别为 9.17 hm² 和 12.60 hm²。保护区位置与功能分区见图 3-77。

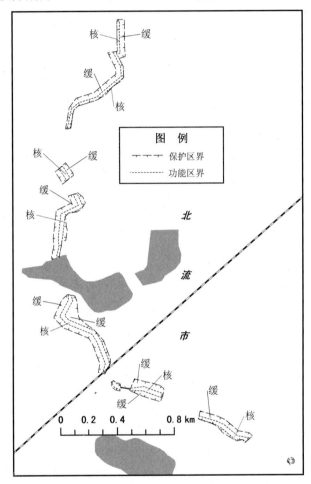

图 3-77 大风门泥盆系地层标准剖面保护区图

### 3.5.5 南丹县罗富泥盆系地层标准剖面保护区

南丹县罗富泥盆系地层标准剖面保护区建立于 1983 年(广西壮族自治区人民政府，桂政发[1983]57 号)，由国土部门管理。2014 年开展保护区面积和界线确定，总面积 33.45 hm²。保护区位于南丹县罗富乡、南丹县县城西南面约 14 km 处，地理坐标为东经 107°21′49″～107°25′23″、北纬 24°58′07″～24°58′49″，分塘丁—丹峨公路、罗富—八脚两段。

罗富剖面一带属低山地貌，为碎屑岩分布区。在罗富一带，沟谷深切，相对切割深度 500～700 m，河谷呈狭窄的"V"形，谷坡一般 40°～50°。峰顶高程 600～1 000 m。罗富剖面出露的地层主要为泥盆系和石炭系，泥盆纪出露较全，化石丰富，演化迅速，分带明显，厚度约 1 680 m，主要化石有三叶虫、菊石、牙形刺、竹节石、腕足类等。罗富剖面是广西地区深水型泥盆系剖面中竹节石化石带最齐全、数量最丰富的剖面。

　　保护区范围涉及南丹县罗富乡的塘丁、塘香、纳标、必怀、纳瓢、罗富社区、纳哈等村屯。

　　保护区主要保护对象为泥盆系地层剖面和生物化石。罗富剖面为广西深水型泥盆系的代表性剖面，反映了由开阔的前滨砂滩—炎热潮湿交替环境下的潮坪—正常气候条件下的浅水陆棚—半深水盆地的沉积演化序列，是十分宝贵的地质遗迹。由于罗富剖面标准典型，引起国外专家的关注，法国、美国、加拿大、比利时、日本、西德和英国等组成的联合国地质科学联合会泥盆纪分会于 1979 年专程到罗富进行泥盆纪地层考察研究。近年来常有国内外专家、学者到南丹罗富考察研究。保护剖面，对于地质研究、科普教育、教学、旅游开发有重要意义。

　　目前，保护区尚未建立管理机构，保护管理工作由当地国土部门负责。

　　根据广西壮族自治区地质环境监测总站 2012 年开展的调查和勘测结果，保护区分核心区和缓冲区，面积分别为 17.73 hm² 和 21.72 hm²。保护区位置与功能分区见图 3-78a、图 3-78b、图 3-78c。

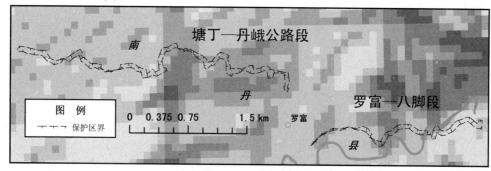

图 3-78a　罗富泥盆系地层标准剖面保护区各段图

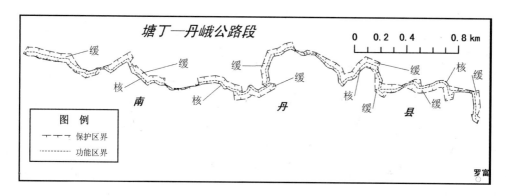

图 3-78b　罗富泥盆系地层标准剖面保护区塘丁—丹峨公路段图

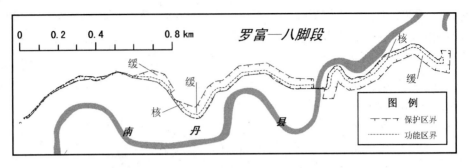

图 3-78c  罗富泥盆系地层标准剖面保护区罗富—八脚段图

# 第4章

# 自然保护小区概述

目前，广西境内大片的生态重点区域或重要物种分布区域大多已划建自然保护区，余下的亟待保护的物种大多数呈零散分布，如苏铁植物、金花茶组植物、猕猴、任豆等，且很多处在居民区旁，虽然生物多样性意义重要，却因其分布特点无法划建自然保护区加以保护。为此，在自然保护领域提出了保护小区的概念。

2007—2011年，在由广西壮族自治区环境保护厅执行，广西壮族自治区林业厅、FFI、环保部南京环境科学研究所、广西林业勘测设计院协作完成的中国—欧盟生物多样性项目（ECBP）——广西西南石灰岩地区生物多样性保护示范项目中，建立自然保护小区成为其产出目标之一。项目在那坡、靖西、德保、扶绥等县首次建立了14处自然保护小区，总面积 1 781 hm²，分别保护了德保苏铁、望天树、广西青梅（*Vatica guangxiensis*）、金花茶、金丝李（*Garcinia paucinervis*）、董棕、大壁虎、猕猴等珍稀濒危野生动植物及其生境。

2010年广西壮族自治区林业厅出台了《广西森林和野生动物类型自然保护小区建设管理办法》，这是广西自然保护小区发展的好时机。

本章内容概述了ECBP划建的14个自然保护小区，相信可为广西建设和管理自然保护小区提供参考和帮助。

## 4.1 野生植物自然保护小区

### 4.1.1 巴来叉孢苏铁自然保护小区

叉孢苏铁属于苏铁科苏铁属，是国家Ⅰ级重点保护野生植物。分布于德保县巴深村的叉孢苏铁种群目前没有任何实质性的保护措施，很有可能面临着不法分子的盗挖、农业耕作的威胁，处在不断灭失的状态。为保护这一不可复得的珍贵资源，建立自然保护小区对其进行保护已刻不容缓。

（1）自然概况

保护小区位于德保县那甲乡巴深村巴来屯，地理坐标为东经 106°40′28″～106°41′48″、北纬 23°35′04″～23°35′45″，面积 133.9 hm²。保护小区范围界线见图 4-1。

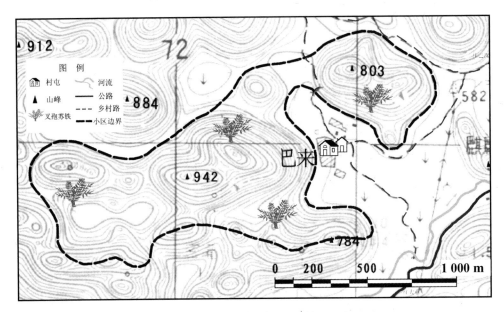

图 4-1　巴来叉孢苏铁自然保护小区图

保护小区属喀斯特地貌，最高海拔 942 m，最低海拔 600 m，平均海拔约 710 m，平均坡度约 40°。土壤类型为石灰土。

主要伴生植物：乔木有木棉（*Bombax ceiba*）、枫香、油桐（*Vernicia fordii*）、潺槁树、香椿（*Toona sinensis*）、菜豆树（*Radermachera sinica*）、水冬瓜（*Alnus cremastogyne*）、乌桕（*Sapium sebiferum*）等，灌木有灰毛浆果楝（*Cipadessa cinerascens*）、番石榴（*Psidium guajava*）、盐肤木（*Rhus chinensis*）、粗糠柴（*Mallotus philippensis*）、裸花紫珠（*Callicarpa nudiflora*）、绣花针（*Damnacanthus indicus*）、扁担杆（*Grewia biloba*）、柞木（*Quecusmongolica*）、假木豆（*Dendrolobium triangulare*）、马甲子（*Paliurus ramosissimus*）等，藤本有古钩藤（*Cryptolepis buchananii*）、野蔷薇（*Rosa multiflora*）、云实（*Caesalpinia decapetala*）、老鼠矢（*Symplocos stellaris*）、一匹绸（*Argyreia pierreana*）、金钱风（*Phyllodium pulchellum*）、金银花（*Lonicera japonica*）、山葡萄（*Vitis amurensis*）等，草本有长塑苦苣苔（*Didymocarpus* spp.）、蔓生莠竹（*Microstegium vagans*）、肾蕨（*Nephrolepiscordifolia*）、山芝麻（*Helictercs angustifolia*）等。

（2）社会经济条件

保护小区所在的巴深村巴来屯居民均为壮族。2006 年年底统计有人口 51 户 218 人，劳动力 117 人。全屯有耕地 178 亩，其中水田 170 亩，旱地 108 亩；人均水田 0.78

亩，旱地 0.5 亩。2006 年人均有粮 250 kg，农民人均纯收入 1 200 元。主要经济来源是养殖。

巴来屯现已修通了乡级三级路，同时也接通了高压电和电话，现有沼气池 10 个，人畜饮水来源为山溪。

（3）保护状况

本保护小区的叉孢苏铁是新发现的分布点，相关部门目前还没有采取保护措施。保护主要存在的问题：① 叉孢苏铁分布区周围受到开荒耕作的威胁。叉孢苏铁分布区位于村屯附近，除石山以外的大部分平地几乎都被开垦，种植甘蔗、玉米等作物，而且垦殖范围有向山脚缓坡扩大的趋势。② 叉孢苏铁被盗挖现象时有发生。尤其近年来，苏铁植物因其奇特的姿态、独特的观赏价值，市场需要量猛增，野生苏铁被不法分子大肆挖掘倒卖，一些体型优美、易于挖掘的植株几乎被挖尽。也有不少当地村民把野生苏铁挖回家中种植观赏。③ 村民的保护意识不高，保护能力有限。由于宣传工作欠缺，部分村民根本没有相应的法律观念和保护意识，再加上村民没有从苏铁的保护中获得任何好处，因此保护意识总体不高，同时，由于没有专门的保护管理资金和护林人员，保护能力也很有限。

## 4.1.2 弄东德保苏铁自然保护小区

德保苏铁属苏铁科苏铁属，是国家Ⅰ级保护物种，零散分布于广西西部和云南东部，其模式标本产地——德保县扶平分布点的德保苏铁已建立了自治区级自然保护区，得到了较好的保护。但是，面积更大、植株更多、基因更纯的那坡县龙合乡境内的德保苏铁目前没有任何实质性的保护措施，还处在不断灭失的状态，既面临着不法分子的盗挖，也面临着农业耕作的威胁。建立保护小区对其进行保护已刻不容缓。

（1）自然概况

保护小区位于那坡县龙合乡定业村弄东屯，地理坐标为东经 106°00′10″～106°01′48″、北纬 23°23′08″～25°25′00″，面积 481.8 hm²。保护小区范围界线见图 4-2。

保护小区属岩溶地貌，最高海拔 1 109 m，最低海拔 650 m，平均海拔约 800 m，平均坡度 30°。土壤类型为石灰土。

主要伴生植物：乔木有水冬瓜、狗骨木（*Cornus wilsoniana*）、构树（*Broussonetia papyrifera*）、朴树（*Celtis sinesis*）、仪花（*Lysidice rhodostegia*）、海南蒲桃（*Syzygium hainanense*）、香椿、千层纸（木蝴蝶，*Oroxylumindicum*）、伊桐（*Itoa orientalis*）、泡桐（*Paulownia* spp.）、菜豆树、木棉、翅荚香槐（*Cladrastis platycarpa*）、黄檀（*Dalbergia hupeana*）、粉苹婆、毛倒吊笔（*Wrightia pubescens*）、任豆、假泡桐、八角枫（*Alangium chinense*）、合欢（*Albizia julibrissin*）、粗糠柴。灌木有盐肤木、水东哥（*Saurauia tristyla*）、扁担杆、白饭树（*Flueggea virosa*）、假烟叶（*Solanum verbascifolium*）、牛眼睛（*Capparis zeylanica*）、斜叶榕（*Ficus tinctoria*）、小叶柿（*Diospyros mollifolia*）等。藤本有古钩

藤、老鼠矢、茅梅（*Rubus parvifolius*）、微花藤（*Lodes cirrhosa*）、九龙藤（*Bauhinia championii*）、老虎刺（*Pterolobium punctatum*）、梨叶悬钩子（*Rubus pirifolius*）、铺地榕（*Ficus tikoua*）、金钱风、华南云实（*Caesalpinia crista*）、鱼藤（*Derris trifoliata*）、何首乌（*Fallopia multiflora*）、粗叶悬钩子（*Rubus alceaefolius*）、鸡嘴簕（*Caesalpinia sinensis*）等。草本有蜈蚣蕨（*Pteris vittata*）、金发草（*Pogonatherum paniceum*）、铁扫帚（*Lespedeza sericea*）、五节芒（*Miscanthus floridulus*）、肾蕨、吊竹梅（*Radescantia zebrina* var. *zebrina*）、紫花苦苣苔（*Loxostigma* spp.）、类芦（*Neyraudia reynaudiana*）、黄茅（*Heteropogon contortus*）、蔓生莠竹等。

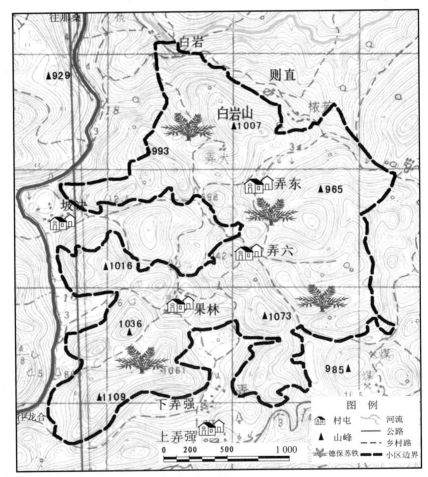

图 4-2 弄东德保苏铁自然保护小区图

（2）社会经济条件

保护小区所在的定业村弄东屯居民均为壮族。2006 年年底统计有人口 10 户 51 人，劳动力 20 人。全屯有耕地 73.7 亩，其中水田 18.7 亩，旱地 55 亩；人均水田 0.37 亩，旱地 1.08 亩。2006 年人均有粮 230 kg，农民人均纯收入 800 元。主要经济来源是外出务工。

弄东屯现已修通了机耕路连接百色至那坡公路，同时也接通了高压电和电话，现有沼气池 1 个，人畜饮水由地头水柜供给。

（3）保护状况

① 村民对德保苏铁分布区的垦殖有扩大的趋势。多年来德保苏铁分布区的垦殖一直有扩大的趋势。幸运的是，在发现有德保苏铁时，专家对村民进行了必要的宣传，也提出了很好的保护建议，村民有耕作时对其进行了最大限度的保护。② 德保苏铁被不法分子盗挖现象时有发生。由于德保苏铁的观赏价值大，多年前一度发生了比较严重的盗挖现象，一些树型优美、易于挖掘的植株已被盗挖。据广西林业勘测设计院钟业聪高级工程师和百色市林业局陆照甫高级工程师介绍，之前一些已知植株现已消失。据村民介绍，其他地段也有类似情况。③ 村民的保护意识不高，保护能力有限。由于相关部门的宣传工作薄弱，村民也没有从德保苏铁的保护中获得任何好处，相反还一定程度上限制了村民的耕作，因此村民的保护意识总体不高，同时，由于没有专门的护林人员，没有通信和交通工具，保护能力也很有限。

## 4.1.3　规坎望天树自然保护小区

望天树属于龙脑香科柳安属，为特产我国西南的珍稀树种，分布于云南南部、东南部及广西西南部局部地区。望天树不仅是热带雨林中最高的树木，也是我国最高大的阔叶乔木，个别可高达 80 m。

望天树是我国 I 级重点保护野生植物，具有较高的科研价值和经济价值。它们多生长于原始沟谷雨林及山地雨林，对研究我国的热带植物区系有重要意义，生态学家们把它们称为热带雨林的标志树种。望天树以材质优良和单株积材率高而著称于世界木材市场，一棵高 60 m 左右的望天树，主干木材可达 10 m³ 以上，单株年平均生长量 0.085 m³，是同林中其他树种的 2～3 倍。其材质较重，结构均匀，加工性能良好，适合于制材工业和机械加工以及较大规格的木材用途，是很值得推广的优良工业用材树种。同时，它的木材中含有丰富的树胶，花中含有香料油，尚待进一步分析研究和利用。

（1）自然概况

保护小区位于那坡县百合乡清华村规坎屯，地理坐标为东经 105°52′58″～105°53′20″、北纬 23°09′12″～23°09′31″，面积 24.33 hm²。保护小区范围界线见图 4-3。

保护小区属低山地貌，最高海拔 883 m，最低海拔 590 m，平均海拔约 650 m，平均坡度 28°。土壤类型为赤红壤。望天树、五桠果叶木姜子（*Litseadam dileniifolia*）群落就位于保护小区中部的沟谷。

根据 1999 年广西重点野生植物资源调查结果，望天树、五桠果叶木姜子群落实际分布面积 0.20 hm²。保护小区内既有树高 60 m 以上、胸径 100cm 以上的成年大树，也有大量的幼树幼苗，年龄结构合理，林木生长良好。主要伴生树种：乔木有中国无忧花（*Saraca chinensis*）、山芭蕉（*Musa balbisiana*）、歪叶榕（*Ficus cyrtophylla*）、黄毛榕（*Ficus esquiroliana*）、大果榕（*Ficus auriculata*）、千层纸、毛黄肉楠（*Actinodaphne pilosa*）等，灌木有粗糠柴、银柴（*Aporosa chinensis*）、水东哥等，藤本有大叶瓜馥木（*Fissistigma latifolium*）、瓜馥木（*Fissistigma oldhamii*）、藤黄檀（*Dallergiahancai*）、老虎刺、崖豆藤属一种（*Callerya* spp.）等，草本有楼梯草（*Elatostema umbellatum* var. *maius*）、大叶爵床（*Calophanoides alboviridis*）、福建马蹄蕨、蔓生莠竹、山芝麻等。

图 4-3　规坎望天树自然保护小区图

（2）社会经济条件

保护小区所在的清华村规坎屯居民均为壮族。2006 年年底统计有人口 21 户 100 人，劳动力 68 人。全屯有耕地 148 亩，其中水田 62 亩，旱地 86 亩；人均水田 0.62 亩，旱地 0.86 亩。2006 年人均有粮 320 kg，农民人均纯收入 1 756 元。主要经济来源是八角、杉木、木薯和种桑养蚕。

规坎屯旧址已修通了机耕路。2002 年后，那坡县扶贫开发部门对清华村规坎屯实施整体搬迁，补助钢筋、水泥和红砖建设新居，村民们陆续从半山坡上迁移到坡脚的公路边，现在除个别老农在旧址上种桑养蚕外，已基本到新址定居。

新址位于公路旁，接通了高压电和电话，现有沼气池 13 个，人畜饮水由地头水柜供给。

（3）保护状况

规坎屯望天树的保护管理工作目前由林业部门委托清华村负责。保护主要存在的问题：① 村民已经对望天树分布区附近的坡地进行开荒耕作。由于保护小区地处偏远地区，交通不便，经济比较落后，群众生活尚很贫困，加之分布点周边土地也比较平缓肥沃，所以村民垦荒种植木薯、黄瓜的范围已逐渐扩大，目前离望天树、五桠果叶木姜子群落边缘已不足 20 m。不过，该望天树分布点自发现以来，相关部门已做了大量保护宣传工作，加上多年来专家学者持续不断的考察和宣传，也对群众产生潜移默化的影响，村民并没有对望天树和伴生树种进行砍伐。② 村民的保护意识不足，保护能力有限。由于村民的保护意识不高，又没有专门的保护管理资金和护林人员，保护能力也很有限。③ 保护小区周边没有区划国家和自治区重点公益林。望天树保护小区周边分布有大量的恢复良好的次生林，但由于区位条件不符，均没有划为国家和自治区重点公益林（整个百合乡都没有）。与周边位于边境的条件相似的村屯比，显然少了一块公益林管护补偿收入。

### 4.1.4　上平坛广西青梅自然保护小区

广西青梅，属于龙脑香科青梅属，于 1976 年在那坡县首次发现，该属植物在我国大陆上分布过去尚未有记载。广西青梅生于热带沟谷雨林，对研究我国热带植物区系有重要意义。它的木材结构细致，坚重，耐腐性强，为制造高级家具以及造船、车辆、桥梁、建筑等优良用材。广西青梅在我区林业生产、经济利用以及有关科学研究等方面都具有重大意义，是值得在广西北热带、南亚热带南部发展的珍贵树种，宜加强研究，大力育苗造林。

广西青梅为我国Ⅱ级重点保护的濒危野生植物，目前，那坡县上平坛屯为全国已知的广西青梅唯一分布点，故对其进行保护的重要性不言而喻。建立保护小区对其进行有效保护，已到了刻不容缓的地步。

（1）自然概况

保护小区位于那坡县百合乡平坛村上平坛屯，地理坐标为东经 105°49′14″～105°49′17″、北纬 23°10′07″～23°10′11″，面积 13.69 hm²。保护小区范围界线见图 4-4。

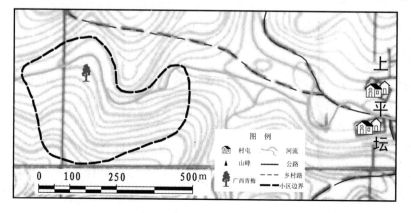

图 4-4　上平坛广西青梅自然保护小区图

保护小区属低山地貌，最高海拔 610 m，最低海拔 570 m，平均海拔 580 m，平均坡度 19°。土壤类型为砖红壤性红壤。

根据 1999 年广西重点野生植物资源调查结果，广西青梅分布面积 0.25 hm²。内有胸径 50cm 以上、树高 35 m 以上大树 1 株，也有大量的幼树幼苗，年龄结构比较合理，林木生长良好。主要伴生植物：乔木有中国无忧花、思劳竹（*Schizostachym psenudolima*）、围涎树（*Pithecellobium clypearia*）、假苹婆、血胶树（*Eberhardtia aurata*）、乌榄（*Canarium pimela*）、幌伞枫（*Heteropanax fragrans*）、鸭脚木（*Schefflera octophylla*）、榆科一种（*Ulmaceae* sp.）等，灌木主要有黄根（*Prismatomeris tetrandra*）、龙舌兰科一种（*Agavaceae* sp.）、粗叶木属一种（*Lasianthus* sp.）等，藤本主要有扁担藤（*Tetrastigma planicaule*）等，草本主要有金毛狗脊等。

（2）社会经济条件

保护小区所在的平坛村上平坛屯居民均为壮族。2006 年年底统计有人口 50 户 212 人，劳动力 146 人。全屯有耕地 162 亩，其中水田 102 亩，旱地 60 亩；人均水田 0.48 亩，旱地 0.28 亩。2006 年人均有粮 285 kg，农民人均纯收入 1 752 元。主要经济来源是八角、杉木、木薯。

上平坛屯现已修通了村级公路连接北斗至平孟公路，同时也接通了高压电和电话，现有沼气池 45 个，人畜饮水由地头水柜供给。

（3）保护状况

广西青梅的保护管理工作目前由林业部门委托平坛村负责。广西南宁树木园、中国林科院热带林业中心石山树木园（广西凭祥）等地已有引种。保护主要存在的问题：① 村民对广西青梅分布区周边坡地的垦殖有扩大的趋势。多年来林业部门和各方专家学者多次对该分布点进行科学考察，并对社区居民进行保护宣传，村民都有一定的保护意识，没有对广西青梅进行砍伐等破坏，也没有破坏其生境。但是，广西青梅分布地周边垦殖日益严重，目前存在八角、木薯两面夹击的趋势。② 村民的保护意识有待提高，保护能力有限。由于没有专门的保护管理资金和护林人员，保护能力也很有限。

## 4.1.5　那池董棕自然保护小区

董棕为国家稀有大型棕榈植物，属棕榈科鱼尾葵属，在我国分布于广西、云南等省区。董棕具有较高的经济价值和观赏价值，其木质坚硬，做水槽与水车可经久耐用，还可以提取淀粉、制棕绳，幼树茎尖可作蔬菜，其树形优美壮观，大型叶片舒展开犹如孔雀开屏一样，是热带、南亚热带地区优良的观赏树种。

董棕为国家Ⅱ级重点保护野生植物。目前，因过度砍伐和对其生境的破坏，董棕的成龄植株日渐减少，对董棕进行保护与研究利用可以很好地保存这一珍稀濒危植物并在一定程度上推动地方经济的快速发展。因此，对那坡县坡荷乡那池村的董棕群落建立保护小区进行有效保护意义重大，而且刻不容缓。

（1）自然概况

保护小区位于那坡县坡荷乡那池村那池屯，地理坐标为东经 105°58′47″～106°00′03″、北纬 23°16′04″～23°16′30″，面积 88.13 hm²。保护小区范围界线见图4-5。

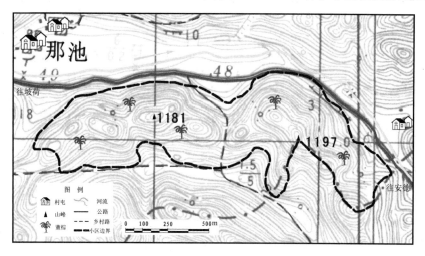

图4-5 那池董棕自然保护小区图

保护小区属岩溶地貌，最高海拔 1 197 m，最低海拔 950 m，平均海拔 1 020 m，平均坡度46°。

主要伴生植物：乔木有木棉、菜豆树、朴树、粗糠柴等，灌木有盐肤木、扁担杆、糠桐等，藤本有华南云实、老虎刺、悬钩子（*Rubus corchorifolius*）、九龙藤（*Bauhinia championii*）等，草本有蔓生莠竹等。

（2）社会经济条件

保护小区所在的那池村那池屯居民均为壮族。2006 年年底统计有人口 105 户 544 人，劳动力 306 人。全屯有耕地 647.9 亩，其中水田 350.9 亩，旱地 297 亩；人均水田 0.65 亩，旱地 0.55 亩。2006 年人均有粮 169 kg，农民人均纯收入 1 200 元。主要经济来源是外出务工。

那池屯现已修通有连接靖西至那坡的乡级公路，同时也接通了高压电和电话，现有沼气池 68 个，人畜饮水由地头水柜供给。

（3）保护状况

① 由于经费缺乏，也由于重视不够，董棕的保护宣传工作薄弱，大多数村民不知道国家有关的保护法规政策，不知道董棕是国家Ⅱ级重点保护的濒危野生植物。② 村民的保护意识不足，保护能力有限。村民的保护意识不高，同时没有专门的保护管理资金和护林人员，保护能力也很有限。

### 4.1.6　叫必金丝李自然保护小区

金丝李，属于山竹子科藤黄属，国家珍稀树种，被列入渐危物种。金丝李主要分布于广西西南部左、右江流域一带北热带范围，是石灰岩山地的特有种类，常与蚬木、肥牛树一起构成石灰岩季节性雨林的共建种。

金丝李是产区石灰岩山地珍贵用材树种，经济价值很高。金丝李根系发达，保持水土的效益高，为石山区的重要造林树种；木材条纹金黄色，纹理通直，结构密致，材质坚重，干燥后有端裂，不变形，耐腐、耐磨、耐水蚀性特强且不受虫蛀，古建筑经历百年不朽，是广西著名的四大铁木之一，可做建筑庙宇、桥梁、家具等；同时，其幼叶鲜红，也可作为景观树。

由于金丝李分布区狭窄，零星生长，又过度采伐，虽母株有大量结实，但种子休眠期长达7～8个月以上，天然下种后，石山上水分条件波动大种子易丧生发芽力，成苗率低，天然更新效果又差。因此，森林被破坏后，金丝李很快会绝迹。为此，要努力保护好森林，保护好金丝李的生境。

（1）自然概况

保护小区位于靖西县龙邦镇护龙村叫必屯，地理坐标为东经 106°19′57″～106°21′08″、北纬 22°51′34″～23°52′24″，面积 65.20 hm²。保护小区范围界线见图4-6。

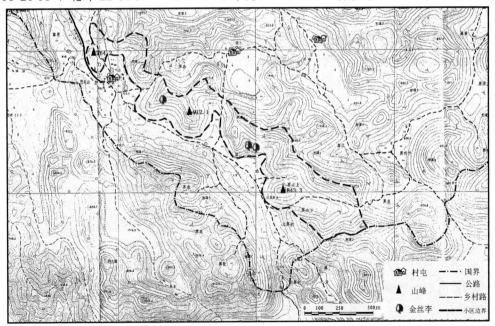

图4-6　叫必金丝李自然保护小区图

保护小区属喀斯特地貌，土壤类型为石灰土。

植被概况及常见植物：家麻（*Sterculia pexa*）、苦棟（*Melia azedarach*）、香椿、八

角枫、颠茄（*Atropa belladonna*）、白饭树、吊竹梅、九连灯（*Liparis plicata*）、野苎麻（*Boehmeria gracilis*）、灰毛浆果楝、尖果栾（*Koelreuteria paniculata*）、肾蕨、锈色蛛毛苣苔（*Paraboea rufescens*）、蔓生莠竹、地桃花（*Urena lobata*）、火炭母（*Polygonum chinensis*）、决明（*Cassia obtusifolia*）、盐肤木、刺桐（*Erythrina indica*）、枫香、假木豆、云实、藤构（*Broussonetia kazinoki*）、金丝李、任豆、伊桐、假烟叶、山麻杆（*Alchornea davidii*）、圆叶乌桕。

（2）社会经济条件

保护小区所在的护龙村叫必屯居民均为壮族。2008 年年底统计有人口 61 户 254 人，劳动力 119 人。全屯有耕地 240 亩，其中水田 95 亩，旱地 145 亩；人均水田 0.37 亩，旱地 0.57 亩。2008 年人均有粮 187.5 kg，农民人均纯收入 1 600～1 800 元。主要经济来源是对外贸易。

（3）保护状况

① 因地理环境特殊，地基均为石头，沼气池挖不下去，现全屯仅建有 2 座沼气池，且尚未使用；全屯没有省柴灶，能源主要来源玉米秆和玉米棒。能源的不足对山上的林木造成不同程度的破坏。② 该地区严重缺水。屯里水田很少，只能在村屯里种植，山里的地均为旱地、望天田，无法种植水稻，勉强处于自给自足水平。③ 玉米遭受风灾、鼠灾、旱灾、猴灾，产量低。每年 4 月，玉米地都遭受风灾，还有不同程度的鼠灾、旱灾、猴灾，严重减产，而村民却无能为力解决。④ 鸡瘟、猪瘟现象时有发生，村民无钱买药医治，直接丢村头或石缝，带来疾病隐患的同时也影响村内环境卫生。

### 4.1.7 弄卜金丝李自然保护小区

（1）自然概况

保护小区位于靖西县龙邦镇护龙村弄卜屯。地理坐标为东经 106°20'12″～106°20'54″、北纬 22°52'00″～22°52'25″，面积 45.17 hm²。保护小区范围界线见图 4-7。

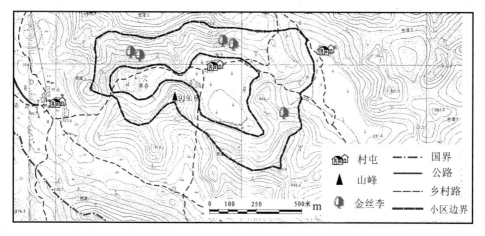

图 4-7 弄卜金丝李自然保护小区图

保护小区属喀斯特地貌，土壤类型为石灰土。

植被概况及常见植物：家麻、苦楝、香椿、八角枫、颠茄、白饭树、吊竹梅、九连灯、野苎麻、灰毛浆果楝、尖果栾、肾蕨、锈色蛛毛苣苔、蔓生莠竹、地桃花、火炭母、决明、盐肤木、刺桐、枫香、假木豆、云实、藤构、金丝李、任豆、伊桐、假烟叶、山麻杆、圆叶乌桕、仙人掌（*Opuntia stricta*）。

（2）社会经济条件

保护小区所在的护龙村弄卜屯居民均为壮族。2008 年年底统计有人口 26 户 116 人，劳动力 74 人。全屯有耕地 92 亩，其中水田 34 亩，旱地 58 亩；人均水田 0.27 亩，旱地 0.46 亩。2008 年人均有粮 410 kg，农民人均纯收入 800～1 000 元。主要经济来源是外出打工。

（3）保护状况

① 屯里养有 26 只羊，对山上植被破坏严重。② 屯里有几户建设了沼气池，由于技术、设备等原因均未使用；且全屯没有省柴灶，主要能源为玉米秆和玉米棒，能源的不足对山上的林木也造成不同程度的破坏。③ 弄卜屯处于山脚，四面都是山，雨季时村庄和周围水田遭受水淹，受灾严重而自己的力量微薄不能解决。④ 玉米收成一般，仅能自给自足。玉米种刚种，被老鼠、松鼠、其他鸟类偷吃，发芽率低，且玉米地均属望天田地，无水灌溉，受旱严重。

## 4.1.8　陇茗中东金花茶自然保护小区

金花茶属于山茶科山茶属，是一种古老的珍稀植物，极为罕见，与银杉、桫椤、珙桐（*Davidia involucrata*）等珍贵"植物活化石"齐名，属《濒危野生动植物种国际贸易公约》附录Ⅱ中的植物种，被誉为"植物界大熊猫"、"茶族皇后"。它的首次发现即轰动了全球园艺界，受到了国内外园艺学家的高度重视，认为它是培育金黄色山茶花品种的最优良原始材料。金花茶具有极高的经济价值，除泡茶作饮料外，它的叶和花可入药，有清热解毒、止血止痛的功效。种子榨油，可供食用或工业原料。其木质细密，纹理美观，可制上等工艺美术品。中东金花茶（*Camellia achrysantha*）花朵金黄色，大小仅次于金花茶，观赏价值很高。

（1）自然概况

保护小区位于扶绥县昌平乡中华村陇茗屯，地理坐标为东经 107°46′51″～107°48′27″、北纬 22°45′27″～22°46′26″，面积 226.7 hm²。保护小区范围界线见图 4-8。

保护小区属喀斯特地貌，最高海拔 430 m，最低海拔 150 m，平均海拔 240 m，平均坡度 38°。土壤类型为石灰土。山峰约 40 多座，森林覆盖率 90%以上。

区内植物多样性比较丰富，其中种质资源植物 40 多种，药用植物 400 多种。属国家Ⅰ级重点保护野生植物有石山苏铁，Ⅱ级保护植物有任豆、东京桐、海南椴等，珍稀濒危植物有中东金花茶。植被概况及常见植物：乔木有任豆、青檀、米浓液、苹婆、木

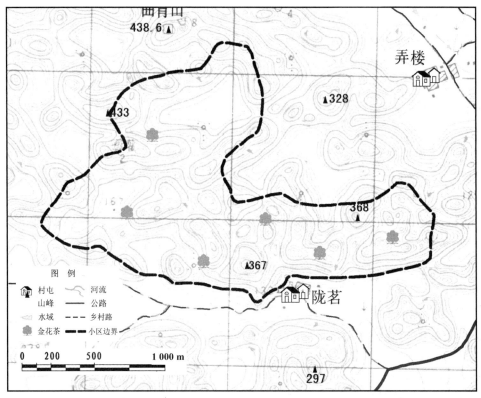

图 4-8　陇茗中东金花茶自然保护小区图

棉、美丽梧桐（*Erythropsis pulcherrima*）、野芭蕉（*Musa wilsonii*）、长叶木兰（*Magnolia paenetalauma*）、粉单竹（*Bambusa chungii*）、龙眼（*Dimocarpus longan*）、构树（*Broussonetia papyrifera*）、菜豆树、桃榔、鱼尾葵（*Caryota ochlandra*）、潺槁树、石山榕（*Ficus virens* var. *sublanceolata*）、秋枫（*Bischofia javanica*）、朴树、大叶柳（*Salix magnifica Hemsl*）、东京桐、粗糠柴、家麻树、巴豆（*Croton tiglium*）、大叶扁担杆（*Grewia permagna*）、海南蒲桃、千层纸、山槐（*Albizia kalkora*）、罗伞树（*Ardisia quinquegona*）、八角枫、斜叶榕、盐肤木。灌木有金花茶、石山苏铁、穿破石（*Maclura cochinchinensis*）、水麻（*Debregeasia orientalis*）、两面针（*Zanthoxylum nitidum*）、米仔兰（*Aglaia odorata*）、黄皮（*Clausena lansium*）、山黄皮（*Clausena dentata*）、山石榴（*Catunaregam spinosa*）、红鱼眼（*Phyllanthus reticulatus*）、灰毛浆果楝、土苎麻（*Boehmeria nivea*）、山麻杆、七叶莲（*Schefflera arboricola*）、杜茎山（*Maesa japonica*）、长叶卫矛（*Euonymus tsoi*）、白饭树、假烟叶。藤本有假鹰爪（*Desmos chinensis*）、九龙藤、山葡萄、金合欢（*Acacia farnesiana*）、菝葜一种（*Smilar* spp.）、崖豆藤一种、云实、玉叶金花（*Mussaenda pubescens*）、牛大力（*Callerya speciosa*）、小白藤（*Calamus balansaeanus*）、扁担藤、藤榕（*Ficus hederacea*）、阔叶瓜馥木（*Fissistigma chloroneuron*）、老虎刺、雀梅藤（*Sageretia thea*）、买麻藤（*Gnetum montan*）、粗叶悬钩子、蛇葡萄（*Ampelopsis glandulosa*）。草本有土砂

仁（*Amomum villosum*）、斑茅（*Saccharum arundinaceum*）、红豆蔻（*Fructus galangae*）、铁线蕨（*Adiantum capillus-veneris*）、蜘蛛抱蛋（*Aspidistra elatior*）、黄精（*Polygonatum sibiricum*）、厚叶沿阶草（*Ophiopogon corifolius*）、野芋头（*Colocasia antiquorum*）、肾蕨、大叶仙茅（*Curculigo capitulata*）、千里光（*Senecio scandens*）、长叶山芝麻（*Helicteres elongata*）、蔓生莠竹、大叶楼梯草（*Elatostema umbellatum* var. *maius*）、苦苣苔科一种（*Gesneriaceae* sp.）、蜘蛛抱蛋属一种（*Aspidistra* spp.）。

根据初步调查，保护小区内中东金花茶分布区位于陇茗屯后山的中下部，面积约 20 hm²，平均 10 株/亩，共有植株约 3 000 株。植株高 1.0～1.5 m，长势良好。

（2）社会经济条件

保护小区所在的中华村陇茗屯居民均为壮族。2006 年年底统计有人口 56 户 290 人，劳动力 160 人。全屯有耕地 580 亩，其中水田 80 亩，旱地 500 亩；人均水田 0.28 亩，旱地 1.72 亩。2006 年人均有粮 440 kg，农民人均纯收入 2 400 元。主要经济来源是甘蔗，其次是粮食和花生。

因陇茗屯住宅密集，周边用地面积有限，目前没有沼气池。主要生活能源为煤气和薪柴。平均每户有 1 头黄牛，主要用于甘蔗地的耕种和运输甘蔗、玉米等。由于封山育林，村民均种植牧草来喂牛。陇茗屯现已修通了机耕路，同时也接通了高压电和电话，人畜饮水的水源为井水，但水的卫生没有保障。

（3）保护状况

从调查情况来看，该保护小区也有一定的保护优势。封山育林工作持续了 40 多年，目前已取得了显著的效果，村民的燃料问题已基本解决，植被恢复情况良好，地带性植被桄榔已呈小群落分布。在 2001 年森林分类经营区划中，扶绥县政府已将其划为国家重点公益林，并且获得了中央财政的补偿。保护主要存在的问题：① 金花茶近年曾遭严重盗挖，受到较大干扰。2004 年一度开发为旅游区，进入林区的人员突然增多，由于保护管理措施跟不上，对金花茶的栖息地产生一定的破坏作用。更为严重的是，一些不法分子受高额利润驱动，对金花茶进行大肆偷挖，以致金花茶个体数量急剧减少，其生存受到严重威胁。② 村民的保护意识不高，保护能力有限。由于没有专门的保护管理资金和护林人员，村民缺乏必要的保护知识和法律意识，积极性不高。

## 4.2  野生动物自然保护小区

### 4.2.1  老虎洞大壁虎自然保护小区

大壁虎是最大的一种壁虎，俗称蛤蚧，属有鳞目蜥蜴亚目壁虎科动物，现为我国 II 级重点保护野生动物。在我国仅分布于两广、海南、福建、云南和台湾等省区的石山中。历史调查资料表明，广西的蛤蚧资源相对比较丰富，在全部 8 个地区内均有蛤蚧分布。

蛤蚧是名贵中药材，广西主特产药用动物，有补肺益肾，纳气定喘等功效，过去每年都有大量活体蛤蚧加工成中药材（如蛤蚧酒、蛤蚧精、蛤蚧定喘丸等）供外贸出口。近年来由于价格上涨，刺激群众乱捕滥猎，以致野生蛤蚧资源陷入枯竭状况。此外，自然环境遭到破坏，大壁虎的栖息地逐渐缩小，也是导致它数量减少的一个重要因素。为保护这一珍稀动物资源，在适当的地区以建立保护小区的手段来对其进行切实保护是目前最为有效的办法。

（1）自然概况

保护小区位于德保县都安乡棋江村凌棋屯老虎洞，地理坐标为东经106°30′22″～106°30′53″、北纬 23°19′22″～23°19′51″，面积 81.28 hm²。保护小区范围界线见图 4-9。

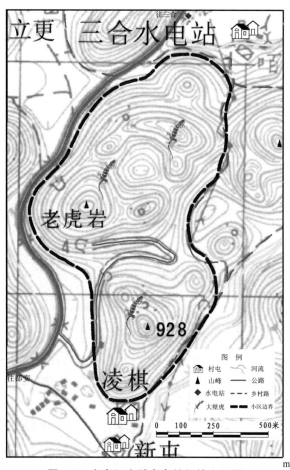

图 4-9　老虎洞大壁虎自然保护小区图

保护小区属喀斯特地貌，最高海拔 1 060 m，最低海拔 750 m，平均海拔 860 m；平均坡度 51°。土壤类型为石灰土。

根据《广西陆生野生动物调查与监测研究报告》（广西壮族自治区林业厅，2 001），德保县大壁虎平均密度为 2.683 条/km²，按经验估算，本保护小区的密度约是全县平均密度的 100 倍，由此推算数量约为 134.5 条。

主要伴生植物：乔木有苦楝、乌桕、八角枫、油桐、巴豆、酸枣（*Ziziphus jujuba* var.*spinosa*）、斜叶榕等，灌木有野丁香（*Leptodermis potanini*）、灰毛浆果楝、红背山麻杆（*Alchornea trewioides*）、石山棕（*Guihaia argyrata*）、米念芭、五色梅（*Lantana camara*）、水麻等，藤本有古钩藤、野蔷薇（*Rosa multiflora*）等。草本：有龙须草（*Juncus effusus*）、苦苣苔一种、荩草（*Arthraxon hispidus*）、蔓生莠竹等。

（2）社会经济条件

保护小区所在的棋江村凌棋屯居民均为壮族。2006 年年底统计有人口 68 户 324 人，劳动力 178 人。全屯有耕地 384 亩，其中水田 90 亩，旱地 294 亩；人均水田 0.28 亩，旱地 0.91 亩。2006 年人均有粮 250 kg，农民人均纯收入 1 250 元。主要经济来源为农业。

凌棋屯现已修通了县级二级路，同时也接通了高压电和电话，现有沼气池 5 个，人畜饮水来源为山溪。

（3）保护状况

① 保护宣传工作薄弱。与野生植物保护相比，野生动物的保护工作难度更大一些。由于经费缺乏，也由于重视不够，大壁虎的保护宣传工作薄弱，绝大多数村民不知道国家有关的保护法规政策。② 不法分子非法捕猎。受高额利润的驱使，个别不法分子不惜违反国家法律和个人安全（夜间在陡峭的石山上捕捉大壁虎是十分危险的活动），对大壁虎大肆捕杀，造成野生大壁虎的个体数量急剧减少。

### 4.2.2 念诺水库大壁虎自然保护小区

（1）自然概况

保护小区位于德保县燕峒乡兰堂村伏龙屯念诺水库，地理坐标为东经 106°37′48″～106°38′23″、北纬 23°13′53″～23°16′04″，面积 172.6 hm²。保护小区范围界线见图 4-10。

保护小区属喀斯特地貌，最高海拔 900 m，最低海拔 620 m，平均海拔约 700 m，平均坡度约 20°。土壤类型为石灰土。

按经验估算，本保护小区的密度约是全县平均密度的 100 倍，由此推算数量约为 463 条。

主要伴生植物：乔木有香椿、苦楝、酸枣、水东瓜、任豆、假苹婆、冬青科一种（*Aquifoliaceae* sp.）、石山乌桕等，灌木有灰毛浆果楝、红背山麻杆、糠桐、小叶柿（*Diospyros mollifolia*）、石山棕、裸花紫珠（*Callicarpa nudiflora*）、野丁香（*Leptodermis potanini*）、马利筋（*Asclepias curassavica*）等，藤本有长叶酸藤子（*Embelia longifolia*）、老虎刺等，草本有长塑苦苣苔、肾蕨、叶下珠（*Phyllanthus urinaria*）、荩草、苦苣苔一种等。

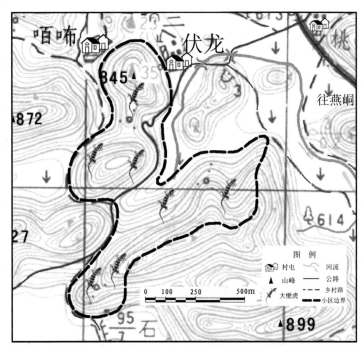

图 4-10　念诺水库大壁虎自然保护小区图

（2）社会经济条件

保护小区所在的兰堂村伏龙屯居民均为壮族。2006 年年底统计有人口 54 户 312 人，劳动力 169 人。全屯有耕地 260 亩，其中水田 145 亩，旱地 115 亩；人均水田 0.46 亩，旱地 0.37 亩。2006 年人均有粮 225 kg，农民人均纯收入 1 100 元。主要经济来源为农业。

伏龙屯现已修通了乡级三级路，同时也接通了高压电和电话，现有沼气池 20 个，人畜饮水来源为山溪。

（3）保护状况

①矿产资源开发严重破坏大壁虎的栖息地。由于大壁虎的栖息地主要为石山、岩石缝隙，所以对石山的开采足以对大壁虎的生存造成毁灭性的破坏。②不法分子乱捕滥猎。受高额利润的驱使，部分不法分子不惜违反国家法律，对大壁虎大肆捕杀，造成野生大壁虎的个体数量急剧减少。

### 4.2.3　平华猕猴自然保护小区

猕猴，俗称黄猴、恒河猴、广西猴，属灵长目类人猿亚目猴科猕猴属动物，生活在热带、亚热带及暖温带阔叶林中，现为国家Ⅱ级保护野生动物。在我国分布广，60%以上的省（区）都有出产，现存量约 30 万头，主要产区有广东、广西、贵州、云南等地。

猕猴的研究价值很高。猕猴生理上与人类较接近，其适应性强，容易驯养繁殖，因此是生物学、心理学、医学等多种学科研究工作中比较理想的试验动物。20 世纪 50 年代猴子数量猛增，故而出现大量猴子下山糟蹋农作物猴害，群众为保护庄稼，千方百计组织捕杀，有关部门大量组织收购并出口。猕猴作为害兽被捕猎，因为贸易被捕猎、栖息地被破坏、作为医药成分被捕猎、作为食物被捕猎是猕猴锐减的致危因素。为保护这一珍稀动物资源，在适当的地区建立保护小区将其切实地保护起来是目前最行之有效的办法。

（1）自然概况

保护小区位于那坡县城厢镇龙华村平华屯，距县城 40 min 车程。地理坐标为东经 105°52′29″~105°53′15″、北纬 23°29′19″~23°29′59″，面积 106.3 hm²。保护小区范围界线见图 4-11。

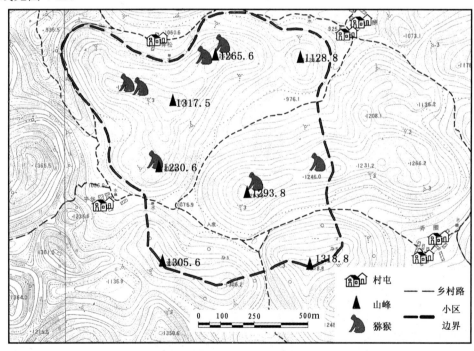

图 4-11　平华猕猴自然保护小区图

保护小区属喀斯特地貌，土壤类型为石灰土。

植被概况及常见植物：南酸枣、圆叶乌桕、任豆、构树、石岩枫（*Mallotus repandus*）、灰毛浆果楝、黄荆（*Vitex negundo*）、小叶楷木（*Pistacia weinmannifolia*）、野桐（*Mallotus japonicus*）、龙须藤、吊竹梅、何首乌、肾蕨。

（2）社会经济条件

保护小区所在的龙华村平华屯居民均为壮族。2008 年年底统计有人口 11 户 66 人，劳动力 27 人。全屯有耕地 57 亩，全部为旱地；人均旱地 0.86 亩。2008 年人均有粮 112.5 kg，农民人均纯收入 1 000 元。主要经济来源是外出务工。经济水平低。

现有沼气池 8 个，入户率 72.7%。人畜饮水来源为山溪水。

屯里的沼气池均依靠自己的技术力量、资金建设而成；屯里没有水田，也没有大面积的经济林，只有房前屋后零星种植桃、梨等；每家每户均养牛，用于耕地，不放养，上山割草给牛吃。

（3）保护状况

本保护小区是已确认的 50 余只猕猴常活动点，林业部门目前还没有采取具体的保护措施。主要存在的问题：① 保护小区范围及周围区域石漠化严重，且受到开荒耕作威胁。其周边大部分平地几乎开发殆尽，且垦殖范围大有向上缓坡地带延伸扩展的趋势，保护小区受石漠化、开荒耕作的严重威胁。② 村民的整体文化水平低，保护意识不强，保护能力有限。村民虽有一定的保护意识，可猴子经常下山"光顾"他们的农作物，偷吃玉米、红薯，且得不到政府的补偿，对本来生活条件就差的村民来说，无疑是一种严重的考验，长此以往，难免村民会对猕猴的伤害。希望得到有关部门的关注、适当的补偿，设立专门的保护管理基金、聘请专业管护人员，毕竟自身的保护能力、条件有限。③ 乱捕滥猎现象时有发生。在村屯已无猎枪，无人猎猴，但还有些不法分子受高额利润驱使，非法捕猎、贩卖猕猴，使猕猴数量下降。

## 4.2.4 大零猕猴自然保护小区

（1）自然概况

保护小区位于靖西县龙邦镇念龙村大零屯。地理坐标为东经 106°19′12″～106°20′39″、北纬 22°53′44″～22°54′23″，面积 128.07 hm²。保护小区范围界线见图 4-12。

保护小区属喀斯特地貌，土壤类型为石灰土。

植被概况及常见植物：蚬木、木棉、枫香、董棕、香椿、八角枫、伊桐、南酸枣、苦楝、柿树、假烟叶、灰毛浆果楝、水东哥、金樱子（Rosa laevigata）、藤构、黄荆、山石榴、杜茎山、九连灯、薜荔（Ficus pumila）、白饭树、野桐、山麻杆、中平树（Macaranga denticulata）、扁担藤、栗叶算盘子（Glochidion sphaerogynum）、飞龙掌血（Toddalia asiatica）、柃木（Eurya japonica）、毛果算盘子（Glochidion eriocarpum）、瓜馥木（Fissistigma oldhamii）、吊竹梅、肾蕨、青葙（Celosia argentea）、蔓生莠竹、圆叶苎麻、乌蕨（Stenoloma chusanum）。

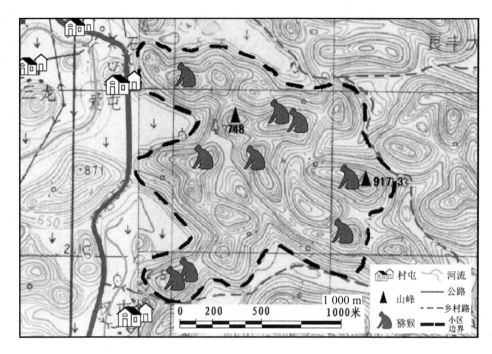

图 4-12　大零猕猴自然保护小区图

（2）社会经济条件

保护小区所在的念龙村大零屯居民均为壮族。2008 年年底统计有人口 147 户 661人，劳动力 360 人。全屯有耕地 477 亩，其中水田 230 亩，旱地 247 亩；人均水田 0.35亩，旱地 0.37 亩。2008 年人均有粮 420 kg，农民人均纯收入 1 600 元。主要经济来源是外出打工。经济水平中等。

人畜饮水来源为自来水。目前沼气入户率不高，原有的沼气池部分也因年久失修、没有技术支持，不能再使用了。

据调查现建成一座沼气池需 2 500 元：政府出资 1 000 元（包括 25 包水泥、一炉具、一案台、一便盆、360 元施工费）；自己需投入 1 500 元，村民表示，若有技术援助，政府出资多点，自己投入少点，愿意建设使用沼气池，有个别村民指出若自己只出资 500 元肯定愿意建设使用，1 500 元对于并不富裕的家庭来说，经济负担还是大了些。

中铁集团曾在此投资 12 亿元预建漂流旅游，欲带动当地经济的发展，工程历时 5年，因种种原因而以失败告终。

以前曾种桑养蚕、也曾有农业科技下乡指导种植朝天椒，现在的农业致富路主要是种植烤烟，大面积种植，而且有专业技术指导，收成较好。

（3）保护状况

本保护小区是猕猴已确认的分布点，且有 50 多只，在当地居民已自觉性保护，对外人的破坏行为心有余而力不足，相关林业部门目前还没有采取具体的保护措施。主要存在的问题：① 保护小区范围及周围受到开荒耕作、放牧等威胁。由于经济的迅速发展和人口增长的压力，当地居民在山脚开荒开垦种植大量的竹子、玉米等自给自足，从调查情况看，除石山以外大部分平地几乎被开垦，且垦殖范围有向上缓坡地带延伸扩展的趋势；村屯目前有 3 户人家是养羊大户，共 130 多只山羊采取放养的形式，对山上植被破坏严重。② 采集中草药现象严重。保护小区内蚬木、董棕村民自觉保护，不再砍伐。在林地、山头中采集草药严重，村民农闲或放牛时都有采集、挖中草药的习惯，一天可得到 10～20 元，对于贫困家庭来说每个月的积累也是一笔不菲的收入。③ 猕猴被乱捕滥猎现象还时有发生。近年来，虽当地村民已自觉开始保护猕猴，但猕猴的商业价值居高不降，引得不法分子无视法律规定，乱捕滥猎，捕捉猕猴盗卖、贩卖，使猕猴数量逐年下降。④ 村民的保护意识不强，保护能力有限。村民的整体文化水平低，至今仅走出兄弟俩 2 名大学生，宣传工作也不够，部分村民根本没有相关的法律概念和保护意识，再加上村民没有从猕猴的保护工作上得到任何好处，相反地，猕猴偷吃村民种的玉米、红薯等农作物，村民没有得到相应的补偿。所以，目前村民的保护行动只限于自己不去"动"它们（猕猴）而已，对于猕猴破坏农作物的行为表示无奈，同时更希望得到有关部门的关注、适当的补偿，设立专门的保护管理基金、聘请专业管护人员，毕竟自身的保护能力、条件有限。

从调查情况来看，当地的植被保护良好，被破坏不大，村民对公益事业很热心，建此保护小区有一定的群众基础，对于建立猕猴保护小区、通过获取一定报酬轮流护林的做法表示赞同。

### 4.2.5 排徊猕猴自然保护小区

（1）自然概况

保护小区位于靖西县化峒镇良丰村排徊屯。地理坐标为东经 106°29′55″～106°30′46″、北纬 23°01′12″～2°01′46″，面积 42.94 hm²。保护小区范围界线见图 4-13。

保护小区属喀斯特地貌，土壤类型为石灰土。

植被概况及常见植物：任豆、苦棟、香椿、朴树、南酸枣、圆叶乌桕、翅荚香槐（*Cladrastis platycarpa*）、笔管榕（*Ficus subpisocarpa*）、八角枫、山麻杆、灰毛浆果棟、白背桐（*Mallotus paniculatus*）、瓜馥木、假烟叶、扁担藤、黄荆、颠茄、火炭母、肾蕨。

（2）社会经济条件

保护小区所在的良丰村排徊屯居民均为壮族。2008 年年底统计有人口 75 户 346 人，劳动力 191 人。全屯有耕地 415 亩，其中水田 336 亩，旱地 79 亩；人均水田 0.97 亩，旱地 0.23 亩。2008 年人均有粮 996 kg，农民人均纯收入 1 576 元。主要经济来源是烤烟、外出务工。

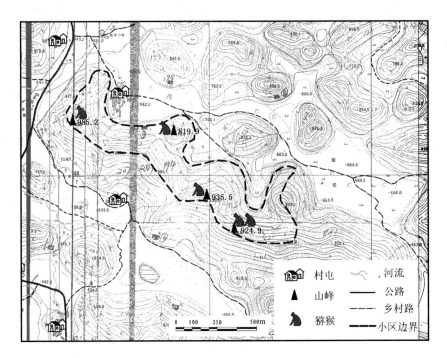

**图 4-13　排徊猕猴自然保护小区图**

排徊屯现已修通了村级公路到县城，同时也接通了高压电和电话，现有沼气池 5 座，人畜饮水由自来水供给。

（3）保护状况

本保护小区是猕猴已确认的分布点，当地居民已自觉保护，即使猴子下山偷吃玉米等农作物，也只是赶走不捕杀。目前相关部门还没有采取具体的保护措施。主要存在的问题：① 猴子破坏农作物严重，且得不到相应的补偿。此分布点猕猴较多，有 70 余只，活动范围离村屯较近，不怕人，自从国家没收枪支，不准乱捕滥杀后，村民自觉不猎猴捕猴、将其保护起来。猴子不仅吃山上的野果，玉米等农作物成熟时还下山偷吃，直接导致农民收成低。村民保护了猴子，自己遭受了损失却得不到补偿，不免有些打击村民的信心和服务公益事业的爱心。希望上级出台相关政策帮助扶持。② 乱捕滥猎现象还时有发生。近年来，虽当地村民已自觉开始保护猕猴，但还有外乡不法分子受利益驱使捕捉猕猴盗卖、贩卖，使猕猴数量逐年下降。③ 没有相关法律法规、专门保护管理基金的支持。村民的能力有限，希望有关部门、社会组织能够关注，投入资金将这里资源（猕猴、任豆、鸟类）保护得更好。

## 4.2.6　爱屯猕猴自然保护小区

（1）自然概况

保护小区位于化峒镇爱布村爱屯、权屯。地理坐标为东经 106°29′59″～106°30′42″、北纬 23°00′11″～23°01′03″，面积 170.9 hm²。保护小区范围界线见图 4-14。

保护小区属喀斯特地貌，土壤类型为石灰土。

植被概况及常见植物：任豆、蚬木、苦楝、鱼尾葵（*Fishtail Palm*）、香椿、华南朴（*Celtis austro-sinensis*）、朴树、南酸枣、圆叶乌桕、翅荚香槐、笔管榕、八角枫、山麻杆、古钩藤、灰毛浆果楝、飞龙掌血、白背桐、瓜馥木、假烟叶、扁担藤、黄荆、九连灯、石山棕、颠茄、火炭母、肾蕨、鸟巢蕨（*Asplenium nidus*）。

（2）社会经济条件

保护小区所在的爱布村爱屯居民均为壮族。2008 年年底统计爱屯有人口 24 户 113 人，劳动力 64 人。全屯有耕地 88 亩，其中水田 83 亩，旱地 5 亩；人均水田 0.07 亩，旱地 0.04 亩。2008 年人均有粮 826 kg，农民人均纯收入 1 438 元。主要经济来源是八角、杉木、油茶、木薯、烤烟、水稻、玉米。

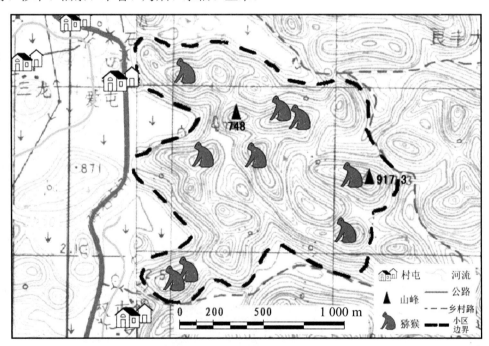

图 4-14　爱屯猕猴自然保护小区图

全屯有人口 119 户 524 人，劳动力 293 人。全屯有耕地 476 亩，其中水田 404 亩，旱地 72 亩；人均水田 0.77 亩，旱地 0.14 亩。2008 年人均有粮 948 kg，农民人均纯收入 1 523 元。主要经济来源是烤烟、养殖。

人畜饮水来源为山溪蓄水。能源方面使用电和沼气。

在爱屯，因爱布村所建设爱布小型电站水源及土地均属爱屯所有，电费 0.21 元/kW·h；每户均种烤烟，每年有 2 万元的收入；还有几户承包河流段网箱养鱼。所以整体上经济还算富裕。

（3）保护状况

本保护小区是猕猴已确认的分布点，当地居民已自觉保护，制订村规民约，每月轮流巡山，保护猕猴，保护屯里集体林利益，特别是蚬木树种不被外人侵犯，但对外人的卑劣破坏行为没有行之有效的制止措施，相关部门目前还没有采取具体的保护措施。保护主要存在的问题：① 猴子破坏农作物严重，村民得不到相应的补偿。此分布点猕猴较多，有100余只，活动范围离村屯较近，不怕人，自从国家没收枪支，不准乱捕滥杀后，村民自觉不猎猴捕猴、将其保护起来，猕猴更是肆无忌惮，大张旗鼓地下山偷吃村民种的玉米、红薯等农作物，采摘山上野果，村民还在离村庄较远的山头种植了几亩桃，也没有收成，拿去市场上卖，那里成了猕猴常常关顾的"乐园"。然而这些付出和损失，却没有社会的关注和相应的补偿，不免有些打击村民的信心和服务公益事业的爱心。希望上级出台相关政策帮助扶持。② 乱捕滥猎现象还时有发生。近年来，虽当地村民已自觉开始保护猕猴，但还有不法分子受利益驱使捕捉猕猴盗卖、贩卖，使猕猴数量逐年下降。③ 没有相关法律法规、专门保护管理基金的支持。虽已有村规民约、轮流巡山制度，但毕竟条件、能力有限，更希望有关部门、社会组织能够关注，成立专门的保护管理处，投入资金将这里资源（猕猴、蚬木、任豆、大量鸟类）保护得更好。

# 参考文献

[1] 陈昌笃，薛达元，王礼嫱，李迪华，高振宁. 中国生物多样性国情研究[J]. 环境科学研究，2000（05）.

[2] 广西大百科全书编纂委员会. 广西大百科全书（地理）[M]. 北京：中国大百科全书出版社，2008.

[3] 广西大瑶山自然资源综合考察队. 广西大瑶山自然资源考察[M]. 上海：学林出版社，1988.

[4] 广西弄岗自然保护区综合考察队. 广西弄岗自然保护区综合考察报告[J]. 广西植物，1988（增）：1-293.

[5] 广西花坪林区综合考察队. 广西花坪林区综合考察报告[M]. 济南：山东科学技术出版社，1986.

[6] 广西壮族自治区林业厅. 广西自然保护区[M]. 北京：中国林业出版社，1993.

[7] 广西壮族自治区人民政府. 广西年鉴·2011[M]. 南宁：广西年鉴社，2011.

[8] 《广西西南喀斯特生物多样性》编委会. 广西西南喀斯特生物多样性[M]. 北京：中国大百科全书出版社，2011.

[9] 高海山. 广西花坪自然保护区植物物种多样性研究[D]. 桂林：广西师范大学，2007.

[10] 国家林业局和农业部. 国家重点保护野生植物名录（第一批）[S]. 国务院，1999.

[11] 黄金玲，农绍岳. 广西大明山自然保护区综合科学考察[M]. 长沙：湖南科学技术出版社，2002.

[12] 黄金玲，蒋德斌. 广西猫儿山自然保护区综合科学考察[M]. 长沙：湖南科学技术出版社，2002.

[13] 李春干. 红树林遥感信息提取与空间演变机理研究[M]. 北京：科学出版社，2013.

[14] 李迪强，宋延龄，欧阳志云，等. 全国林业系统自然保护区体系规划研究[M]. 北京：中国大地出版社，2003.

[15] 李汉华，庾太林，申兰田. 广西的角雉属、长尾雉属鸟类及其地理分布[J]. 广西师范大学学报：自然科学版，1998，16（3）：76-80.

[16] 李治基，刘成训，叶湘，等. 广西森林[M]. 北京：中国林业出版社，2001.

[17] 梁士楚. 广西湿地植物[M]. 北京：科学出版社，2011.

[18] 林业部和农业部. 国家重点保护野生动物名录[S]. 国务院，1988.

[19] 罗开文，彭定人，冯国文，等. 广西拉沟自然保护区种子植物区系研究[J]. 广西植物，2012，32（6）：762-766.

[20] 莫耐波，覃康平，王玉兵. 金秀老山自然保护区野生植物的种类及特点[J]. 安徽农业科学，2008，15：6437-6439.

[21] 莫耐波，谢云珍，覃康平. 珍稀濒危植物瑶山苣苔伴生群落特征[J]. 广西林业科学，2012，41（3）：242-247.

[22] 莫运明，罗宇，周世初. 广西大瑶山国家级自然保护区两栖动物多样性调查与分析[J]// 陈运发.

自然遗产与文博研究（第一卷）. 南宁：广西人民出版社，2005：73-88.

[23] 莫运明，谢志明，邹异，等. 广西底定自然保护区两栖爬行动物多样性调查[J]. 四川动物，2007，26（2）：344-346.

[24] 莫运明，周世初，谢志明，等. 广西两栖动物4种新纪录[J]. 两栖爬行动物研究，2007. 11：15-18.

[25] 宁世江，苏勇，谭学锋. 生物多样性关键地区：广西九万山自然保护区科学考察集[M]. 北京：科学出版社，2010.

[26] 宁世江，李锋，何成新. 生物多样性关键地区：广西元宝山自然保护区科学考察研究[M]. 南宁：广西科学技术出版社，2009.

[27] 农东新，吴望辉，蒋日红，等. 广西翠柏属（柏科）植物小志[J]. 广西植物，2011. 31（2）：155-159.

[28] 覃海宁，刘演. 广西植物名录[M]. 北京：科学出版社，2009.

[29] 苏宗明，黎向东. 广西天然植被类型分类系统[J]. 广西植物，1998，18（13）：237-246.

[30] 谭伟福. 广西林业地理分区及评述[J]. 广西林业科学，2012，41（3）：225-231.

[31] 谭伟福，陈瑚. 广西自然保护区建设三十年[J]. 广西林业科学，2008，37（4）：214-218.

[32] 谭伟福，蒋波. 广西生物多样性保护策略和途径[J]. 环境教育，2007，83（5）：22-26.

[33] 谭伟福. 广西生物多样性评价及保护研究[J]. 贵州科学，2005，23（2）：50-54.

[34] 谭伟福. 广西自然保护区网络体系现状分析[J]. 贵州科学，2005，23（1）：33-40.

[35] 谭伟福，罗保庭，李桂经，等. 广西大瑶山自然保护区生物多样性研究及保护[M]. 北京：中国环境科学出版社，2010.

[36] 谭伟福，黎德丘，温远光，等.广西十万大山自然保护区生物多样性及其保护体系[M].北京：中国环境科学出版社，2005.

[37] 谭伟福，李桂经，和太平，等. 广西岑王老山自然保护区生物多样性保护研究[M]. 北京：中国环境科学出版社，2005.

[38] 谭伟福，黎德丘. 金花茶组植物保护空缺分析[J]. 广西林业科学，2011，3（1）：52-54.

[39] 王成源. 泥盆系全球界线层剖面点（GSSP）[J]. 地层学杂志，1994.18（1）：69-77.

[40] 温远光，和太平，谭伟福. 广西热带和亚热带山地的植物多样性及群落特征[M]. 北京：气象出版社，2004.

[41] 谢焱. 中国自然保护区管理体制综合评述[C]// 郑易生. 中国环境与发展评论（第二卷）. 北京：社会科学文献出版社，2004：273-295.

[42] 杨岗，李东，余辰星，等. 广西弄岗国家级自然保护区两栖爬行动物资源调查[J]. 动物学杂志，2011，46（4）：47-52.

[43] 曾小飚，苏仕林. 广西地州自然保护区两栖爬行动物资源调查与评价[J]. 安徽农业科学，2008，36（24）：10473-10475.

[44] 张伟，莫运明，罗宇，等. 广西黑熊资源调查及保护对策[J]. 动物学杂志，2011，46（2）：35-39.

[45] 郑颖吾. 木论喀斯特林区概论[M]. 北京：科学出版社，1996.

[46] 郑光美. 中国鸟类分类与分布名录（第二版）[M]. 北京：科学出版社，2011.

[47] 中国人与生物圈国家委员会，广西壮族自治区海洋局. 多方参与的经验及展望·广西山口红树林世界生物圈保护区的十年[M]. 北京：海洋出版社，2011.

[48] 周放. 广西陆生野生脊椎动物分布名录[M]. 北京：中国林业出版社，2011.

[49] KANTO NISHIKAWA，JIAN-PING JIANG，MASAFUMI MATSUI，et al. Invalidity of Hynobius yunanicus and molecular phylogeny of Hynobius salamander from continental China（Urodela，Hynobiidae）[J]. Zootaxa，2010，2426：65-67.

[50] KANTO NISHIKAWA，JIANPING JIANG，et al. Two new species of pachytriton from Anhui and Guangxi，China（Amphibia：Urodela：Salamandridae）[J]. Current Herpetology，2011，30（1）：15-31.

[51] PENGFEI FAN，HANLAN FEI，ZUOFU XIANG，et al. Social structure and group dynamics of the Cao Vit Gibbon（Nomascus nasutus）in Bangliang Jingxi China. Folia Primatol DOI：10.1159/000322351 2010.

[52] WEICAI CHEN，WEI ZHANG，SHICHU ZHOU，et al. Insight into the validity of Leptobrachium guangxiense（Anura：Megophryidae）：evidence from mitochondrial DNA sequences and morphological characters [J]. Zootaxa，2013，3614（1）：31-40.

[53] YUN MING MO，JIAN PING JIANG，FENG XIE, et al. A New Species of Rhacophorus（Anura：Ranidae） from China [J]. Asiatic Herpetological Research，2008，11：85-92.

[54] YUNMING MO，WEI ZHANG，YU LUO，et al. A new species of the genus Gracixalus（Amphibia：Anura：Rhacophoridae） from Southern Guangxi，China [J]. Zootaxa，2013，3616（1）：61-72.

[55] YUNMING MO，WEI ZHANG，SHICHU ZHOU，et al. A new species of Kaloula（Amphibia：Anura：Microhylidae） from southern Guangxi，China [J]. Zootaxa，2013，3710（2）：165-178.

参考文献

# 附表1 广西自然保护区名录

| 序号 | 自然保护区名称 | 所在县（市、区） | 面积/hm² | 类型 | 级别 | 主管部门 | 始建时间（年） |
|---|---|---|---|---|---|---|---|
| 1 | 花坪 | 龙胜、临桂 | 15 133.3 | 森林生态系统 | 国家级 | 林业 | 1961 |
| 2 | 弄岗 | 龙州、宁明 | 10 077.5 | 森林生态系统 | 国家级 | 林业 | 1979 |
| 3 | 大瑶山 | 金秀 | 24 907.3 | 森林生态系统 | 国家级 | 林业 | 1982 |
| 4 | 木论 | 环江 | 8 969 | 森林生态系统 | 国家级 | 林业 | 1991 |
| 5 | 大明山 | 武鸣、马山、上林 | 16 694 | 森林生态系统 | 国家级 | 林业 | 1982 |
| 6 | 猫儿山 | 兴安、资源、龙胜 | 17 008.5 | 森林生态系统 | 国家级 | 林业 | 1976 |
| 7 | 十万大山 | 上思、防城 | 58 277.1 | 森林生态系统 | 国家级 | 林业 | 1982 |
| 8 | 千家洞 | 灌阳 | 12 231 | 森林生态系统 | 国家级 | 林业 | 1982 |
| 9 | 岑王老山 | 田林、凌云 | 18 994 | 森林生态系统 | 国家级 | 林业 | 1982 |
| 10 | 九万山 | 融水、罗城、环江 | 25 212.8 | 森林生态系统 | 国家级 | 林业 | 1982 |
| 11 | 七冲 | 昭平 | 14 336.3 | 森林生态系统 | 国家级 | 林业 | 2003 |
| 12 | 海洋山 | 灵川、恭城、灌阳、阳朔、全州、兴安 | 70 382.3 | 森林生态系统 | 自治区级 | 林业 | 1982 |
| 13 | 架桥岭 | 永福、荔浦、阳朔 | 28 773.3 | 森林生态系统 | 自治区级 | 林业 | 1982 |
| 14 | 西大明山 | 扶绥、隆安、大新、江州 | 60 100 | 森林生态系统 | 自治区级 | 林业 | 1982 |
| 15 | 大王岭 | 右江 | 55 010 | 森林生态系统 | 自治区级 | 林业 | 1982 |
| 16 | 寿城 | 永福、临桂 | 21 417.6 | 森林生态系统 | 自治区级 | 林业 | 1982 |
| 17 | 青狮潭 | 灵川 | 35 076 | 森林生态系统 | 自治区级 | 林业 | 1982 |
| 18 | 龙滩 | 天峨 | 42 848.4 | 森林生态系统 | 自治区级 | 林业 | 1982 |
| 19 | 老虎跳 | 那坡 | 27 007.5 | 森林生态系统 | 自治区级 | 林业 | 1982 |
| 20 | 银殿山 | 恭城 | 21 987.2 | 森林生态系统 | 自治区级 | 林业 | 1982 |
| 21 | 黄连山—兴旺 | 德保 | 21 035.5 | 森林生态系统 | 自治区级 | 林业 | 1982 |
| 22 | 泗水河 | 凌云 | 15 943.9 | 森林生态系统 | 自治区级 | 林业 | 1987 |
| 23 | 西岭山 | 富川 | 17 560 | 森林生态系统 | 自治区级 | 林业 | 1982 |
| 24 | 那林 | 博白 | 19 890 | 森林生态系统 | 自治区级 | 林业 | 1982 |
| 25 | 青龙山 | 龙州 | 16 778.6 | 森林生态系统 | 自治区级 | 林业 | 1982 |
| 26 | 三十六弄—陇均 | 武鸣 | 12 822 | 森林生态系统 | 自治区级 | 林业 | 2004 |
| 27 | 龙山 | 上林 | 10 749 | 森林生态系统 | 自治区级 | 林业 | 2003 |
| 28 | 滑水冲 | 八步 | 9 929 | 森林生态系统 | 自治区级 | 林业 | 1982 |
| 29 | 五福宝顶 | 全州 | 8 349.3 | 森林生态系统 | 自治区级 | 林业 | 1982 |
| 30 | 下雷 | 大新 | 27 185 | 森林生态系统 | 自治区级 | 林业 | 1982 |
| 31 | 姑婆山 | 八步 | 6 549.6 | 森林生态系统 | 自治区级 | 林业 | 1982 |
| 32 | 底定 | 靖西 | 4 907.4 | 森林生态系统 | 自治区级 | 林业 | 1986 |

| 序号 | 自然保护区名称 | 所在县（市、区） | 面积/hm² | 类型 | 级别 | 主管部门 | 始建时间（年） |
|---|---|---|---|---|---|---|---|
| 33 | 三匹虎 | 南丹、天峨 | 3 105.1 | 森林生态系统 | 自治区级 | 林业 | 1982 |
| 34 | 大哄豹 | 隆林 | 2 035 | 森林生态系统 | 自治区级 | 林业 | 2004 |
| 35 | 大平山 | 桂平 | 1 896.9 | 森林生态系统 | 自治区级 | 林业 | 1982 |
| 36 | 金秀老山 | 金秀 | 8 875 | 森林生态系统 | 自治区级 | 林业 | 2007 |
| 37 | 弄拉 | 马山 | 8 481 | 森林生态系统 | 自治区级 | 林业 | 2008 |
| 38 | 天堂山 | 容县 | 2 817 | 森林生态系统 | 自治区级 | 林业 | 2008 |
| 39 | 大容山 | 北流、玉州、兴业 | 18 198.5 | 森林生态系统 | 自治区级 | 林业 | 2009 |
| 40 | 王岗山 | 钦北 | 4 193.5 | 森林生态系统 | 自治区级 | 林业 | 1982 |
| 41 | 澄碧河 | 右江 | 26 006 | 森林生态系统兼属内陆湿地和水域生态系统 | 市级 | 林业 | 1982 |
| 42 | 百东河 | 田阳、右江 | 41 600 | 森林生态系统 | 市级 | 林业 | 1982 |
| 43 | 古龙山 | 靖西、德保 | 29 675 | 森林生态系统 | 县级 | 林业 | 1982 |
| 44 | 达洪江 | 平果 | 28 400 | 森林生态系统 | 县级 | 林业 | 1982 |
| 45 | 地州 | 靖西 | 11 241.7 | 森林生态系统 | 县级 | 林业 | 1982 |
| 46 | 德孚 | 那坡 | 2 738.6 | 森林生态系统 | 县级 | 林业 | 1982 |
| 47 | 山口红树林生态 | 合浦 | 8 000 | 海洋和海岸生态系统 | 国家级 | 海洋 | 1990 |
| 48 | 北仑河口 | 防城、东兴 | 3 000 | 海洋和海岸生态系统 | 国家级 | 海洋 | 1983 |
| 49 | 茅尾海红树林 | 钦南 | 3 464 | 海洋和海岸生态系统 | 自治区级 | 林业 | 2005 |
| 50 | 合浦儒艮 | 合浦 | 35 000 | 野生动物兼属海洋和海岸生态系统 | 国家级 | 环保 | 1986 |
| 51 | 金钟山黑颈长尾雉 | 隆林 | 20 924.4 | 野生动物 | 国家级 | 林业 | 1982 |
| 52 | 崇左白头叶猴 | 扶绥、江州 | 25 578 | 野生动物 | 国家级 | 林业 | 1980 |
| 53 | 大桂山鳄蜥 | 八步 | 3 780 | 野生动物 | 国家级 | 林业 | 2005 |
| 54 | 邦亮长臂猿 | 靖西 | 6 530 | 野生动物 | 国家级 | 林业 | 2009 |
| 55 | 恩城 | 大新 | 25 819.6 | 野生动物 | 国家级 | 林业 | 1980 |
| 56 | 王子山雉类 | 西林 | 32 209 | 野生动物 | 自治区级 | 林业 | 1982 |
| 57 | 拉沟 | 鹿寨 | 11 500 | 野生动物 | 自治区级 | 林业 | 1982 |
| 58 | 泗涧山大鲵 | 融水 | 10 384 | 野生动物 | 自治区级 | 水产 | 2004 |
| 59 | 古修 | 蒙山 | 8 546 | 野生动物 | 自治区级 | 林业 | 1982 |
| 60 | 三锁 | 融安 | 7 384.9 | 野生动物 | 县级 | 林业 | 1982 |
| 61 | 建新 | 龙胜 | 5 115 | 野生动物 | 自治区级 | 林业 | 1982 |
| 62 | 涠洲岛 | 海城 | 2 382.1 | 野生动物兼属海洋和海岸生态系统 | 自治区级 | 林业 | 1982 |

| 序号 | 自然保护区名称 | 所在县（市、区） | 面积/ $hm^2$ | 类型 | 级别 | 主管部门 | 始建时间（年） |
|---|---|---|---|---|---|---|---|
| 63 | 龙虎山 | 隆安 | 2 255.7 | 野生动物 | 自治区级 | 林业 | 1980 |
| 64 | 红水河来宾段珍稀鱼类 | 兴宾 | 582 | 野生动物 | 自治区级 | 水产 | 2005 |
| 65 | 左江佛耳丽蚌 | 江州、龙州 | 417.4 | 野生动物 | 自治区级 | 水产 | 2005 |
| 66 | 凌云洞穴鱼类 | 凌云 | 684 | 野生动物 | 自治区级 | 水产 | 2008 |
| 67 | 那兰鹭鸟 | 良庆 | 346.7 | 野生动物 | 市级 | 其他 | 2004 |
| 68 | 防城万鹤山鸟类 | 防城 | 78.5 | 野生动物 | 县级 | 其他 | 1993 |
| 69 | 防城金花茶 | 防城 | 9 098.6 | 野生植物 | 国家级 | 环保 | 1986 |
| 70 | 雅长兰科植物 | 乐业 | 22 062 | 野生植物 | 国家级 | 林业 | 2005 |
| 71 | 元宝山 | 融水 | 4 220.7 | 野生植物 | 国家级 | 林业 | 1982 |
| 72 | 银竹老山资源冷杉 | 资源 | 4 341.2 | 野生植物 | 自治区级 | 林业 | 1982 |
| 73 | 那佐苏铁 | 西林 | 12 458 | 野生植物 | 自治区级 | 林业 | 1982 |
| 74 | 南边村国际泥盆—石炭系界线辅助层型剖面 | 灵川 | 23.43 | 地质遗迹 | 自治区级 | 国土 | 1989 |
| 75 | 六景泥盆纪地质标准剖面 | 横县 | 20.99 | 地质遗迹 | 自治区级 | 国土 | 1983 |
| 76 | 大乐泥盆纪地质标准剖面 | 象州 | 109.51 | 地质遗迹 | 自治区级 | 国土 | 1983 |
| 77 | 大风门泥盆纪地质标准剖面 | 北流 | 21.77 | 地质遗迹 | 自治区级 | 国土 | 1983 |
| 78 | 罗富泥盆纪地质标准剖面 | 南丹 | 33.45 | 地质遗迹 | 自治区级 | 国土 | 1983 |

自然保护区总面积 1 211 776.65 $hm^2$，占广西土地总面积 2 376 万 $hm^2$ 的 5.10%

## 附表 2 中国-欧盟生物多样性项目援建自然保护小区名录

| 序号 | 保护小区名称 | 地点 | 地市 | 保护小区面积/hm² | 类型 | 主管部门 |
|---|---|---|---|---|---|---|
| 1 | 老虎洞大壁虎自然保护小区 | 德保县都安乡棋江村凌棋屯 | 百色市 | 81.28 | 野生动物 | 林业 |
| 2 | 念诺水库大壁虎自然保护小区 | 德保县燕峒乡兰堂村伏龙屯 | 百色市 | 172.60 | 野生动物 | 林业 |
| 3 | 巴来叉孢苏铁自然保护小区 | 德保县那甲乡巴深村 | 百色市 | 133.90 | 野生植物 | 林业 |
| 4 | 弄东德保苏铁自然保护小区 | 那坡县龙合乡定业村 | 百色市 | 481.80 | 野生植物 | 林业 |
| 5 | 规坎望天树自然保护小区 | 那坡县百合乡清华村 | 百色市 | 24.33 | 野生植物 | 林业 |
| 6 | 上平坛广西青梅自然保护小区 | 那坡县百合乡平坛村 | 百色市 | 13.69 | 野生植物 | 林业 |
| 7 | 那池董棕自然保护小区 | 那坡县坡荷乡那池村 | 百色市 | 88.13 | 野生植物 | 林业 |
| 8 | 平华猕猴自然保护小区 | 那坡县城厢镇龙华村 | 百色市 | 106.30 | 野生动物 | 林业 |
| 9 | 大零猕猴自然保护小区 | 靖西县龙邦镇念龙村 | 百色市 | 128.07 | 野生动物 | 林业 |
| 10 | 叫必金丝李自然保护小区 | 靖西县龙邦镇护龙村 | 百色市 | 65.20 | 野生植物 | 林业 |
| 11 | 弄卜金丝李自然保护小区 | 靖西县龙邦镇护龙村 | 百色市 | 45.17 | 野生植物 | 林业 |
| 12 | 排徊猕猴自然保护小区 | 靖西县化峒镇良丰村 | 百色市 | 42.94 | 野生动物 | 林业 |
| 13 | 爱屯猕猴自然保护小区 | 靖西县化峒镇爱布村 | 百色市 | 170.90 | 野生动物 | 林业 |
| 14 | 陇茗中东金花茶自然保护小区 | 扶绥县昌平乡中华村 | 崇左市 | 226.70 | 野生植物 | 林业 |
| 合计 | | | | 1 781.01 | 占国土面积 2 376 万 hm² 的 0.01% | |